Balanced Scorecard – einfach konsequent
Friedag/Schmidt

Balanced Scorecard – einfach konsequent

Erfolgreiche Umsetzung im Unternehmen

von

Dr. Herwig R. Friedag
Dr. Walter Schmidt

mit einem Gastbeitrag von

André Moll
Geschäftsführendes Vorstandsmitglied der Initiative Ludwig-Erhard-Preis

Haufe Gruppe
Freiburg · München

Bibliografische Information der Deutschen Bibliothek

Die Deutsche Bibliothek verzeichnet diese Publikation in der Deutschen Nationalbibliografie; detaillierte bibliografische Daten sind im Internet über http://dnb.dnb.de abrufbar.

Print: ISBN 978-3-648-05600-4   Bestell-Nr. 10101-0001
ePUB: ISBN 978-3-648-05601-1   Bestell-Nr. 10101-0100
ePDF: ISBN 978-3-648-05602-8   Bestell-Nr. 10101-0150

Dr. Herwig R. Friedag, Dr. Walter Schmidt
Balanced Scorecard – einfach konsequent
1. Auflage 2014

© 2014, Haufe-Lexware GmbH & Co. KG, Freiburg
www.haufe.de
info@haufe.de
Produktmanagement: Dipl.-Kfm. Kathrin Menzel-Salpietro

Lektorat und Desktop-Publishing: Helmut Haunreiter, 84533 Marktl am Inn
Umschlag: RED GmbH, 82512 Krailling
Druck: Schätzl Druck, 86609 Donauwörth

Inhaltsverzeichnis

Vorwort		7
Was Sie in diesem Buch erwartet		9
1	**BSC – konsequent einfach**	**12**
1.1	Zwei Entwicklungsrichtungen der BSC im deutschsprachigen Raum	15
1.2	Ohne Moos nichts los	16
1.3	Mit der BSC führen	18
1.4	Die Sprache der Menschen sprechen	39
1.5	Erfolg hat drei Buchstaben: TUN	43
1.6	Probieren geht über Studieren	46
1.7	Das Experiment geht weiter	51
2	**BSC – einfach konsequent: Der Macher macht es einfach**	**52**
2.1	Erst einmal starten	54
2.2	Gemeinsam Zukunft andenken	56
2.3	Strategieerarbeitungsworkshop	57
2.4	BSC-Umsetzungsworkshop	62
2.5	BSC-Projektbearbeitung	68
2.6	Strategieumsetzung messen: die Berichts-Scorecard	69
2.7	BSC-Aktualisierung 2004	74
2.8	Auf gutem Weg 2005 - 2007	78
2.9	Ein (zu?) großer Schluck 2008	79
2.10	Go West 2012	82
2.11	Die Lübeck-Scorecard	85
2.12	Die „Johansson-2016"-Scorecard	92
2.13	Gemeinsam Zukunft umsetzen	106
3	**BSC – einfach konsequent: Konsequent dran bleiben**	**108**
3.1	Frühsommer an der Küste	109
3.2	Die Geschäftsidee	111
3.3	Das Geschäftsmodell	112
3.4	Orientierung und Konkretisierung	115
3.5	Was TUN – die Balanced Scorecard	117
3.6	Loslegen mit strategischen Projekten	123
3.7	Der Einbruch – Ende aller Strategie?	126
3.8	Große Wachstumssprünge dank unserer Strategie	130
3.9	Global oder international?	133
3.10	Exkurs: Die BSC im Kontext der Umsetzung des Excellence-Ansatzes	135

4	**BSC – einfach konsequent: Innovation – Ideen einfach umsetzen**	**143**
4.1	Die Geschichte von Jonas Jakobb	143
4.2	Quo vadis? – die Jakobb-Gruppe 2005	146
4.3	Einen neuen Anfang wagen	148
4.4	Gemeinsam aufräumen und gemeinsam durchstarten	165
4.5	Was tun wir jetzt? Womit fangen wir an?	173
4.6	Konsequent die Umsetzung starten	190
4.7	Woran der Erfolg hängt	211

5	**Mit Kennzahlen konsequent führen**	**216**
5.1	Ziele und Kennzahlen	216
5.2	In der Praxis genutzte BSC-Kennzahlen	219
5.3	One page only – weniger ist mehr	268

Literaturverzeichnis	**273**
Abbildungsverzeichnis	**276**
Stichwortverzeichnis	**278**

Vorwort

Wir leben in einer interessanten, turbulenten Zeit. Nachdem in den letzten 20 Jahren des 20. Jahrhunderts die Computerisierung ihren Siegeszug um die Welt antrat, sind wir seit der Jahrtausendwende Zeugen einer wachsenden elektronischen Vernetzung sowohl der Menschen als auch der von ihnen erzeugten und genutzten Dinge. Social Networks, Smartphone, Smart Grid, Smart Home sind die Stichworte. Smart Data (oder Big Data) liefert die Basistechnologien.

Diese Entwicklung geht nicht spurlos an uns vorbei. Die Art, wie wir miteinander umgehen, wie wir miteinander kommunizieren und auch, wie wir wirtschaften, hat sich in den letzten 15 Jahren stark verändert:

- Da ist zum einen die wachsende Internationalisierung und Globalisierung. Wenn mehr als 1 Milliarde Menschen zeitgleich das Finale der Fußball-Weltmeisterschaft in Brasilien erleben können, erhält das Wort „Menschheit" einen neuen, von aller Theorie befreiten Klang. Wenn wir heute mit dem Smartphone die Heizung unseres Hauses in Berlin hochfahren können, bevor wir in New York in den Flieger steigen – dann ist die Globalisierung bereits in den praktischen Alltag eingezogen.

- Da ist zum anderen das Gefühl für ungeahnte Möglichkeiten neuer Chancen und darauf aufbauender Geschäftsfelder. Google, Apple, Facebook und Microsoft sind die klangvollen Namen, die unser Bewusstsein im Guten wie im Schlechten faszinieren. Neben diesen Großen gibt es inzwischen Tausende von Start-ups, die das neue Chancenfeld ausloten. Auch die traditionelle Geschäftswelt kann an diesem Trend nicht vorbei. Selbst die erzkonservative Buchhaltung ist längst davon ergriffen.

- Da ist zum Dritten das Gefühl der Bedrohung. Es zeigt, wie real die Auswirkungen der Vernetzung für die Menschen bereits geworden sind. Bedrohlich empfinden wir Entwicklungen erst dann, wenn sie unmittelbar in unserem Alltag, in unserem „Hier und Heute" angekommen sind. Bedrohungen sind die Kehrseite der Chancen und damit auch ein Indikator für die Macht des Neuen, das sich vor unser aller Augen auftut.

Diese Entwicklung beeinflusst schließlich die Art und Weise, wie Erfolge erreicht und bewertet werden. Und damit beeinflusst sie auch die Entwicklung und Umsetzung der Strategien, mit denen wir uns in der neuen, turbulenten Welt positionieren wollen.

Seit wir im Jahre 1999 unser „Balanced Scorecard – Mehr als ein Kennzahlensystem" veröffentlichten, hat sich also viel getan. Die entscheidende Veränderung ist die Einbindung der Menschen in den Strategieprozess.

Noch zur Jahrtausendwende wurde Strategie eher als eine elitäre Angelegenheit aufgefasst, bei der es darauf ankommt, die Potenziale eines Unternehmens als „Wertobjekte" für die Anteilseigner zu berechnen und durch eine straffe zentrale Führung für eine Wertsteigerung zu sorgen. Für diesen Zweck stand die Gewinn-Maximierung – ob kurzfristig, langfristig oder nachhaltig – im Zentrum der Führungstätigkeit.

In vernetzten Strukturen geht es eher darum, die aktive Teilhabe der Menschen an der Wertschöpfung zu gestalten. Die Menschen stehen täglich vor Fragen, die sie eigenständig entscheiden und lösen müssen. Das verändert die Anforderungen an die Führungsarbeit. Sie muss zwar weiterhin eine klare Ausrichtung und Orientierung geben. Dazu gehört auch, auf die Erwirtschaftung ausreichender Gewinne zu achten, aus denen die Strategie finanziert werden kann. Sie muss aber vor allem den Menschen Raum geben für eigenverantwortliches Handeln. Führungskräfte sind daher eher auf einen Dialog für die Umsetzung von Lösungen angewiesen als auf Vorgaben im Detail und Schuldzuweisungen bei Abweichungen. Sie sollen mit wenigen Zielen führen und benötigen Kennzahlen, die konstruktive „Gesprächsanlässe" bieten, Probleme bei der Zielerreichung aufzeigen und bei der Erarbeitung von Lösungen helfen.

Dafür hat sich die Balanced Scorecard als ein hilfreiches Instrument erwiesen, wenn man sie nicht zu einem Kennzahlensystem verkommen lässt. Kaplan und Norton – die Väter der Balanced Scorecard – haben sie von Anfang an als ein Instrument der Partizipation, der Teilhabe aller mit der Strategie und ihrer Umsetzung verbundenen Menschen entwickelt. Dafür braucht sie zwei Eigenschaften: **einfach konsequent** bzw. **konsequent einfach**. Wir haben in der Praxis erlebt und lernen dürfen, welche Vorteile und Schwächen, welche Erfolge und welches Scheitern damit verbunden sein können.

Mit diesem Buch wollen wir Sie an unseren Erfahrungen teilhaben lassen.

Berlin, Juli 2014   *Dr. Herwig R. Friedag*   *Dr. Walter Schmidt*

Was Sie in diesem Buch erwartet

Dieses Buch ist die Quintessenz von mehr als 15 Jahren gemeinsamer Arbeit an der Entwicklung von Strategien und deren Umsetzung mithilfe der Balanced Scorecard – von der Pionierarbeit Mitte der 1990er-Jahre über die Verbreitung und Anpassung des von Kaplan und Norton entwickelten Konzepts an die Spezifik des deutschsprachigen Raumes um die Jahrtausendwende bis hin zur Begleitung vieler Unternehmen bei der praktischen Umsetzung. Dabei gab es Erfolge und Fehlschläge, aus denen unsere Kunden genauso wie wir gelernt haben zu unterscheiden, was eher nicht geht und was sich bewährt.

Im ersten Kapitel haben wir diese Erfahrungen zusammengefasst. Wir werden zeigen, dass die Balanced Scorecard von Anfang an als ein partizipatives Konzept entwickelt wurde. Wir wollen Wettbewerbsvorteile darin suchen, die Menschen in die Entwicklung und Umsetzung einer Strategie einzubeziehen. Wir wollen zeigen, wie die aktive Teilhabe möglichst Vieler praktisch organisiert werden kann. Und wir wollen Ihnen vermitteln, dass eine erfolgreiche Strategieentwicklung und deren Umsetzung nach all unseren Erfahrungen nur dann funktionieren, wenn die Balanced Scorecard zwei Bedingungen erfüllt:

1. Sie muss **einfach** sein – einfach in Wort und Bild; die Teilhabe der Menschen erfordert, dass sie verstehen, worum es geht und warum ihr Engagement sinnvoll ist.

2. Sie muss **konsequent** geführt werden. Teilhabe braucht „dialogische Führung" – d. h. wir suchen den Dialog, aber das Hauptwort ist „Führung": Ziele und Aufgaben miteinander abstimmen, entscheiden und Verantwortung eindeutig regeln und TUN, was entschieden wurde.

Zum Schluss läuft auch die Balanced Scorecard auf die alte Erkenntnis hinaus: „Erfolg hat drei Buchstaben: TUN"[1].

In den Kapiteln 2, 3 und 4 werden wir an praktischen Beispielen zeigen, wie wir Unternehmen auf ihrem Weg zur Entwicklung ihrer Strategie und deren Umsetzung mit einer Balanced Scorecard begleitet haben. Wir zeigen Ihnen, wie es gehen kann und welche „Fettnäpfchen" bereitstehen, in die wir und unsere Partner in der Praxis getreten sind. Man muss ja nicht alle Fehler selber machen. Die Namen der Unternehmen und der beteiligten Personen wurden von uns geändert:

- Im ersten Beispiel erzählen wir die Geschichte eines Bäckermeisters aus Mecklenburg. Seine Familie hatte klein angefangen, damals in der DDR, im Bezirk Schwerin. Und er hatte sich als Nachfolger seines Vaters nie unterkriegen lassen. Die

---

[1] Dieses Zitat wird Johann Wolfgang von Goethe zugeschrieben; allerdings gibt es dafür keinen Nachweis. Vielleicht ist es auch einfach eine „Volksweisheit".

Wende nutzte er als Chance. Als wir ihn vor etwas mehr als 10 Jahren kennenlernten, hatte er seinen Betrieb schon erheblich ausgeweitet. Doch er wollte mehr. Dafür brauchte er eine Strategie. So begann unsere Zusammenarbeit, die mit vielen Höhen und Tiefen schließlich in eine aus damaliger Sicht unglaubliche Erfolgsgeschichte mündete. Wenn Menschen an sich selber wachsen, wenn sie Kreativität im Kleinen leben dürfen, wenn sie Verantwortung nicht als Schuld, sondern als Herausforderung und Anerkennung erleben – dann sind sie zu Großem fähig – und nach oben ist alles offen.

- Das zweite Beispiel handelt von einer mittelständischen Unternehmerfamilie, die den schwierigen Übergang vom als „Selfmademan" erfolgreichen Vater zum modern ausgebildeten und auf Teamarbeit und Teilhabe setzenden Sohn gewagt hat. Dabei ist ihr Unternehmen in seiner bisherigen Geschichte immer gewachsen und hat inzwischen eine Größe erreicht, bei der es mit dem „Management auf Zuruf" nicht mehr klappt. Außerdem befindet es sich im Wandel von einem regionalen zu einem international agierenden Unternehmen. All das erfordert den behutsamen Wandel zur Professionalisierung der Strukturen, ohne den innovativen Geist und den Spaß am spontanen Improvisieren und Tüfteln zu ersticken.
Es ist eine spannende Geschichte von spannenden Menschen, die begeistert sind von dem, was sie tun, obwohl sie täglich mit aufreibenden internen Problemen und einer oft nervenden Volatilität der Märkte zu kämpfen haben. Sie lernen gerade, Strategieentwicklung und BSC nicht als begrenzendes Planungs- und Kennzahlenkorsett zu nutzen, sondern als einfach verständliches und handhabbares Muster für Verlässlichkeit und Konsequenz in der Ausrichtung auf gemeinsam vereinbarte Ziele.

- Beim dritten Beispiel geht es um einen „Gemischtwarenladen", der aus einem in die eigenen Erfindungen verliebten Ingenieurbetrieb zu einem erfolgreichen Großbetrieb gewachsen ist. Die Ingenieure waren gut. In ihrem Selbstverständnis waren sie immer schon gut. Und sie hatten Erfolg. Weshalb sollten sie dann auch noch wirtschaftlich sein?
Dann aber ließ der Erfolg nach, weil sie zu groß geworden waren. Weil andere auch erfinden konnten. Weil Erfolg blind macht für den angesetzten Speck. Und weil der Gründer unerwartet gestorben war. Er konnte sie nicht mehr inspirieren und auch nicht mehr beschützen vor der rauen Wirtschaftswelt. Ein „Fremder" wurde mit der Geschäftsführung betraut. Plötzlich bemerkten sie, dass sich ihre spezialisierten Bereiche auseinandergelebt hatten. Sie sprachen bestenfalls übereinander und nicht mehr miteinander. Die Koordination klappte nicht mehr. Schuldzuweisungen begannen, die Atmosphäre zu vergiften.
In dieser Situation griffen die Eigentümer ein und bestellten eine neue Führung mit dem klaren Auftrag, das Ruder herumzureißen und die Flotte wieder auf Erfolgskurs zu bringen. Außerdem begann die Familie, sich selbst einzubringen. Insbesondere Anna, die Tochter des Verstobenen. Der Neue und seine Koopera-

tion mit Anna erwiesen sich als ein Glücksgriff. Und wir hatten das Glück, beide über nun schon fünf Jahre begleiten zu dürfen – lernen zu dürfen, wie ein solches Kunststück gelingt, wie man die Menschen teilhaben lässt und wie einfach, flexibel und zugleich konsequent eine Strategie und ihre Umsetzung sein muss, um dabei zu helfen.

Wir wollen Ihnen aber nicht nur von unseren Erfahrungen berichten, sondern auch von den Kennzahlen, die den beteiligten Menschen dabei geholfen haben, ihre strategischen Ziele umzusetzen. Im fünften Kapitel sind die aus unserer Sicht 72 interessantesten Beispiele von Kennzahlen dieses Buches zusammengestellt.

Dabei sind wir uns bewusst, dass Kennzahlen allein nichts bewirken. Es sind die Menschen mit ihren Interessen und in ihren spezifischen Situationen, die ein Unternehmen steuern. Wir haben dazu sieben wichtige Anforderungen an BSC-Kennzahlen formuliert, mit denen wir in der Praxis konfrontiert werden. Und wir hoffen, Ihnen mit dieser Zusammenstellung einige Anregungen geben zu können, die eine oder andere Idee in **Ihrem** Kontext einfach auszuprobieren. Wenn Sie Erfolg haben, bleiben Sie dabei. Wenn nicht, wählen Sie eine andere Kennzahl. Es gibt dafür nach unserer Erfahrung kein Rezept. Es gibt nur Erfolg oder eben nicht. Also packen Sie es an – sofern Sie sich davon etwas versprechen.

Wir haben erstmalig bei diesem Buch „Crowdwriting" praktiziert. Mehr als 50 Interessenten haben sich beteiligt. Das war eine interessante Erfahrung. Mit André Moll konnte ein Teilnehmer gewonnen werden, der sich mit einem eigenen Beitrag am Buch beteiligt hat. Wir empfehlen auch anderen Autoren, diese Methode auszuprobieren.

1 BSC – konsequent einfach

Robert Kaplan war vor 25 Jahren bereits ein berühmter Mann in der angelsächsischen Wirtschaftswelt. Er hatte als Professor der Harvard University ab Mitte der 1980er-Jahre maßgeblich an der Entwicklung des Activity Based Costing (ABC) mitgewirkt – in Deutschland in Anpassung an die Kostentheorie etwas abgewandelt als „Prozesskostenrechnung" bekannt. Wenige Jahre später wurde er von führenden US-amerikanischen Managern mit dem Problem konfrontiert, dass strategische Konzepte zwar seit Michael Porters „Wettbewerbsstrategie" in Mode gekommen waren, aber nur unzureichende praktische Wirksamkeit entfalteten. Er verbündete sich mit dem einflussreichen Unternehmensberater David Norton. Gemeinsam stellten sie 1992 eine Idee vor[2], die als „Balanced Scorecard" innerhalb weniger Jahre ihren Siegeszug um die Welt angetreten hat.

Ihr Ansatz beruhte auf drei einfachen Prinzipien:

1. „Translate strategy into action" – das ist die Leitdevise der Balanced Scorecard[3]. Dabei geht es um zweierlei:
   - Die Übersetzung strategischer Orientierungen in konkrete Aktionen **und** die Übersetzung der Strategie eines Unternehmens in die Sprache jener Akteure, die sie umsetzen sollen.
   - Der zweite Aspekt wird in der Praxis oft „vergessen". Er ist jedoch unerlässlich, um die Verbindung zwischen Strategie und Aktionen zu wahren. Kaplan und Norton haben mehrfach explizit darauf verwiesen, dass die Balanced Scorecard zu einem leeren Kennzahlensystem verkommt, wenn die Menschen die Beziehung zur Strategie des Unternehmens verlieren und den Sinn der Kennzahlen nicht verstehen. Und dazu muss sie **einfach** sein – einfach verständlich.

2. Ein Unternehmen kann seinen finanziellen Zwecken nur gerecht werden, wenn es alle relevanten Interessengruppen (Stakeholder) in seine Strategie zur Sicherung nachhaltiger Wirtschaftlichkeit einbindet. Dazu ist es hilfreich, deren Perspektiven zu verstehen:
   - „How do customers see us (customer perspective)?
   - What must we excel at (internal perspective)?
   - Can we continue to improve and create value (innovation and learning perspective)?
   - How do we look to shareholders (financial perspective)?"[4]

---

[2] Kaplan, R. S./Norton, D. P. (1992): The Balanced Scorecard – Measures that drives Performance, Harvard Business Review, January-February S. 71ff.

[3] Kaplan, R. S./Norton, D. P. (1996): The Balanced Scorecard. Translating Strategy into Action, Harvard Business School Press; (Die Strategie in Aktionen überführen).

Es geht um die **ausgewogene** Sicht der für den Unternehmenserfolg maßgeblichen Menschen in ihren verschiedenen Rollen – Kunden mit ihren Wünschen und Anforderungen; Mitarbeiter mit ihren Wertvorstellungen und der Verantwortung für die internen Prozesse; Lieferanten und Partner, die gemeinsam mit unserem Unternehmen für die Entwicklung innovativer Produkte und Leistungen sorgen; Eigentümer und Investoren, die von uns ein attraktives Angebot für ihren Kapitaleinsatz erwarten.

Je besser wir die Sicht (die Perspektive), die Ziele der verschiedenen Menschen verstehen, umso eher sind wir in der Lage, ihre Sprache zu sprechen und sie zu einem Engagement für die Strategie unseres Unternehmens zu bewegen.

3. Menschen fällt es normalerweise schwer, sich auf wenige Schwerpunkte zu konzentrieren. Und Führungskräfte oder Manager[5] sind auch nur Menschen. **Das ist weniger eine Frage der Auswahl wichtiger Aspekte, die wir tun als jener, die wir lassen wollen.**

> Die Furcht vor der Verantwortung[6], „das Richtige" weggelassen zu haben, behindert die Umsetzung strategischer Orientierungen in der Praxis wahrscheinlich mehr als jeder andere Faktor.

Kaplan und Norton haben daher von vornherein empfohlen, nur wenige Aktivitäten zu planen und die dafür entscheidenden Kennzahlen in die Balanced Scorecard einzubeziehen: „The balanced scorecard forces managers to focus on the handful of measures that are most critical"[7].

---

[4] Kaplan, R. S./Norton, D. P. (1992): The Balanced Scorecard – Measures that drives Performance, Harvard Business Review, January-February S. 72; [Wie sehen uns unsere Kunden (Kundenperspektive)? Was müssen wir ihnen anbieten (interne Perspektive)? Können wir uns weiterverbessern und Werte schöpfen (Perspektive Innovation und Lernen)? Wie beziehen wir die Anteilseigner ein (Finanz-Perspektive)?] – Anm. der Verfasser: Kaplan/Norton sprechen von der „internen Perspektive" nicht von einer „Prozessperspektive"; das ist oft missverstanden worden.

[5] Wir wollen im Folgenden unter Führung vor allem Sinngebung, Rollendefinition und Verantwortung für die Einbindung in die Gesamtleistung des Unternehmens verstehen, während Management vor allem Koordination und Steuerung umfasst. Beide Rollen sind in der Praxis nicht eindeutig definiert und gehen oft ineinander über.

[6] „Verantwortung" ist abhängig von der im Unternehmen vorherrschenden Kultur – sie kann im eher positiven Sinne als „Bereitschaft, Entscheidungen zu treffen" und als „für die Folgen des eigenen Handelns einstehen" verstanden werden oder eher negativ als „Zuweisung von Schuld". Deshalb ist der Begriff in der Praxis oft widersprüchlich belegt.

[7] Ebenda, S. 73; [Die Balanced Scorecard veranlasst Manager, sich auf jene Handvoll Kennzahlen zu konzentrieren, die besonders kritisch sind.] – Anm. der Verfasser: Eine „Handvoll" meint normalerweise „fünf"!

Das setzt voraus, dass es eine strategische Ausrichtung gibt, dass wir davon ausgehend mit wenigen **Zielen** führen und dass wir zur Erfolgsmessung nur stimmige Kennzahlen wählen, die für die Menschen verständlich, handhabbar und bedeutsam sind[8]. Was wir dafür brauchen, ist gesunder Menschenverstand, Verständnis für unser Geschäft – aber vor allem und in jedem Fall: **Mut zur Konsequenz!**

Im Verständnis ihrer „Väter" war die Balanced Scorecard also von Anfang an ein strategisches Instrument zur vorausschauenden und konsequenten Führung mit einfachen und messbaren Zielen. Das ist mehr als ein Kennzahlensystem: „The balanced scorecard … puts strategy and vision, not control, at the center. It established goals but assumed that people will adopt whatever behaviors and take whatever actions are necessary to arrive at those goals. The measures are designed to pull people toward the overall vision … The balanced scorecard keeps companies looking – and moving – forward instead of backward"[9].

22 Jahre später kann die Balanced Scorecard auch im deutschsprachigen Raum als ein etabliertes Instrument zur Strategieumsetzung angesehen werden. Studien sprechen davon, dass ca. 25 % der größeren Unternehmen eine BSC nutzen[10]. In 2013 hat Bain & Company die BSC als meistgenutztes Managementinstrument in Europa identifiziert[11]. Selbst wenn wir davon ausgehen, dass nur etwa ein Viertel dieser An-

---

[8] DIN SPEC 1086 „Qualitätsstandards im Controlling" (2009), www.beuth.de (Stichwort: DIN SPEC 1086) S. 7: „*Verständlichkeit, Handhabbarkeit und Bedeutsamkeit* stellen den Zusammenhang her zwischen den verfügbaren Informationen zur Steuerung und Regelung des Unternehmens und den Managern, die diese Informationen nutzen. **Verständlichkeit** bezieht sich auf den Inhalt der Information und ihre Einordnung in den Kontext der Arbeit. **Handhabbarkeit** bezieht sich auf das Umgehen mit der Information entsprechend den Kompetenzen und dem Know-how des Empfängers. **Bedeutsamkeit** bezieht sich auf die Relevanz der Information für den Empfänger. Vom Zusammenspiel dieser Faktoren hängt es ab, ob das Controlling des Unternehmens einfach oder kompliziert wahrgenommen wird."

[9] Kaplan, R. S./Norton, D. P. (1992): The Balanced Scorecard – Measures that drives Performance, Harvard Business Review, January-February S. 79; [„Die Balanced Scorecard ... stellt Strategie und Vision, nicht Kontrolle, in den Fokus. Sie setzt Ziele und geht zugleich davon aus, dass die Menschen sich engagieren, um diese Ziele zu erreichen – was auch immer für Verhaltensweisen notwendig sind und welche Aktionen ergriffen werden müssen. Die Kennzahlen sollen die Menschen in Richtung der Gesamtvision ausrichten ... Die Balanced Scorecard orientiert Unternehmen in der Planung wie in ihrer Umsetzung, in die Zukunft zu sehen, statt in die Vergangenheit."].

[10] Vgl. Weber, J./Schäffer, U. (2011): Einführung in das Controlling, Schäffer-Poeschel, S. 197.

[11] Für den 14. Report Management Tools & Trends hat Bain & Company weltweit 1208 Entscheider zu Managementmethoden und -techniken befragt. So hält sich Bain & Company zufolge in EMEA die Balanced Scorecard auf Platz eins; vgl.: http://www.mittelstandswiki.de/2013/09/management-tools-trends-deutsche-unternehmen-sind-besonders-optimistisch/, gefunden am 19.01.2014.

wender „die Balanced Scorecard wie von Kaplan/Norton intendiert umfassend als Instrument der Strategieumsetzung"[12] nutzen, ist das im Vergleich zu anderen betriebswirtschaftlichen Führungsinstrumenten beachtlich.

1.1 Zwei Entwicklungsrichtungen der BSC im deutschsprachigen Raum

In Bezug auf die Anwender des Konzepts von Kaplan und Norton lassen sich im Wesentlichen zwei große Entwicklungsrichtungen beobachten:

1. Viele, insbesondere große Unternehmen gestalten die BSC als ein strategisch ausgerichtetes Führungsinstrument, das auf einem in „Perspektiven" gegliederten Kennzahlensystem basiert. Die Strategie wird zentral vorgegeben und ihre Verbindung zu den Zielen und Kennzahlen vor allem mithilfe von „Strategy Maps" (Strategielandkarten: Ursache-Wirkungs-Beziehungen zwischen den Zielstellungen) dargestellt.

2. Eine andere, weitverbreitete Variante gestaltet die BSC als strategisches Führungsinstrument der Interessenbalance verschiedener Stakeholder. Die Strategie wird in gemischten Teams erarbeitet. Ihre Verbindung zu den Zielen und Aktionen wird im Rahmen einer Führungs-Scorecard („strategisches Haus") vermittelt, die durch eine Berichts-Scorecard (Zusammenfassung der Kennzahlen zu jenen Führungszielen, die auf der jeweiligen Ebene für die Koordination von strategischen und operativen Prozessen maßgeblich sind) ergänzt wird.

In beiden Varianten werden strategische Aktionen und Maßnahmen abgeleitet und zu **Programmen bzw. Projekten** gebündelt. Die Realisierung dieser Programme oder Projekte ist der eine Baustein zur Umsetzung der Strategie. Der andere Baustein ergibt sich aus der **Führung mit wenigen messbaren Zielen**. Die Messbarkeit zwingt dazu, konkret zu sein. Und damit die Ziele verbindlich werden, sind sie mit persönlicher Verantwortung zu verbinden.

Beide Bausteine zusammen bilden die Balanced Scorecard.

Ihre systematische Einbindung in den Management-, Planungs- und Reportingkalender einerseits und in die Kommunikationspolitik des Unternehmens andererseits kann der BSC schließlich jenen Einfluss verleihen, der den Alltag im Unternehmen auf die strategischen Schwerpunkte ausrichtet[13].

---

[12] Vgl. Weber, J./Schäffer, U. (2011): Einführung in das Controlling, Schäffer-Poeschel, S. 197.

[13] Kaplan und Norton haben diesem umfassenden Aspekt im Jahr 2000 ein spezielles Buch gewidmet; s. Kaplan, R. S./Norton, D. P. (2000): The Strategy-Focused Organization: How Balanced Scorecard Companies Thrive in the New Business Environment; Harvard Business School Press.

In den letzten 20 Jahren haben wir auch erlebt, wie unterschiedlich die Begriffe „strategisch" und „operativ" besetzt sind. Da die meisten Missverständnisse dadurch entstehen, dass wir mit denselben Worten aneinander vorbeireden, erscheint es wichtig, sich über ein gemeinsames Begriffsverständnis zu einigen, wenn man eine gemeinsame Strategie entwickeln will.

1.2   Ohne Moos nichts los

In der Praxis hat sich ein einfaches Konzept für die Unterscheidung von „operativ" und „strategisch" bewährt. Es wurde von Alois Gälweiler Anfang der 70er-Jahre des vorigen Jahrhunderts entwickelt: das Konzept der Erfolgspotenziale. Dieser Begriff umfasst die Möglichkeiten und Fähigkeiten eines Unternehmens, aus denen in der Zukunft Erfolg generiert werden kann. Erfolgspotenziale nehmen damit gegenüber Erfolgsmaßstäben wie z. B. Geldüberschuss (Cashflow), Gewinn oder Return on Investment eine Vorsteuerungsfunktion ein. Gälweilers Konzept kann wie folgt dargestellt werden:

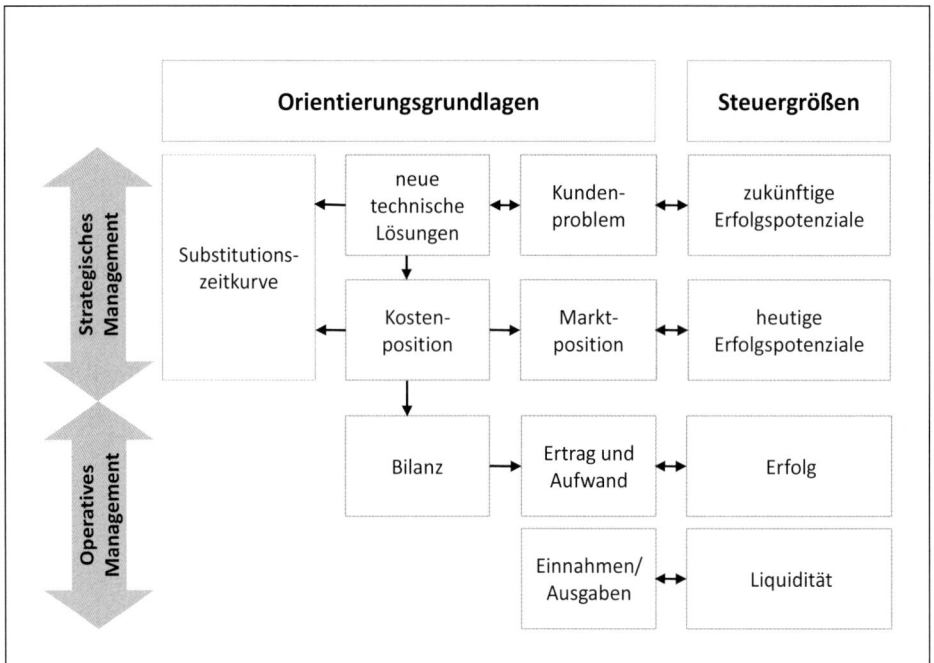

Abbildung 1: Das Konzept von A. Gälweiler[14]

---

[14] Vgl. Gälweiler, A. (2005): Strategische Unternehmensführung, Campus, S. 34. Anmerkung: Unter „Substitutions-Zeitkurve" versteht Gälweiler die Lebensdauer bestehender Lösungen bis zu ihrer Substitution durch neue oder veränderte Lösungen.

Den operativen Steuerungsgrößen Liquidität und Erfolg fügt Gälweiler damit eine strategische Steuerungsgröße – das Erfolgspotenzial – hinzu und unterteilt dieses in „bestehende Erfolgspotenziale" und in „neue Erfolgspotenziale". Zwischen den verschiedenen Steuerungsgrößen muss eine Balance gefunden, ein organisches Gleichgewicht hergestellt werden. Für kurzfristige Wertorientierung oder einseitige Gewinnmaximierung ist in diesem Konzept kein Platz – sehr wohl aber für strategische Achtsamkeit gegenüber der Differenz zwischen erforderlichen und verfügbaren Potenzialen.

Um die nachhaltige Wirtschaftlichkeit und damit die Existenz des Unternehmens sicherzustellen, werden heute wie in der Zukunft quantitativ und qualitativ dem Geschäftszweck angemessene Potenziale benötigt. Dabei ist es zweckmäßig, zwischen verfügbaren und erforderlichen Potenzialen zu unterscheiden:

- Operatives Geschäft: Die möglichst **effiziente Nutzung** der uns **verfügbaren** Potenziale, indem wir jenes Geld verdienen, mit dem wir unsere Strategie bezahlen.

Da sich aber das Umfeld wandelt und sich damit die strategischen Anforderungen ändern, verändern sich auch die Anforderungen an die Erfolgspotenziale. Wir müssen deshalb beständig unsere verfügbaren Möglichkeiten und Fähigkeiten weiterentwickeln oder neue bzw. andere Potenziale erwerben respektive schaffen.

- Strategisches Geschäft: „Schließen der Lücke" zwischen verfügbaren und erforderlichen Potenzialen, also das **effektive** (auf die strategischen Ziele ausgerichtete) **Erarbeiten von Potenzialen**.

Beides benötigen wir permanent und parallel: Wir müssen immer achtsam sein, dass wir im operativen Geschäft genügend Geld verdienen, um unsere strategische Position zu sichern. Und genauso müssen wir achtsam sein, dass die Lücke zwischen verfügbaren und erforderlichen Potenzialen nie zu groß wird – damit wir nicht eines Tages „weg vom Fenster" sind.

Dabei schließt strategische Achtsamkeit sowohl die Gewährleistung einer angemessenen Rentabilität für Wachstum und Entwicklung des Unternehmens als auch eine adäquate Risikovorsorge ein, die auf regelmäßigen Sorgfältigkeitsprüfungen (interne Due Diligences) und entsprechenden Rücklagen beruhen. Potenziale bestehen nicht nur aus Chancen und Stärken – sie schließen Risiken und Schwächen in sich ein.

Wir können also Optionen für Erfolg entwickeln oder Gefahren für Niederlagen. Es leuchtet ein, dass der im Vorteil ist, der zwischen beiden unterscheiden und dementsprechend seine Strategie gestalten und umsetzen kann. Das bedarf vor allem auf Erfahrung und Geschäftskenntnis beruhender Intuition, einer einfach verständlichen Kommunikation und konsequenter Führung. Die Balanced Scorecard kann dabei helfen. Ersetzen kann sie die Fähigkeiten zu Intuition, Kommunikation und Führung nicht.

Auf die vielen „reinen" Kennzahlensysteme mit dem Namen Balanced Scorecard, die keinerlei Verbindung zur strategischen Ausrichtung der Unternehmen aufweisen, soll in diesem Buch nicht weiter eingegangen werden. Mitunter sind sie einfach IT-gestützte Planungs- und Berichtssysteme. Diese fordern mit einem Soll-Ist-Vergleich von den betroffenen Menschen nichts anderes als die Umsetzung zentral gesetzter Ziele, gegliedert nach „Perspektiven". In solchen Fällen ist der Name bloßes Etikett und hat mit dem Konzept von Kaplan und Norton nichts zu tun. Das Gliedern von (meist 20) Kennzahlen in verschiedene (meist vier) Gruppen, denen man die Bezeichnung „Perspektiven" verleiht, führt nicht zu einer Balanced Scorecard.

Nicht überall, wo Balanced Scorecard draufsteht, ist auch Balanced Scorecard drin.

1.3   Mit der BSC führen

Die wesentlichen Eckpunkte für den Einsatz der Balanced Scorecard als strategisches Führungsinstrument haben Kaplan und Norton 1996 formuliert[15]. Sie gelten heute nach wie vor:

Übersetzung der Vision des Unternehmens in klare Ziele für die Menschen auf allen Ebenen

„Despite the best intentions of those at the top, lofty statements about becoming 'best in class', 'the number one supplier' or an 'empowered organization' don't translate easily into operational terms that provide useful guides to action at the local level. For people to act on the words in vision and strategy statements, those statements must be expressed as an integrated set of objectives and measures, agreed upon by all senior executives, that describe the long-term drivers of success"[16].

Visionen beschreiben normalerweise Bilder über die angestrebte Positionierung unseres Unternehmens. Frei nach Porter geht es im Grunde bei jeder Strategie darum, eine Position zu erreichen, bei der die beste Option für alle Anderen darin besteht, mit uns zu kooperieren. Außerdem werden Visionen durch unsere Werte

---

[15] Kaplan, R. S./Norton, D. P. (1996): Using the Balanced Scorecard as a Strategic Management System, Harvard Business Review, January-February S. 3 ff.

[16] Ebenda, S. 3 f; [Ungeachtet der besten Absichten der Top-Manager, sind stolze Aussagen darüber, „best in class", „die Nummer eins" oder eine „befähigte Organisation" zu werden, nicht einfach so in die Praxis zu übersetzen, dass sie eine nützliche Orientierung zum Handeln auf lokaler Ebene bieten. Die Aussagen zu Vision und Strategie müssen als eine von allen Führungskräften vereinbarte, integrierte Kombination von Zielen und Kennzahlen dargestellt werden, die jene langfristigen Treiber des Erfolgs beschreiben, auf die die Menschen ihre Aktionen ausrichten können.].

und Erlebnisse geprägt. Wir streben nach sinnvoller Tätigkeit und nach individuell spürbarem Erfolg. Dafür sind wir bereit, uns einzusetzen und uns selbst schweißtreibende Anstrengungen anzutun. Jeder, der schon einmal im Sport, in der Musik oder auf einer Theaterbühne persönlichen Erfolg spüren konnte, weiß, was dieses „sich antun wollen" bedeutet.

Bilder, die unser Streben zum Ausdruck bringen, haben gegenüber Zielen den Vorteil größerer Beständigkeit. Ziele werden obsolet, wenn sie erreicht sind. Das liegt in ihrer Natur. Dann kann eine Vision helfen, neue Ziele zu formulieren.

Dafür sollte die Vision auf einer **Geschäftsidee**, einer „tragenden Idee"[17] beruhen, die den Menschen das Gefühl sinnvoller Orientierung verleiht. „Vorsprung durch Technik" nennt z. B. Audi seine Idee. Seit Jahren kann man sie praktisch erleben; nicht nur beim Fahren, sondern auch bei der Entwicklung der Technik[18]. Und man kann erleben, wie durch immer neu gesetzte Ziele, dieser Vorsprung systematisch ausgebaut wird. „Duschvergnügen als tägliches Fest der Sinne" wurde von Hansgrohe zu einer tragenden Idee ausgebaut und ist für viele kreative Menschen attraktiv. Dazu tragen wie bei Audi die anspruchsvollen Ziele bei, die aus der Idee abgeleitet werden: mittelfristig, jährlich, monatlich, Tag für Tag[19].

Geschäftsidee und Ziele setzen die Spannung zwischen Bewahren und Verändern

Klare und messbare Ziele für die Menschen entstehen nicht einfach so. Ziele unterscheiden sich von Wünschen dadurch, dass wir bereit sind, uns die damit verbundenen Anstrengungen auch anzutun – eben weil sie aus einer Idee entspringen, die uns trägt. Den Wunsch abzunehmen z. B. haben viele, aber nur wenige sind bereit, dafür weniger zu essen und mehr Sport zu treiben. Erst dann wird aus dem frommen Wunsch ein Ziel.

Deshalb müssen wir die Menschen bei ihren Interessen abholen. Und zunächst einmal wollen Menschen das ihnen Wertvolle bewahren:

Wenn wir in unserer Zusammenarbeit mit anderen Menschen Verlässlichkeit und Anerkennung erleben und wenn wir das Gefühl bekommen, uns weiterentwickeln zu können – dann werden wir uns nach einer gewissen Zeit mit unserer Arbeit, unserem Team, unserem Unternehmen identifizieren. Das kann sich noch verstärken, wenn wir zugleich einer begeisternden Aufgabe, einer Vision folgen, deren Umset-

---

[17] Wir verstehen in diesem Buch unter einer „tragenden Idee" eine Geschäftsidee, die durch ein nachvollziehbares Geschäftsmodell plausibilisiert werden kann.

[18] Wie die praktische Umsetzung der Vision in einem Bereich von Audi gestaltet wurde kann man nachlesen; vgl. Schleuter, W./von Stosch, J. (2009): Die sieben Irrtümer des Change Managements und wie Sie sie vermeiden, Campus.

[19] Vgl. Gänßlen, S. (2010): Strategisches Controlling: Best-Practice-Konzept der Hansgrohe AG; in: Der Controlling-Berater, Band 8, Haufe, S. 21 ff.

zung uns Spaß macht und von der wir uns Sicherheit unserer Arbeitsplätze versprechen. Und wenn das Ganze darüber hinaus seinen Sinn dadurch bekommt, dass wir für andere Menschen nützlich sind (eine Mission haben), dann werden wir vielleicht sogar stolz sein, in diesem Unternehmen arbeiten zu dürfen. Identität aus gemeinsamen **Werten**, eine begeisternde Aufgabe (**Vision**) und die Nützlichkeit der eigenen Arbeit (**Mission**) – wer das einmal erlebt hat, will es bewahren. Gerade auf diesem „Dreiklang" beruht ja das Sinn- und Reizvolle einer guten Geschäftsidee.

Abbildung 2: Aspekte einer Geschäftsidee

Ziele hingegen richten sich unmittelbar auf Veränderungen, denn wir streben heute etwas an, was wir derzeit noch nicht haben oder können. Natürlich ist auch eine Geschäftsidee veränderlich. Aber wir sollten sie nicht allzu oft ändern. Sie gibt uns eine Richtschnur in einer von Ungewissheiten geprägten Welt. Deshalb sollten wir sie bewahren – solange die Marktbedingungen das sinnvoll erscheinen lassen. Wir können daraus immer wieder neue Ziele ableiten, wenn es erforderlich wird.

Diese Spannung zwischen Geschäftsidee und heutigen Zielen, zwischen Bewahren von Werten, Vision und Mission und Verändern von Potenzialen konstruktiv zu bewältigen, ist eine der Herausforderungen in der praktischen Gestaltung einer Balanced Scorecard.

Ein erfolgreicher Bauunternehmer hat für sein Unternehmen das Motto geprägt: „Aus Tradition verändern" – weil sich das Umfeld verändert. Wer bewahren will, muss sich immer wieder neu an sein Umfeld anpassen oder besser noch, proaktiv handeln.

Und wenn wir andere Interessengruppen (Stakeholder) in unsere Strategie einbinden wollen, müssen die Ziele unseres Handelns nicht nur für uns, sondern auch für sie einen Sinn ergeben.

Stimmige Kennzahlen übersetzen Ziele und Sinn

Wenn es dann noch gelingt, stimmige Kennzahlen zu definieren, durch die wir auf einfache Weise erkennen können, ob wir auf dem vorgesehen Weg sind (Frühindikatoren) oder inwieweit wir unser Ziel erreicht haben (Spätindikatoren), kommen wir der Übersetzung unserer Geschäftsidee in messbare Ziele schon nahe.

Unter „Stimmigkeit" verstehen wir in diesem Kontext den auf die handelnden Menschen ausgerichteten Dreiklang aus „verständlich, handhabbar und bedeutsam":

1. eine gemeinsame Plattform für das **Verständnis** des gemeinsamen Handelns;
2. praktische Hilfe für die **handhabbare** Umsetzung der vereinbarten Ziele in konkretes TUN;
3. eine abgestimmte Basis für die Anerkennung/**Bedeutung** der persönlichen Leistung.

Stimmige Kennzahlen müssen dem Sinn der Ziele für uns und für die anderen entsprechen. Sie müssen einfach genug sein, dass die Menschen den Sinn wiedererkennen können. Dann wird die Übersetzung in messbare Ziele „rund".

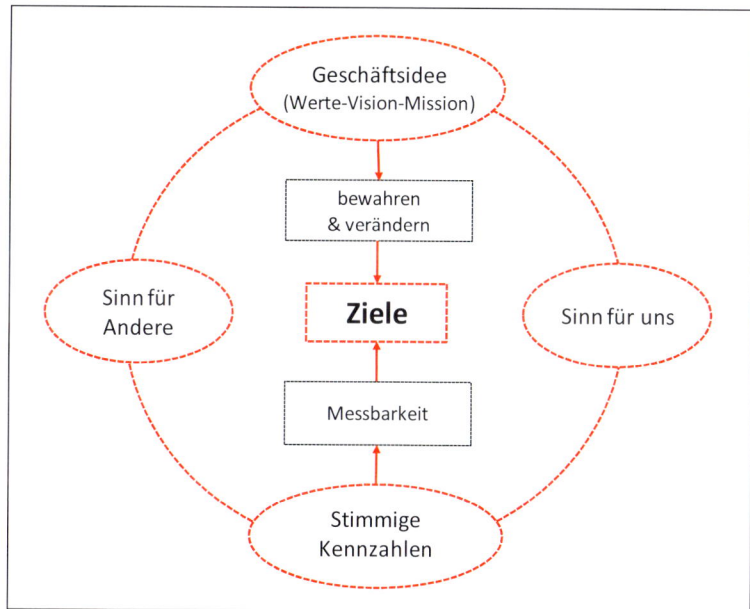

Abbildung 3: Messbare Ziele ableiten

Der folgende Abschnitt gibt Ihnen dazu ein Beispiel.

1.3.1 Mit ROCE führen?

Ein internationaler, mittelständisch geführter Familienkonzern wollte in den kommenden drei Jahren seine Chemiefaserkapazitäten erweitern. Dafür boten sich seine Werke in Deutschland, Ungarn oder Polen an. Ein klassischer Fall für eine Investitionsrechnung.

Eine mit Marktstudien und detaillierten Planungen unterfütterte Kapitalwertbestimmung unter Nutzung der Discounted-Cashflow-Methode bot sich an. Der Konzern praktizierte eine wertorientierte Unternehmenssteuerung mit dem „Return on Capital Employed" (ROCE) als zentraler Kennzahl. Mithilfe von Sensitivitätsbetrachtungen und Szenarien ließ sich die Analyse vertiefen und zu einer fundierten Entscheidungsempfehlung führen.

Das alles ist solides Handwerk. So muss man es angehen – und dennoch, wenn wir es dabei belassen, kommen wir zwar zu mehr oder weniger begründbaren Zahlen, aber wir erreichen keine Stimmigkeit!

Der Chef des deutschen Werkes hat das Problem gemeinsam mit seinen Controllern anders gelöst: Sie definierten die Aufgabenstellung als strategische Herausforderung. Ihnen ging es nicht vordergründig um die besten Zahlen, sondern um die Einstellung der Menschen, sich der Situation zu stellen. Denn auf der einen Seite stand ein Kapitaleinsatz in zweistelliger Millionenhöhe zur Debatte. Wer den Zuschlag bekam, würde auf absehbare Zeit die modernste Technologie besitzen und sich vorteilhaft auf den Märkten und innerhalb der Konzerngruppe positionieren und Arbeitsplätze sichern können. Auf der anderen Seite lagen aufgrund der deutlich geringeren Löhne und Gehälter nicht zu unterschätzende Vorteile aufseiten der ungarischen und polnischen Schwesterunternehmen.

Wie sind sie vorgegangen?

1. Als ersten Schritt haben sich alle wichtigen Interessengruppen an einen Tisch gesetzt, um die Herausforderungen zu besprechen: Neben dem Geschäftsführer und der Leiterin des Controllerservice nahmen die Leiter des Vertriebs, der Produktion und der Logistik daran teil. Darüber hinaus wurden die Vorsitzende des Betriebsrates sowie einige engagierte Gruppenleiter und Mitarbeiter einbezogen.

2. Auf dem Workshop wurden keine Ergebnisse der Investitionsrechnung vorgelegt. Es ging zunächst um die grundsätzliche Frage, ob sich alle Beteiligten den Wettbewerb innerhalb des Konzerns wirklich antun wollten.

3. Nachdem das bejaht wurde, standen die Ziele auf der Tagesordnung, die zur Bewältigung der Herausforderung zu erreichen waren: Als zentrale Frage wurde die Produktivitätsentwicklung des deutschen Werkes herausgearbeitet. Sie sollte im Vergleich zu den Betrieben in Ungarn und Polen deutlich höher sein als der

Abstand in den Löhnen und Gehältern. Dann würden sich auch in der Investitionsrechnung Vorteile zeigen.

4. In der Diskussion kamen dann vielfältige Ansätze für eine Kombination von innovativen Verbesserungen mit vielen kleinen Änderungen der Arbeitsabläufe an eine Pinnwand. Konkrete Aktionen wurden abgeleitet und zu vorläufigen Projektideen gebündelt. Für den Anfang war das eine ganze Menge.

5. Nun aber ging es im nächsten Schritt darum, das ganze Unternehmen auf diese Ziele auszurichten und die Menschen mitzunehmen auf den Weg, d. h.

   – allen Beteiligten die Ziele verständlich zu kommunizieren,

   – die Ziele so zu konkretisieren, dass sie vor Ort handhabbar sind und

   – den spezifischen Erfolg auf eine Weise zu messen, dass den Menschen das Maß-Gebliche und damit die Bedeutung ihres Handelns sichtbar werden.

Das ist nichts anderes als stimmiges Führen mit messbaren Zielen.

Knapp skizziert wurde anschließend folgende Vorgehensweise umgesetzt, um alle Mitarbeiter in diesen Prozess einzubeziehen:

Menschen wollen verstehen

Nach dem Strategieworkshop rief der Betriebsrat eine Mitarbeiterversammlung ein. Hier zeigte sich der enorme Vorteil seiner frühzeitigen Einbeziehung. Die Betriebsratsvorsitzende hatte den strategischen Ansatz mit erarbeitet und fand schnell die richtigen Worte. Ihre Argumentationskette war einfach:

1. Die Arbeitsplatzsicherheit wird größer, wenn wir die Investition realisieren. Dann wird unser Unternehmen wachsen und viele Entwicklungschancen für die Mitarbeiter bieten.

2. Die Investition kommt zu uns, wenn der Produktivitätsabstand zu den Schwesterunternehmen größer ist als der Lohnabstand.

3. Die Produktivitätsentwicklung trägt dann zu Arbeitsplatzsicherheit bei, wenn zugleich der Auftragseingang schneller steigt als die Produktivität, damit die Kapazitäten (= unsere Arbeitsplätze) immer ausgelastet sind.

4. Dieser doppelten Herausforderung stellen wir uns – das ist für uns eine Frage der Ehre: Weil wir wissen, dass wir es können und weil wir es uns und unseren Familien schuldig sind.

Zum Verständnis dieser Argumente hat sicher auch beigetragen, dass der Betriebsratsvorsitzenden großes Vertrauen entgegengebracht wurde. „Was sie sagt, wird schon stimmen." Die Akzeptanz der beschlossenen Strategie war nach dieser Versammlung erst einmal da.

Der „Chef" oder sein Controller haben es in solchen Situationen oftmals schwerer, verstanden zu werden: Ihre Position bzw. der Expertenstatus und die damit verbundene „abgrenzende Sprache" entfremdet sie von den anderen Menschen. Hier hilft nur, auf die anderen zugehen, ihnen zuhören, mit ihnen reden und sie miterleben lassen, dass auch wir von ihnen lernen. Dann kann gegenseitiges Vertrauen entstehen. Anderenfalls mögen wir zwar dieselben Argumente benutzen wie die Betriebsratsvorsitzende. Aber ohne Vertrauen entsteht keine Akzeptanz und ohne Akzeptanz entsteht kein Verständnis. Eine einfache Sprache hat auch etwas mit gegenseitigem Vertrauen zu tun.

Menschen wollen von sich aus aktiv sein

Die Akzeptanz allein hätte jedoch nicht gereicht. Unmittelbar nach der Mitarbeiterversammlung wurden die einzelnen Teams/Abteilungen zusammengerufen. Dabei ging es darum, die grundsätzliche strategische Herausforderung in konkrete Aufgaben für die Menschen vor Ort zu übersetzen. Die Aktionen zur Produktivitätssteigerung wurden auf zwei Wege fokussiert:

1. Bessere Ausnutzung des Materials
2. Effizientere Gestaltung der Arbeitsabläufe

Nehmen wir beispielsweise die Filamentgarn-Erzeugung. In dieser Abteilung wird (etwas vereinfacht) das spinnbare Material durch die äußerst feinen Öffnungen einer Spinndüse gepresst und beim Austritt zu Garnen zusammengefasst und aufgespult. Schon zu Beginn der Diskussion wurde klar, dass die bisherige Orientierung auf den ROCE völlig an den Menschen vorbeiging. Es gab zwar gut sichtbare Informationstafeln, auf denen die Entwicklung der Kennzahlen der verschiedenen Werke anhand grafischer Darstellungen verglichen wurde. Aber mit der Arbeit vor Ort hatte das wenig zu tun. Die Mitarbeiter sprachen von „ROTZE" – und mit „ROTZE" lässt sich schlecht führen.

Nach einiger Diskussionszeit wurde sichtbar, was die Mitarbeiter tun können, um zur Strategieumsetzung beizutragen. Wieder etwas vereinfach gesagt: Die dünnen Spinnfäden reißen ab und zu und müssen dann „verknotet" werden. Je weniger Knoten sich auf einer Garnrolle befinden, umso besser ist die Qualität und davon abhängig die Preisklasse. Hier ergaben sich Ansatzpunkte für Verbesserungen. Das „abstrakte" Problem des Produktivitätsabstands war zu einem für alle Mitarbeiterinnen konkret handhabbaren Problem der „Knoten" geworden. Es wurden erste Lösungsideen geboren und eine kleine Gruppe gebildet, die sich mit der Umsetzung befassen würde. Zugleich wurde – für alle Mitarbeiter sichtbar – die Kennzahl „durchschnittliche Anzahl der Knoten" auf großen Tafeln täglich aktualisiert dargestellt, für diese Mitarbeiter eine stimmige Kennzahl – die natürlich auch Auswirkungen auf den ROCE des Werkes hatte!

Analoge Ansätze wurden auch in anderen Abteilungen gefunden. Die strategische Herausforderung war für die Menschen handhabbar geworden. Sie konnten aktiv werden.

Eine wesentliche Voraussetzung für dieses Herangehen liegt in der Kultur des Unternehmens. Die Führungskräfte dieses Chemiefaserwerkes glauben an die Eigeninitiative der Menschen, wenn man sie lässt und klare Orientierungen erkennbar sind. Wo das nicht gegeben ist, wo der begeisterte Mitarbeiter nur beschworen, aber der gehorsame (unmündige) Mitarbeiter bevorzugt wird, ist dieser Weg verschlossen. Dann wird stimmige Führung mit Zielen deutlich schwieriger.

Menschen wollen anerkannt werden

Schließlich musste die Dimension des Handelns fassbar werden. Denn Menschen, die sich anstrengen, wollen erleben, dass ihre Leistung anerkannt wird; dass sie maßgeblich zum Erfolg beiträgt – und sie selbst Erfolg erleben. Der konkreten Leistung ein Maß zu geben bedeutet daher zugleich, die entsprechende Arbeit zu würdigen, ihr eine sichtbare Bedeutung zu verleihen.

Um zu messen, ob der Produktivitätsvorsprung größer ist als der Abstand zu den Löhnen und Gehältern der ungarischen und polnischen Schwesterwerke, wurde im beschriebenen Unternehmen eine einfache Kennzahl genutzt: Die Relation des Rohertrags zu den Personalkosten (MPI = Man Power Index). Die dazu erforderlichen Basisdaten werden in allen Unternehmen des Konzerns nach vergleichbaren Regeln erhoben und sind daher einem Leistungsvergleich (Benchmark) zugänglich. Das ist immer noch ziemlich abstrakt. Aber der MPI verdeutlichte **den Führungskräften**, worum es im Kern geht; welche Aufgabenstellung in jedem Bereich, in jeder Abteilung zu bewältigen war.

Davon ausgehend stellten sich die Führungskräfte mit ihren Controllern der Aufgabe, den MPI in konkrete Kenngrößen vor Ort umzusetzen:

- In der Filamentgarn-Erzeugung ließ sich die maßgebliche Leistung ganz einfach an der „Anzahl der Knoten" messen. Die Automaten haben integrierte Messeinrichtungen, um jeden Knoten zu erfassen. Im Unterschied zur „ROTZE" konnten die Mitarbeiter das Maßgebliche ihrer Arbeit an dieser Kennzahl unmittelbar erkennen. Ihr Beitrag zum Erfolg des Unternehmens wurde direkt ablesbar, ihre Leistung anerkannt und die Bedeutung ihres TUNs klar erkennbar.

- Das blieb nicht ohne Folgen. In relativ kurzer Zeit konnte die Anzahl der Knoten um 25 % gesenkt werden. Die Materialausnutzung verbesserte sich ebenso wie die Qualitätseinstufung. Dass diese Entwicklung positive Auswirkungen auf den MPI zeigte, sei nur am Rande erwähnt. Im konkreten Fall war aber nicht der MPI die entscheidende Kennzahl (der Key Performance Indicator, KPI), sondern die „Anzahl der Knoten".

Auch in den anderen Bereiche und Abteilungen wurde die zentrale Aufgabenstellung in konkret messbare Ziele übersetzt. Das Ergebnis hat alle Beteiligten in seiner Eindeutigkeit überrascht und von der Wirkung stimmig messbarer Ziele überzeugt. Der MPI erreichte trotz (oder vielleicht gerade wegen?) der erheblich höheren Personalkosten einen deutlich besseren Wert als in den ungarischen und polnischen Schwesterwerken.

Diesen Vorsprung glaubhaft in eine wertorientierte Investitionsrechnung zu übersetzten war dann nur noch eine handwerkliche Leistung für den Controllerservice. Doch nicht die Zahlen, sondern die Art und Weise des Herangehens hat zum Schluss die Konzernführung davon überzeugt, die neue Linie im deutschen Werk zu errichten.

Inzwischen ist das Geschichte. Heute hat sich die Belegschaft fast verdoppelt. Sehr viele Menschen haben im Werk eine Entwicklungsperspektive gefunden. Und neue Perspektiven eröffnen sich, weil es gelungen ist, den Produktivitätsvorsprung nicht nur zu halten, sondern weiterauszubauen. Das Vertrauen untereinander wie das Selbstvertrauen in die eigenen Fähigkeiten ist durch die praktischen Erlebnisse hundertfach bestätigt worden.

1.3.2 Der Weg zu messbaren Zielen ist weit

Der Weg von einer attraktiven Geschäftsidee zu konkret messbaren Zielen verläuft in der Praxis meist über mehrere Etappen.

Viele Unternehmen z. B. formulieren als Zwischenschritte hin zum Führungsinstrument Balanced Scorecard

- ein (oder mehrere) Geschäftsmodell(e) mit der Abschätzung der Umsatz- und Margenpotenziale,
- **U**nternehmens**p**olitische **O**rientierungen (UPO) und die sich daraus ergebenden strategischen Herausforderungen[20] und adäquaten Handlungsvorgaben sowie
- eine qualitative und quantitative Konkretisierung der wichtigsten Aufgaben und Meilensteine.

---

[20] Vgl. Friedag, H. R./Schmidt, W. (2010): Controlling der Strategieumsetzung: Die Beachtung im operativen Alltag sichern; in: Der Controlling-Berater, Band 8, Haufe, S. 149 ff.

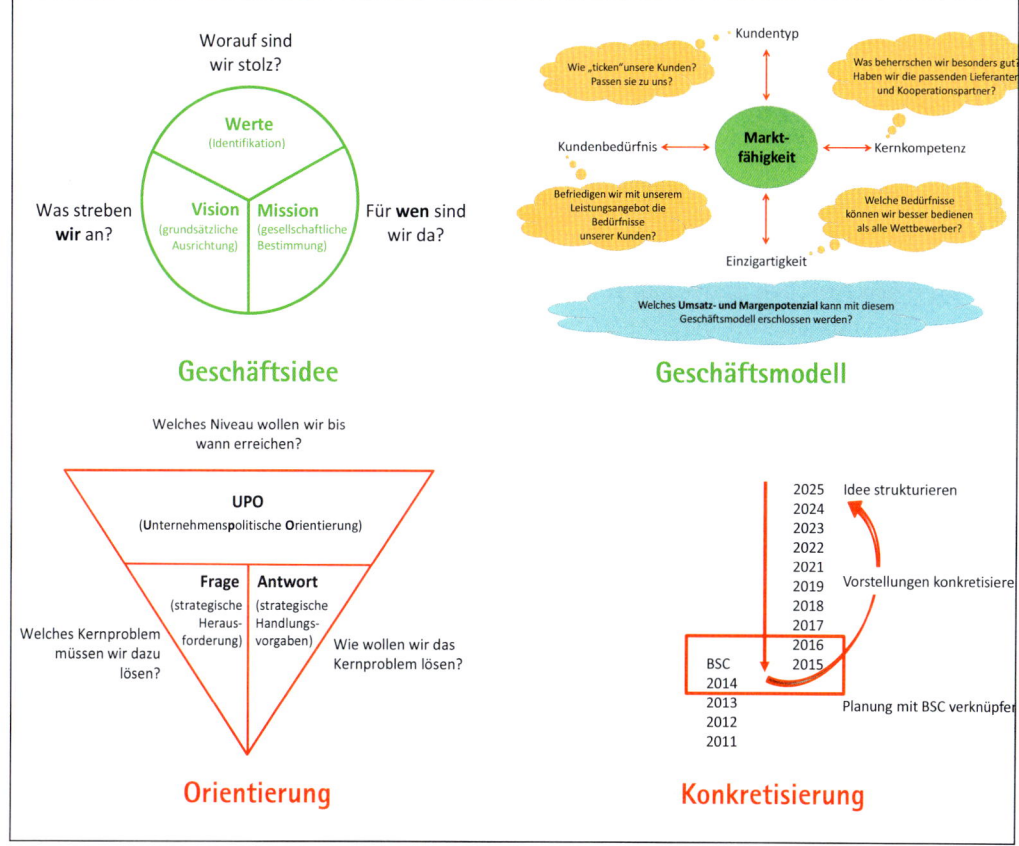

Abbildung 4: Aus der Geschäftsidee eine Strategie formen

Um ein Gefühl dafür zu **bekommen**, ob wir über eine **tragfähige** Geschäftsidee verfügen, benötigen wir ein **Geschäftsmodell**. Dabei sollten in geeigneter Weise drei Fragen behandelt werden:

1. Zum ersten geht es um das Verständnis der Marktfähigkeit unseres Geschäfts: Produkte und Leistung für sich haben noch keinen Wert – sie müssen zu einem Gut werden für diejenigen, die sie kaufen sollen. Wie heißt es so schön: „Der Wurm muss dem Fisch schmecken, nicht dem Angler."

    Das reicht aber nicht aus. Wir müssen austesten, welcher Preis für das Gut angemessen ist. Die „Gier" nach dem Gut muss immer etwas größer sein, als der „Schmerz" über den zu zahlenden Preis.

    Der Preis hat noch eine zweite Begrenzung – die „erlaubten" Kosten. Die Spannung zwischen Gut und Preis muss einen Umsatz (Preis x Absatz) ermöglichen, der eine ausreichende Entwicklung der erforderlichen Fähigkeiten und Prozesse einschließlich des Marketings und die Bedienung aller finanziellen Verpflichtungen ermöglicht.

Wir brauchen ein ausgewogenes Verhältnis von Produkt, Gut, Preis und erlaubten Kosten. Einseitige Betrachtungen gefährden unser Verständnis für das Geschäft und den Markt.

Dass es sich dabei um ein spannungsgeladenes Beziehungsgeflecht handelt, kann jeder schnell nachvollziehen, der in der Praxis die täglichen Auseinandersetzungen zwischen Entwicklung, Marketing, Vertrieb, Fertigung, Preispolitik und Controlling erleben darf. Aufgrund der verschiedenen Einzelinteressen werden die Aspekte von Produkt, Gut, Preis und Kosten ganz unterschiedlich und oft isoliert voneinander betrachtet. Den Controllern obliegt es zumeist, die verschiedenen Sichten zusammenzuführen und lösungsorientiert zu moderieren. Dann kann es gelingen, die Spannungen ergebnisbezogen zu steuern und als konstruktives Konfliktpotenzial zu erhalten und zu nutzen.

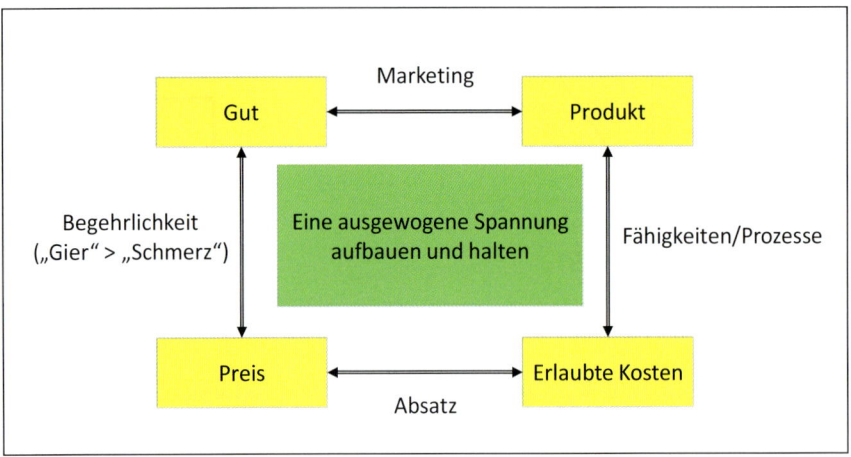

Abbildung 5: Aspekte der Marktfähigkeit

2. Zum zweiten geht es um die Fundierung der Einzigartigkeit[21]:
Inwiefern können wir mit unseren Kernkompetenzen die Kernbedürfnisse unserer Kunden besser befriedigen als alle anderen Anbieter und wie „tickt" unser Kundentyp, d. h. wen wollen wir als Kunden haben und wie können wir ihn auf die geeignetste Weise ansprechen?

---

[21] In der Literatur wird die Fundierung der Einzigartigkeit mitunter in zwei gesonderte Faktoren zerlegt: das „Nutzenversprechen gegenüber den Kunden" auf der einen und die „Architektur der Wertschöpfung" auf der anderen Seite (vgl. Stähler, P. (2001): Geschäftsmodelle in der digitalen Ökonomie, Josef Eul Verlag, S. 41ff); in der Praxis hängt die Einzigartigkeit nach unseren Erfahrungen aber vor allem davon ab, wie beide Faktoren möglichst frühzeitig miteinander verzahnt werden. Deshalb hat es Vorteile, sie als ein Ganzes zu betrachten.

3. Zum dritten geht es um die Ertragspotenziale:
   Welches Umsatz- und Margenpotenzial können wir auf dieser Basis mobilisieren und reicht das aus für die Finanzierung unserer Geschäftsidee?

Abbildung 6: Geschäftsmodell

Wenn wir in mehreren Geschäftsfeldern tätig sind, benötigen wir mitunter mehrere Geschäftsmodelle. Dann ergibt sich eine weitere Anforderungskomponente: Wir müssen vermitteln, warum wir **ein** Unternehmen sind – worin die Gemeinsamkeit, die verbindende Basis der verschiedenen Geschäftsfelder besteht – und wie wir diese Basis nutzen wollen, um in jedem Geschäftsfeld besser zu sein bzw. zu werden als unsere Wettbewerber. Anderenfalls entstehen Entfremdungspotenziale. Die Geschäftsfelder tendieren dazu, sich gegeneinander abzugrenzen. Man redet nicht miteinander, sondern bestenfalls übereinander. Manchmal ignorieren sich die Menschen nicht einmal. Wenn es eng wird bei der Ressourcenverteilung, können derartige Potenziale schnell in Gegnerschaft bis hin zu offenen Feindschaften ausarten. Nicht wenige Menschen erleben das täglich. Dass solche Bedingungen nicht förderlich sind für die Strategieumsetzung bedarf keiner weiteren Erläuterung.

Unternehmenspolitische Orientierungen (UPO) werden meist von den Gesellschaftern, dem Beirat bzw. Aufsichtsrat oder der obersten Geschäftsführung formuliert. Sie umreißen die wichtigsten Rahmenanforderungen an die Unternehmensentwicklung für einen längeren Zeitraum. Das können Prinzipien sein („Wir sind in jedem Geschäftsfeld, das wir entwickeln, nach maximal fünf Jahren unter den Top 3."); das können konkretisierbare qualitative Ziele sein („Wir sind der attraktivste Arbeitgeber unserer Branche nach den Regeln von Great Place to Work.[22]"); das können relative quantitative Ziele sein („Wir sichern durch innovatives Wachstum einen Preisvorsprung von 10 % gegenüber dem Wettbewerb in den wesentlichen Produktgruppen und steigern unsere Marktanteile jedes Jahr"); das können absolute quantitative Ziele sein („Wir wachsen organisch mit einer Zielrendite von 10 % bezogen auf den Umsatz und einer Eigenkapitalquote größer 75 %."). Oft wird die unternehmenspolitische Orientierung in Form einer „Agenda" publiziert[23].

Mit der UPO beantworten wir die Frage:

- Welches Niveau wollen wir bis wann erreichen?

Daraus ergeben sich zwei weitere Fragen:

- Welches Kernproblem müssen wir dazu lösen (strategische Herausforderung)?
- Wie wollen wir an die Lösung des Kernproblems herangehen (strategische Handlungsvorgaben)?

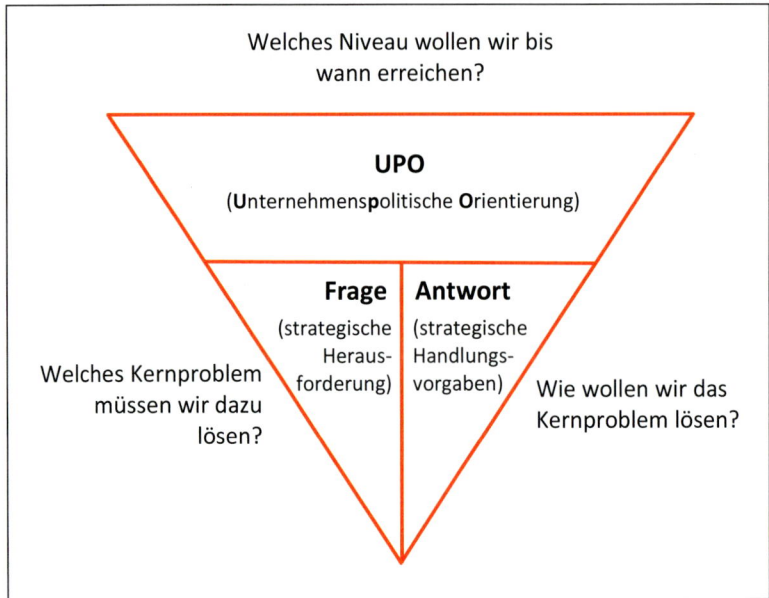

Abbildung 7: Orientierung

Die UPO beschreibt dabei eher sachliche Inhalte. Demgegenüber ermöglichen die beiden anderen Fragen eine emotionale Verbindung zur Geschäftsidee. Wenn es

---

[22] Siehe: http://www.greatplacetowork.de/
[23] Manchmal wird auch von „strategischen Prämissen" oder „strategischen Grundorientierungen" gesprochen. Der Name ist dabei weniger wichtig als die tatsächliche Fähigkeit, die Menschen zu orientieren.

gelingt, den Nerv der Menschen zu treffen, können starke motivationale Stimulierungen erzeugt werden:

- Ein kommunales Energieunternehmen z. B. sollte mit drei anderen Stadtwerken verschmolzen werden, weil die Kommunen beschlossen hatten, einen Gemeindeverbund zu bilden. Die Mitarbeiter standen der Entwicklung skeptisch gegenüber und hatten Zukunftsängste. Dann wurde die Frage aufgeworfen: Wer führt die Fusion? Diese einfache Frage belebte sofort die Diskussion und drehte die Stimmung in eine andere Richtung. Die strategische Herausforderung war erkannt. Und mit jedem Beitrag wuchsen der Mut und das Selbstvertrauen, sich dieser Herausforderung zu stellen.
- In einem Verlag war es die Frage, wie durch selbstorganisierte Weiterbildung die kreativen Ideen der Mitarbeiter in allen Bereichen gefördert werden können, um in einem volatilen Markt schneller zu sein als die Wettbewerber.
- In einer Wohnungsgenossenschaft ging es darum, wie man sich am Wohnungsmarkt differenzieren kann, wenn man im Produkt nicht unterscheidbar ist.

Wenn das Kernproblem erkannt ist, lassen sich auch Lösungsansätze finden und Handlungsvorgaben ableiten.

- Das Energieunternehmen hat jene Aufgabenfelder identifiziert, in denen es seinen Eigentümern Führungsstärke demonstrieren konnte. Hinzu kamen erste Ideen für konkrete Handlungen, die allen Bereichen als orientierender Rahmen vorgegeben wurden. Gleichzeitig haben die Führungskräfte und der Personalrat die Diskussionen genutzt, die vordem eher „lähmende Stimmung" in „hoffnungsgeladene Aktivitäten" zu verwandeln. Beides zusammen hat wohl zum Schluss dazu beigetragen, am Ende tatsächlich die Fusion zu führen.
- Der Verlag hat die Idee für ein „neues" Weiterbildungsprinzip entwickelt und in den folgenden Jahren erfolgreich umgesetzt:
  - Jeder Mitarbeiter erhält ein zusätzliches Monatsgehalt als Weiterbildungsbudget.
  - Der Mitarbeiter kann vorschlagen, welche Veranstaltungen er im Rahmen dieses Budgets besuchen will.
  - Der Mitarbeiter muss begründen, welchen Nutzen diese Weiterbildung dem Verlag bringen wird.
  - Aus jeder Veranstaltung bringt der Mitarbeiter mindestens zwei Maßnahmen mit, die er in seinem Bereich sofort umsetzen wird. Diese Maßnahmen werden erfasst und der Erfolg ihrer Umsetzung wird abgerechnet.
  - Die Führungskräfte sind dafür verantwortlich, dass ihre Mitarbeiter das Weiterbildungsbudget ausschöpfen und alle Konditionen eingehalten werden.

- Die Wohnungsgenossenschaft hat eine Serviceoffensive gestartet. Jeder Bereich sollte seine eigenen Tätigkeiten als Service für seine sowohl externen als auch internen Abnehmer gestalten. Damit wurde ein längerer, immer noch laufender Kulturwandel von einer „Wohnungsverwaltung" zu einem „Dienstleister für besseres Wohnen" in Gang gesetzt.

Die qualitative und quantitative Konkretisierung der wichtigsten Aufgaben und Meilensteine schließt die Phase der Strategieentwicklung ab. Es hat sich in der Praxis immer wieder gezeigt, dass diese Aufgabe einen kritischen Punkt bildet. Die Menschen sind mit Begeisterung dabei, konkrete Maßnahmen und Projekte bzw. Programme auf den Weg zu bringen. Aber ihre „großen Ambitionen" aus der unternehmenspolitischen Orientierung in konkrete Ziele für Länder und Regionen bzw. Tochtergesellschaften und Unternehmensbereichen zu übersetzen, fällt ihnen in den meisten Fällen wesentlich schwerer. Das mag daran liegen, dass mit dieser Konkretisierung die Gefahr einer doppelten Desillusionierung verbunden ist: Zum einen im Hinblick auf die praktische Machbarkeit und die konkrete Bereitschaft der Beteiligten, in ihrem eigenen Bereich dafür Verantwortung zu übernehmen, und zum anderen in Bezug auf die Möglichkeiten, durch Teilhabe und Dialog zu strategischen Entscheidungen zu kommen.

Zur ersten „Desillusionierungsgefahr":

Nehmen wir an, unser Unternehmen strebt eine Verdopplung des Umsatzes bis 2020 von 40 Mio. € heute auf dann 80 Mio. € an.

- Nun gilt es zu zeigen, in welchen Geschäftsfeldern, mit welchen Zielkunden, in welchen Ländern oder Regionen dieses Wachstum erreicht werden soll. Das geht normalerweise nicht ohne Investitionen in die Markterschließung. Wir müssen also überlegen, was wir dafür einsetzen wollen und ob wir die Menschen dafür zur Verfügung haben, die das leisten sollen.

- Außerdem brauchen wir konkrete Vorstellungen über das Sortiment der zu verkaufenden Produkte und Leistungen sowie die Eckpunkte der angestrebten Veränderungen. Viele Unternehmen erarbeiten zu diesem Zweck eine „Entwicklungsroadmap". Dazu werden oftmals gravierende Entscheidungen benötigt. Wir können nicht zu viele Entwicklungen gleichzeitig angehen. Und aus der Entwicklungssicht steht 2020 praktisch unmittelbar vor der Tür – wenn man die Zeit bedenkt, die zwischen einer neuen Idee und deren Marktreife vergeht.

- Darüber hinaus müssen Ideen entwickelt werden, wie wir das Marketing gestalten wollen und ob sich der **Sortiments**preis – in dieser Diskussion sind Einzelpreise nicht wirklich relevant – erhöhen, ob er sinken oder gleichbleiben soll. Damit korrespondieren die Zahlen für die Kundenentwicklung, um den erstrebten Umsatz zu erreichen.

- Schließlich müssen wir bedenken, über welche Fähigkeiten die Menschen im Unternehmen verfügen müssen, wie sich in etwa die Zahl der Mitarbeiter und damit deren Produktivität entwickeln soll. Das zieht technologische wie organisatorische Veränderungen nach sich und benötigt entsprechende strategische Aufwendungen.

- Das alles kostet Geld. Wir müssen also schauen, wie viel Kosten wir uns im laufenden Geschäft leisten können, wenn wir die strategische Entwicklung in Richtung eines Umsatzes von 80 Mio. € bis 2020 finanzieren wollen. Es geht um die „erlaubten Kosten" für die Marktfähigkeit des Unternehmens. Nehmen wir an, die Gesellschafter erwarten 10 % Umsatzrendite aus dem normalen Geschäft. Und nehmen wir weiterhin an, dass wir heute etwa 5 % des Umsatzes für strategische Entwicklungen ausgeben und diesen Anteil schrittweise auf ebenfalls 10 % anheben müssen. Dann gilt es, die erlaubten Kosten von heute 85 % des Umsatzes (10 % Rendite + 5 % strategische Aufwendungen) auf zukünftig 80 % zu senken. Dazu benötigen wir grobe Vorstellungen, wie wir die Kosten für Material, Personal und Struktur verändern wollen und was für diesen Zweck in Angriff zu nehmen ist.

Es ist empfehlenswert, mit Szenarien zu arbeiten, weil die Möglichkeiten vielfältig und mitunter auch von der Entwicklung der Wettbewerber[24] abhängig sind. Dazu gibt es verschiedene Modelle.[25] Allerdings sollten daraus nicht mehr als Inspirationen gewonnen werden. Wer marktfähig werden und bleiben will, muss auf immer wieder neue Art einzigartig sein. Das wird schwer, wenn alle die gleichen Modelle anwenden. In der Praxis haben wir die von uns begleiteten Unternehmen deshalb angeregt, ihre eigenen Modelle zu entwickeln und dabei bestenfalls entsprechende Inspirationen zu nutzen bzw. anzupassen.

Dieses „Durchspielen" von strategischer Orientierung legt meistens offen, wozu die Beteiligten tatsächlich bereit sind. Es gelingt weniger leicht, sich hinter anderen zu verstecken („die sollen es mal tun"), wenn Orientierungen nicht mehr „das ganze

---

[24] Wir haben die Erfahrung gewonnen, dass erfolgreiche Unternehmer ihre wichtigsten Wettbewerber ziemlich gut kennen und in etwa deren Stärken und Schwächen einschätzen können – sie übertreiben es aber nicht und verwenden darauf nicht übermäßig viel Zeit. Es geht ihnen weniger darum, „den Wettbewerb" zu schlagen als vielmehr darum, Kunden zu gewinnen. Wie sagte einer so schön: „Wenn ich meine Wettbewerber bekriege, kostet mich das Geld – wenn ich Kunden gewinne, bringen sie mir Geld."

[25] Z. B. eignet sich eine strategische Potenzialanalyse (http://www.controllingwiki.com/de/index.php/Potenzialanalyse); die Methode der Zielkostenplanung (http://www.controlling-wiki.com/de/index.php/Target_Costing) lässt sich für diese Zwecke ebenfalls nutzen; eine weitere, gerade in Mode kommende Methode rankt sich um das sogenannte CANVAS-Modell (vgl. Osterwalder, A./Pigneur, Y. (2010): Business Model Generation, Wiley).

Unternehmen" betreffen, sondern den eigenen Bereich und damit die eigene Verantwortung.

Zur zweiten „Desillusionierungsgefahr":

So eine Konkretisierung erlaubt weniger Ausflüchte und erfordert neben der zu leistenden Arbeit vor allem **Mut zur Entscheidung**. Wir müssen schon klare Vorstellungen entwickeln, wie wir unsere Strategie gestalten wollen. Da ist konstruktiver Realismus gefragt und auch konstruktiver Streit. Es gibt halt nicht „die eine Lösung." Also müssen wir uns verständigen. Das gelingt nicht immer im Konsens. Im Gegenteil; meist bleiben erhebliche Differenzen in den Auffassungen. Das ist der Vorteil, aber auch der Nachteil jeder Konkretisierung von Geschäftsideen.

Wenn an diesem Punkt nicht entschieden wird, entsteht eine Lücke zwischen der Geschäftsidee und den konkreten Zielen, die wir mit einer Balanced Scorecard umsetzen wollen. Das ist die Stunde der **Führung** – nicht des Teams. Aber Entscheidungen im Hinblick auf strategische Fragen zu treffen, ist alles andere als leicht. Da werden vielfältige Abstimmungen erforderlich – innerhalb des Führungskreises, mit den Aufsichtsgremien und vor allem mit den Gesellschaftern. Strategische Entscheidungen gehören faktisch immer zu den zustimmungspflichtigen Geschäften. Das geht nicht immer schnell. Meistens sind sich auch die Gesellschafter nicht sofort einig. Dann müssen manchmal Kompromisse gefunden werden. Allerdings führen Kompromisse oft zu Verzögerungen oder Umwegen und können manchmal sogar das Geschäft gefährden. Dann gilt es, rechtzeitig gegenzusteuern.

Diese Aufzählung lässt sich durch viele andere Beispiele verlängern. Das soll nicht als Entschuldigung für Führungsschwäche missverstanden werden. Es soll nur zeigen, dass der notwendige Mut zur Entscheidung auch mit einer ausreichenden Prise Geduld und Durchsetzungskraft verbunden werden muss, wenn man strategisch führen will.

Von außen, aus der Sicht der am strategischen Diskurs Beteiligten, aber nicht für diese Entscheidungen verantwortlichen Menschen, erscheint das oft wie Zaudern oder Hinhaltetaktik oder Angst vor der eigenen Courage, selbst wenn der Anschein nicht begründet ist. Das führt schnell zu Frustration und Enttäuschung. Deshalb erfordert gute Führung auch immer eine angemessene und einfühlsame Kommunikation. Auch Geduld will trainiert sein.

Dennoch, trotz all dieser Gefahren hat sich in der Praxis immer wieder gezeigt, wie wertvoll es ist, den Schritt der Konkretisierung zu wagen. Ein schlüssiges Strategiekonzept umfasst eben die gesamte Kette von der Geschäftsidee (Vision, Mission und darunter liegende Werte) über ein tragfähiges plausibles Geschäftsmodell und klare unternehmenspolitische Orientierungen bis hin zur Konkretisierung dieser Vorgaben für alle wesentlichen Märkte und Bereiche des Unternehmens. Diese Kette bildet die Basis für messbare Ziele, für eine Balanced Scorecard. Erst dann verstehen die Menschen, was von ihnen erwartet wird und ob sie einen Beitrag dazu leisten können. Das hat sich in unserer Praxis als einer der wichtigsten Erfolgsfaktoren erwiesen.

> Es ist eine Frage der Konsequenz: Strategie erfordert Klarheit und persönliche Verantwortung im Bekenntnis zu konkreten Zielen. Wer dazu nicht bereit ist, verliert sich schnell in unverbindlichen Sprechblasen.

Was bringt uns diese Vorarbeit?

1. Wir haben ein gemeinsames Bild von der Zukunft, an dessen Machbarkeit wir glauben und das wir uns antun wollen.

2. Wir können feststellen, wo wir derzeit stehen, über welche Potenziale wir verfügen.

3. Wir können abschätzen, welche Potenziale uns noch fehlen, in welchen Schritten wir sie erwerben bzw. entwickeln wollen und was das in etwa kosten wird.

4. Wir können uns darauf verständigen, was wir allein bewältigen bzw. wen wir „mit im Boot" brauchen und wie wir unsere Idee finanzieren wollen.

5. Wir können für überschaubare Zeiträume konkrete Ziele der Zusammenarbeit vereinbaren und von Jahr zu Jahr präzisieren.

6. Wir können uns einigen, wer für welche Ziele verantwortlich ist.

7. Wir können für die verantwortlichen Menschen stimmige Kennzahlen zu jedem Ziel erarbeiten.

Nun haben wir die Basis geschaffen, um die Frage beantworten zu können: Was wollen wir **jetzt** tun, um unsere Strategie umzusetzen? Das ist die Stunde der Balanced Scorecard im engeren Sinne. Nun geht es um verbindliche Ziele in enger Verknüpfung mit der mittelfristigen Planung:

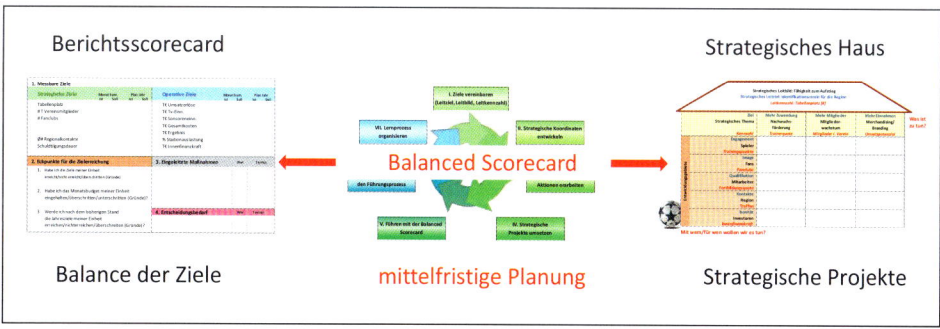

Abbildung 8: Balanced Scorecard und mittelfristige Planung

Wir haben in den 1990er-Jahren verschiedene Wege ausprobiert, eine Balanced Scorecard zu gestalten, und gelernt: Es gibt nicht „die BSC". Gemeinsam mit unseren Kunden sind schließlich zwei Rahmenmodelle entstanden, die sich ganz individuell an die konkreten Bedingungen eines Unternehmens anpassen lassen:

- Das „strategische Haus"[26] zur Ableitung der konkreten Aktionen aus den strategischen Orientierungen und Entscheidungen und
- die „Berichts-Scorecard" zur Verzahnung von strategischem und operativem Geschäft.

Mit dem **strategischen Haus** wandeln wir die aus der Geschäftsidee und dem Geschäftsmodell abgeleiteten Orientierungen (UPO) und deren Konkretisierung in messbare Ziele für die vor uns liegenden 12 bis 18 Monate[27] um.

- Aus der Vision wird ein konkretes **Leitziel**: Was wollen wir in dem vor uns liegenden Zeitraum erreichen?
- Für das Leitziel formulieren wir eine **Leitkennzahl**: Woran wollen wir merken, dass wir unser Ziel erreichen?
- Und aus der Mission leiten wir ein konkretes **Leitbild**[28] ab: Wie wollen wir gesehen werden, wenn wir unser Leitziel erreicht haben?
- Zur Spezifizierung der Wege, auf denen das Leitziel erreicht werden soll, werden **strategische Themen**[29] formuliert. Eine gewisse Verbindlichkeit der Themen wird dadurch erreicht, dass ein konkretes Ziel definiert wird sowie eine Kennzahl, an der wir ablesen können, ob und wieweit wir das Ziel erreichen.
- Schließlich definieren wir jene relevanten Interessengruppen (Stakeholder), die wir zur Umsetzung des Leitziels mit im Boot brauchen. Dabei gilt es, die Perspektiven der Stakeholder zu beachten. Wir benötigen entsprechende Interessenfelder, damit wir sie „an Bord" nehmen können. Wir müssen also **Entwicklungsgebiete für gemeinsame Interessen** bestimmen und dafür geeignete Ziele und Kennzahlen formulieren.

---

[26] Wir haben das strategische Haus anfangs auch als „Führungs-Scorecard" bezeichnet im Unterschied zur „Berichts-Scorecard".

[27] Der Zeitraum ist von der Spezifik des Unternehmens abhängig. Ein Softwareunternehmen z. B. bewegt sich meist in einem schnell verändernden Markt, während die Stahlindustrie eher längere technologische Zyklen zu gestalten hat. Dennoch bewegt sich der Horizont für verbindliche Ziele in den meisten von uns begleiteten Unternehmen zwischen 12 und 18 Monaten.

[28] In manchen Unternehmen ist der Begriff „Leitbild" anders belegt. Dann finden sich andere Begriffe, z. B. „strategischer Meilenstein". In dieser Hinsicht ist pragmatische Kreativität meist hilfreicher als die „reine Lehre".

[29] Auch dieser Begriff ist manchmal schon anders belegt. Dann kann man auch von strategischen Aufgabenfeldern" oder „strategischen Wegen" sprechen.

Mit dem strategischen Haus steht uns ein zielorientierter Rahmen zur Verfügung, der es uns ermöglicht, konkrete Maßnahmen zur Umsetzung der Strategie abzuleiten:

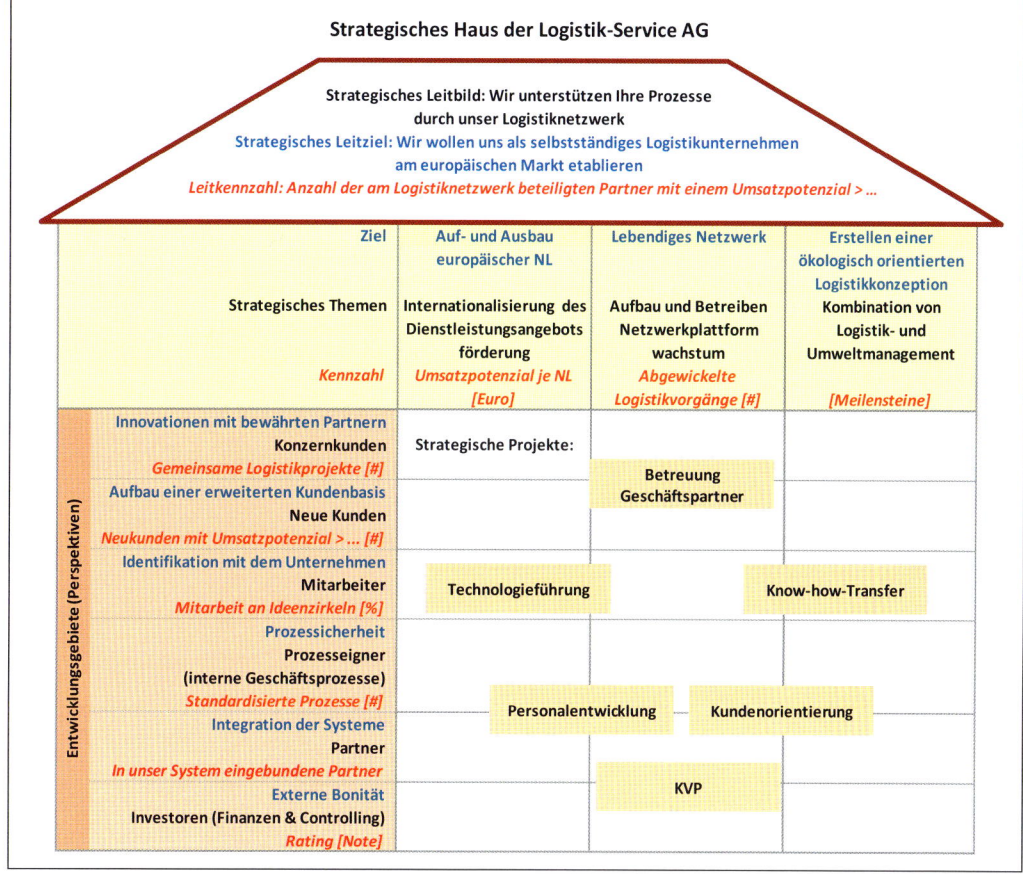

Abbildung 9: Beispiel für ein strategisches Haus[30]

Wir können jetzt für jedes Thema in Kombination mit je einem Entwicklungsgebiet Aktionen definieren, die beiden Zielen (dem des Themas und jenem des Entwicklungsgebietes) gerecht werden. Das erzeugt eine starke strategische Fokussierung. Außerdem ist diese Fokussierung der Aktionen zugleich ein Plausibilitätstest für die sinnvolle Ableitung der strategischen Themen und Entwicklungsgebiete mit ihren jeweiligen Zielen und Kennzahlen aus dem Leitziel und der Leitkennzahl. Spätestens beim konkreten TUN bemerken wir, ob wir uns die Übersetzung der Strategie wirklich zu Eigen machen wollen, ob sie für uns stimmig, d. h. verständlich, handhabbar

---

[30] Das Beispiel ist (leicht verändert) dem Statement des ICV „Balanced Scorecard" entnommen; http://www.controllerverein.com/Controller_Statements.187.html

und bedeutsam ist. Es ist der Test, ob die Intention der BSC getroffen wurde: „Translate strategy into action!"

Zur Organisation der Arbeit werden die Aktionen zumeist in Form von Projekten gebündelt und gemäß einer vereinbarten Priorisierung schrittweise realisiert.

Die **Berichts-Scorecard** hat demgegenüber die Aufgabe, die Verzahnung von strategischem und operativem Geschäft nicht aus den Augen zu verlieren. Wir dürfen nicht vergessen, dass unser operatives Geschäft die Strategie finanziert aber zugleich das strategische Geschäft diejenigen Potenziale entwickeln muss, die wir für das operative Geschäft benötigen.

Mit der Berichts-Scorecard werden (ausgewählte) Führungsziele aus dem strategischen Haus mit entsprechenden operativen Zielen verknüpft und in Kennzahlen gefasst, die auf der jeweiligen Ebene für die Koordination von strategischen und operativen Prozessen maßgeblich sind. Im anzustrebenden Idealfall reichen auf jeder Seite „eine Handvoll Kennzahlen" aus, um eine Übersicht über die wichtigsten Ziele eines Unternehmens zu erhalten. Es empfiehlt sich, diese Übersicht mit Eckpunkten für die Zielerreichung, dazu eingeleiteten Maßnahmen sowie eventuellem Entscheidungsbedarf zu verbinden. Damit kann die Führung auf jeder Ebene erfassen, wie der Stand der Zielerreichung gesehen wird und was zur Erreichung der Ziele getan werden muss.

1. Messbare Ziele										
Strategische Ziele	Monat kum.		Plan Jahr			**Operative Ziele**	Monat kum.		Plan Jahr	
	Ist	Soll	Ist	Soll			Ist	Soll	Ist	Soll
Anzahl Logistikpartner						Logistikleistung				
Umsatzpotenzial je NL						Umsatz je NL				
Anzahl Neukunden						Neukundenumsatz				
Mitarbeit an Ideenzirkeln						Rohertrag/MA-Kosten				
Rating						Gewinn				

2. Eckpunkte für die Zielerreichung	3. Eingeleitete Maßnahmen	Wer	Termin
a) Habe ich das Monats-Ziele meines Verantwortungsbereiches eingehalten/überschritten/unterschritten (Gründe)?	a) …		
b) Werde ich nach dem bisherigen Stand die Jahresziele meines Verantwortungsbereiches erreichen/nicht erreichen/überschreiten (Gründe)?	**4. Entscheidungsbedarf** / Wer / Termin		
	a) …		

Abbildung 10: Beispiel für eine Berichts-Scorecard

So kann die Verbundenheit des strategischen mit dem operativen Geschäfts auch in der Führung durch messbare Ziele gewährleistet werden. Dabei ist noch ein Punkt wesentlich: Wir haben die Erfahrung gewonnen, dass die Kennzahlen erst dann Wirkung zeigen, wenn es Verantwortliche dafür gibt (manchmal auch in der Doppelung von Kümmerer und Macher). Allerdings gehört das in der Praxis zu den schwierigeren Phasen, weil damit oft Veränderungen in der Führung verbunden sind. Eine veränderte strategische Ausrichtung führt eben auch zu Konsequenzen in den Führungsstrukturen. Im Zusammenhang mit der Verantwortung für die Kennzahlen werden diese Konsequenzen sichtbar. Auch darauf sollte vorbereitet sein, wer sich auf eine BSC einlässt.

Die **mittelfristige Planung** vervollständigt schließlich das Zielsystem. Strategisches Haus und Berichts-Scorecard fokussieren die Aufmerksamkeit der Führung auf die wesentlichen Fragen. In der mittelfristigen Planung wird darüber hinaus die Gesamtkoordination eines Unternehmens auf ihre Plausibilität hin geprüft. Fokussierung und Gesamtkoordination sollten einander in sinnvoller Weise ergänzen. Das gelingt umso besser, je mehr auch die mittelfristige Planung die reale Volatilität der konkreten Umfeldbedingungen durch Szenarien oder Simulationen berücksichtigt.

Dieser Weg zu klaren Zielen ist nicht einfach. Wer darin ungeübt ist, sollte sich Zeit nehmen und nach geeigneten Möglichkeiten suchen: Beobachten der Menschen, wie sie in ihrem Alltag die Probleme lösen; Testen von Varianten und die Bereitschaft zu Lernen und Anpassen – so kann schließlich ein von allen Betroffenen akzeptiertes System messbarer Ziele entstehen, mit dem Menschen führen und sich führen lassen.

Lassen Sie sich dabei nicht zu vorschnellen Ergebnissen treiben. Zwei Jahre sind ein angemessener Zeitraum. Manchmal dauert es auch länger. Ein guter Wein muss reifen.

1.4   Die Sprache der Menschen sprechen

„The second process – *communicating and linking* – lets managers communicate their strategy up and down the organization and link it to departmental and individual objectives."[31]

Vor allem in diesem Schritt zeigen sich die zwei oben genannten unterschiedlichen Entwicklungsvarianten der Balanced Scorecard (Strategy Map mit Kennzahlensystem versus strategisches Haus mit Berichts-Scorecard) auch äußerlich.

---

[31] Kaplan, R. S./Norton, D. P. (1996): Using the Balanced Scorecard as a Strategic Management System, Harvard Business Review, January-February, S. 4; [Der zweite Prozess – Kommunikation und Vernetzung: Manager sollen ihre Strategie in der gesamten Organisation nach oben und nach unten kommunizieren und sie mit den Abteilungs- und den individuellen Zielen verknüpfen.].

1.4.1 Strategielandkarten (Strategy Maps)

Die Strategy Maps bedienen sich einer eher sachlichen Sprache. Das liegt an dem Bemühen, die ausgewählten Ziele durch Ursache-Wirkungs-Ketten „intellektuell" miteinander zu verknüpfen:

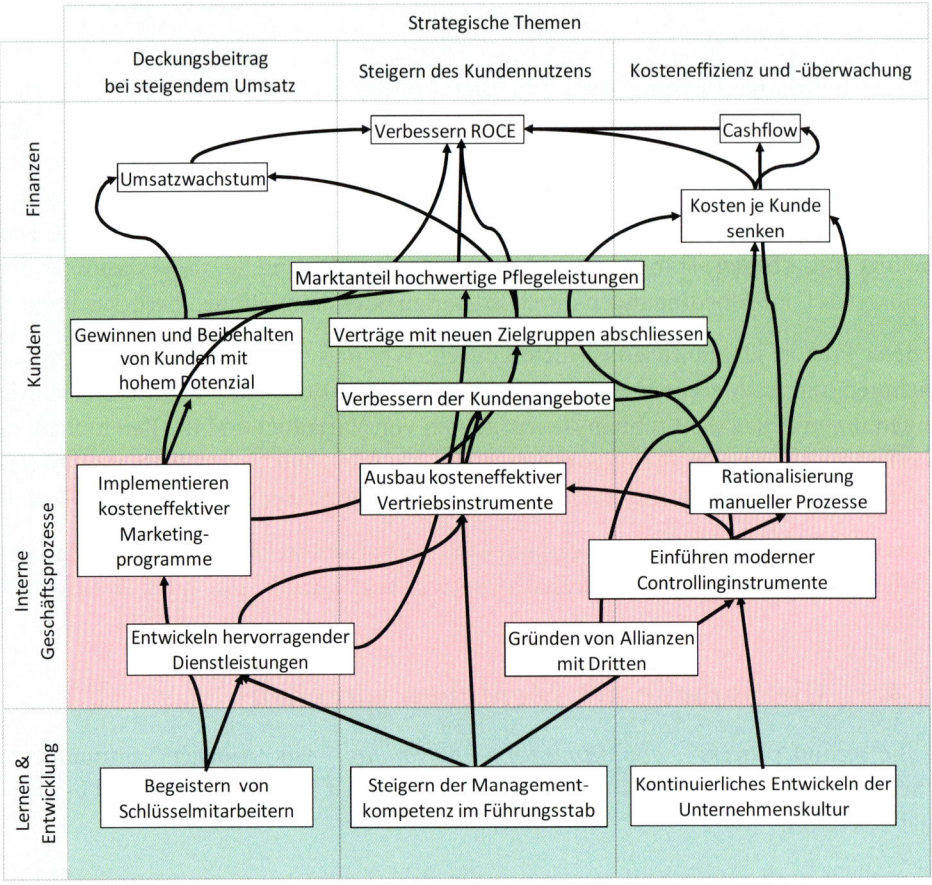

Abbildung 11: Beispiel für eine Strategy Map[32]

In den Strategy Maps werden operative und strategische Ziele zumeist nicht unterschieden – sofern man die Gälweiler'sche Differenzierung nach Erfolgspotenzialen zugrunde legt.

Außerdem werden die Kennzahlen, Vorgaben und Umsetzungsmaßnahmen für jedes Ziel nicht im Rahmen der Strategy Map dargestellt. Dies erfolgt meist in tabellarischer Form:

---

[32] Vgl. Friedag, H. R./Schmidt, W. (2003): Balanced Scorecard at work, strategisch – taktisch – operativ, Haufe, S. 26.

Perspektive	Ziel/ Beschreibung	Kennzahl	Vorgabe	Ergebnis	Maßnahme
Finanzen	ROCE verbessern	ROCE	15 %	14 %	Working Capital Management
	Cashflow steigern	Cashflow	25 Mio €	25 Mio €	Verkürzen des Cash-to-Cash-Zyklus
	Umsatz erhöhen	Umsatz	200 Mio €	190 Mio €	Vertriebsinitiative
	Kosten je Kunde senken	Durchschnitt direkt zurechenbarer Kosten	68 %	70 %	Kostensenkungs-programm

Abbildung 12: Auszug aus einer BSC-Tabelle[33]

Aufgrund der Trennung von Strategy Map und BSC-Tabelle entsteht die in der Praxis oft beobachtete Gefahr der Verselbstständigung von Zielen und Kennzahlen. Und die Strategy Map löst sich schnell vom praktischen Alltag. Die Verbindung der in dieser strategischen Landkarte gezeigten Ziele zur Strategie – und oft auch zum operativen Geschäft – ist für die betroffenen Menschen dann nicht mehr nachvollziehbar. Sie können weder erkennen, welche Potenziale entwickelt noch welche besser genutzt werden sollen. Und das „Warum" reduziert sich auf die „Vorgabe von oben".

Hinzu kommt die kommunikative Schwierigkeit, dass die Logik der Ursache-Wirkungs-Ketten oft nur in den oberen Führungsebenen nachvollzogen werden kann. Das liegt nicht daran, dass die Menschen in unteren Ebenen dafür „zu dumm" sind, sondern dass die dargestellte Komplexität nicht zu ihrer alltäglichen Erlebniswelt gehört.

Im Alltag erleben die Menschen dann bloß noch das tabellarische Kennzahlensystem mit aus ihrer Sicht oft willkürlichen Vorgaben. Sinn und Stimmigkeit gehen verloren. Was bleibt, sind die Zahlen. „Die starke Zahlenunterlegung hat aber in vielen Unternehmen – pointiert formuliert – dazu geführt, den Kennzahlenfriedhof lediglich durch eine neue Parzelle zu erweitern"[34].

---

[33] Diese Tabellen sind in ihren Details oft unterschiedlich aufgebaut, haben aber tendenziell dieselbe Struktur; vgl. z. B.: Dalluege, C.-A. (2011): Wirtschaft im Wandel – Strategieentwicklung als konkrete Aufgabe; in: Controller Magazin November/Dezember, S. 13; Mörgeli, S./Schwab, A. (2011): BSC im Schweizerischen Tropen- und Public Heath-Institut, Entwicklung und Implementierung einer Balanced Scorecard; in: Controller Magazin Mai/Juni, S. 91; Johanning, A./Schön, D./Thünken, J. (2010): Strategische Planung mit der Balanced Scorecard im SAP Visual Composer; in: Controller Magazin September/Oktober, S. 25.

[34] Weber, J./Schäffer, U. (2011): Einführung in das Controlling, Schäffer-Poeschel, S. 387.

1.4.2   Strategisches Haus und Berichts-Scorecard

Die Variante des strategischen Hauses (Führungs-Scorecard) bemüht eher eine bildliche Sprache. Die Menschen können sich die Zusammenhänge intuitiv erschließen und daher ihren jeweiligen Alltagserlebnissen anpassen. Sie können die „Wohnungen" des Hauses entdecken, in denen sie „zu Hause" sind. Sie können für „ihre" Wohnungen nach Aktionen suchen, die ihren eigenen Beitrag zur Strategie darstellen. Und sie finden auch die Ziele und Kennzahlen im strategischen Haus wieder – das Leitziel und die Leitkennzahl, die Ziele und Kennzahlen für die strategischen Themen sowie die Ziele und Kennzahlen für die Perspektiven der Interessengruppen (Entwicklungsgebiete für gemeinsame Interessen zur Umsetzung der Strategie) – die Verbindung zur Strategie bleibt gewahrt.

Jedes Unternehmen hat sein ganz eigenes, sein individuelles Haus, mit dem sich die Menschen identifizieren können – sofern sie sich darin wiederfinden. Das alles stützt die Eigeninitiative. Deshalb muss in Abhängigkeit von der internen Kultur während der Verbreitung im Unternehmen darauf geachtet werden, welche „Bausteine" des Hauses flexibel behandelt werden dürfen und welche als Vorgabe gesetzt sind.

Die Struktur des strategischen Hauses begrenzt die Anzahl der Ziele und Kennzahlen. Das führt in seiner Konsequenz zu einer Konzentration auf wenige Schwerpunkte. Die Menschen können alle bisherigen und neuen Aktivitäten und Projekte dahingehend prüfen, ob sie einen Platz haben in ihrem strategischen Haus. Das kann auch ein Nachteil werden, wenn – aus welchen Gründen auch immer – bestimmte Projekte durchgeführt werden müssen, die wir nicht in unserem Haus unterbringen. Solche Situationen erfordern dann besonderen Kommunikationsaufwand.

In dieser Form der visuellen Darstellung sind die dem strategischen Ansatz zugrunde gelegten Ursache-Wirkungs-Ketten nicht explizit sichtbar. Dadurch kann die Verbindung zum operativen Geschäft auch bei dieser Form der Darstellung verloren gehen und die strategische Programm- und Projektarbeit einseitig in den Vordergrund rücken.

Auch deshalb wird die Führungs-Scorecard durch eine **Berichts-Scorecard** ergänzt, in der den (ausgewählten) Kennzahlen des strategischen Hauses komplementäre Kennzahlen des operativen Geschäfts gegenübergestellt sind.

Die visuelle Darstellung der Strategieumsetzung muss unabhängig von der gewählten Variante begleitet sein durch eine Kommunikationsstrategie. Darin sind eindeutige Verantwortlichkeiten und die wichtigsten Botschaften (möglichst nicht mehr als drei) sowie ihre Umsetzung in kommunikative Themen zu definieren. Es ist festzulegen, von wem welche Beiträge zu welcher Zeit zu erstellen und über welche Kanäle und Medien an welche Interessengruppen zu verbreiten sind.

Daraus sollte ein stetiges Programm der Information und Interaktion entstehen, das wie alle anderen Maßnahmen der BSC seinen festen Platz im Planungs- und Managementkalender des Unternehmens einnimmt.

1.5 Erfolg hat drei Buchstaben: TUN

Zur Erinnerung: Bisher haben wir zwei Eckpunkte von Kaplan und Norton für eine Balanced Scorecard behandelt – (1) das Übersetzen der Vision in klare Ziele für die Menschen und (2) die Kommunikation und Vernetzung der Ziele. Wenden wir uns nun dem dritten Eckpunkt zu – der Einbindung der Menschen.

Er verlangt **Konsequenz**, vor allem im Hinblick auf klare Entscheidungen zu vier Aspekten:

1. Sind wir bereit, auf all jene Programme, Projekte und Investitionen zu verzichten, die **nicht** zu unserer Strategie passen? Haben wir den Mut, sie unverzüglich zu beenden?

2. Sind wir bereit, unsere operative Arbeit so umzuorganisieren, dass den Menschen mehr Zeit für strategische Aufgaben zur Verfügung steht? Haben wir den Mut, dazu mehr Eigenverantwortung und Selbstorganisation auf allen Ebenen zuzulassen?

3. Sind wir bereit, unser Projektmanagement so zu verändern, dass wir

   a) nur jene Projekte im Rahmen der operativen Arbeit umsetzen, bei denen es möglich ist, sie in erfolgreich abschließbare kleine Meilensteine zu zerlegen,

   b) für Projekte, die besser im Block realisiert werden, Teams zusammenstellen, die aus der operativen Arbeit herausgelöst werden können bzw. extern besetzt werden und

   c) für Projekte bzw. Programme mit hoher interner bzw. externer Wechselwirkung Kooperationsmethoden (z. B. Critical Chain[35]) einsetzen, die mit der aus der Komplexität resultierenden Fehleranfälligkeit umgehen können?

4. Sind wir bereit, unseren Planungs- und Managementkalender für den BSC-Prozess zu öffnen? Haben wir den Mut, alle Mitarbeiter dabei auch am Strategieprozess zu beteiligen?

Kaplan und Norton setzen auf eine partizipative Unternehmenskultur

Formale Strukturen – z. B. für die Projektorganisation – lassen sich leicht schaffen. Die Balanced Scorecard erfordert (zumindest nach dem Verständnis ihrer Väter) weit mehr. Ihr Erfolg hängt in starkem Maße davon ab, inwieweit die Menschen in die Führung mit messbaren Zielen einbezogen werden.

---

[35] Hierzu siehe: http://de.wikipedia.org/wiki/Critical-Chain-Projektmanagement

„Broad participation in creating a scorecard takes longer, but it offers several advantages: Information from a larger number of managers is incorporated into the internal objectives; the managers gain a better understanding of the company's long-term strategic goals; and such broad participation builds a stronger commitment to achieving those goals."[36]

Wer diesen Intentionen von Kaplan und Norton folgen will, muss offen sein für eine partizipative Unternehmenskultur bzw. sich auf den Weg dorthin begeben **wollen**. Das ist das eigentliche Problem, das auf jeden wartet, der sich mit der Balanced Scorecard einlässt. Wer darin einen Wettbewerbsvorteil sieht und sich ggf. den Kulturwandel auf die Fahnen schreibt, der erhält mit der BSC ein wirksames Instrument in die Hand. An erster Stelle aber steht der Wille zum Wandel. Die Balanced Scorecard allein kann ihn nicht bewirken. Es gehört immer auch der Mut konsequenter Führung dazu, damit es **getan** wird.

Wer diesen Wandel nicht will oder darin keinen Wettbewerbsvorteil erkennen kann, sollte die Finger davon lassen. Wenn die Menschen die erforderlichen Freiräume nicht erhalten, wird die BSC früher oder später zu einer „Parzelle auf dem Kennzahlenfriedhof" degenerieren und scheitern.

Deshalb gilt es, die BSC als einen wichtigen und nicht isolierten Teil in den ständigen Prozess der Entwicklung, Umsetzung und Weiterentwicklung der Strategie einzubinden. Dabei darf das Wechselspiel von strategischem Geschäft zur Entwicklung der zur Unternehmensentwicklung benötigten Potenziale und operativem Geschäft zur Finanzierung der Strategie nicht aus den Augen verloren werden. Aber erst wenn das partizipative Mittun und in diesem Rahmen die Einbindung der BSC-Philosophie in den gesamten Planungs- und Reportingprozess selbstverständlich geworden ist, hat sich die Balanced Scorecard tatsächlich etabliert.

---

[36] Kaplan, R. S./Norton, D. P. (1996): Using the Balanced Scorecard as a Strategic Management System, Harvard Business Review, January-February, S. 8; [Eine breite Beteiligung bei der Schaffung einer Scorecard dauert zwar länger, aber sie bietet einige Vorteile: Die Informationen einer größeren Anzahl von Managern werden in die internen Ziele einbezogen; die Manager gewinnen ein besseres Verständnis der langfristigen strategischen Ziele des Unternehmens; und auf diese Weise führt die breite Beteiligung zu einem stärkeren Engagement für die Erreichung dieser Ziele.].

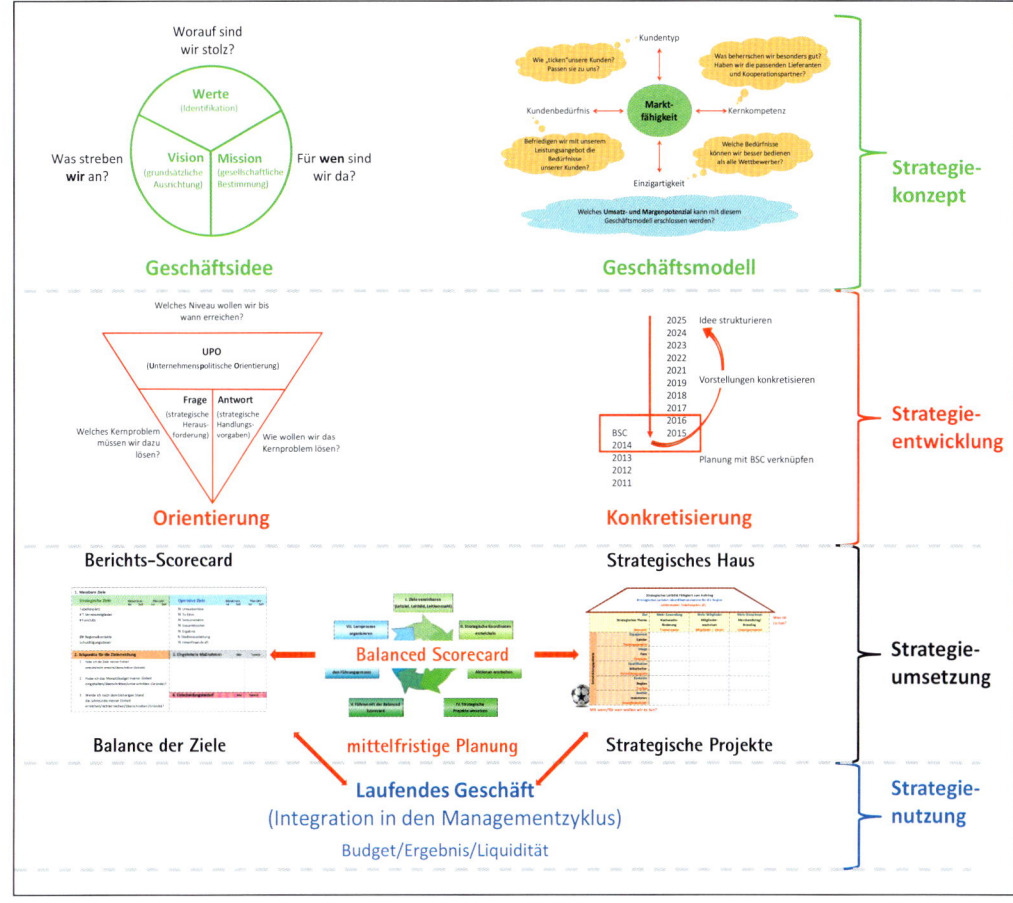

Abbildung 13: Die Balanced Scorecard als Teil der Strategieumsetzung

Dabei erleben wir allerdings auch immer wieder Tendenzen, die Teilhabe der Menschen von der Führung abzukoppeln. Wir können ewig diskutieren und analysieren und wieder diskutieren und weiteranalysieren. Das bringt uns nicht sehr weit. Teilhabe der Menschen im Strategieprozess beschränkt sich nicht auf das miteinander Reden. Teilhabe bedeutet „dialogische Führung" – und in dieser Kombination ist „Führung" das Hauptwort. Führung aber ist gleichbedeutend mit Konsequenz:

- klare Rollenbilder vereinbaren;
- Ziele abstimmen und sich zu eindeutiger Verantwortung bekennen;
- Entscheidungen treffen, wenn der Zeitpunkt erreicht wird – auch wenn noch nicht alle Diskussionen und Analysen beendet sind (die lassen sich, wie gesagt, endlos weitertreiben);
- getroffene Entscheidungen durchsetzen und die dazu gehörige Loyalität einfordern;

- durch eigene Präsenz („liebenswürdige Penetranz") spürbar zeigen, dass die Entscheidungen ernst gemeint sind und konkretes TUN bedeuten – wenn es der Situation angemessen erscheint, auch einmal ein Exempel statuieren;
- kritisches Feedback fördern und Verbesserungspotenziale offenlegen;
- bereit sein zu lernen, eigene Entscheidungen zu präzisieren und neue Ziele abzustimmen.

Konsultationen sind wichtig. „Rückversicherung" und „Angst vor eigener Entscheidung" aber gehören nicht zu den Charakteristika einer Führungskraft. Das kann eine BSC wirksam paralysieren.

1.6 Probieren geht über Studieren

Auch dieser Eckpunkt zielt auf den kulturellen Wandel, der mit einer Balanced Scorecard verbunden ist. „By building the scorecard, the senior executives started a process of change that has gone well beyond the original idea of simply broadening the company's performance measures."[37]

Wenn die BSC in das Reportingsystem eingebunden wird, verändert sich der Feedback-Prozess. Das ergibt sich allein schon aus der Art und Weise, wie eine Balanced Scorecard nach Kaplan und Norton entsteht. Menschen, die in die Erarbeitung und Umsetzung der Strategie ihres Unternehmens einmal einbezogen wurden, erwarten auch eine Einbeziehung in das strategische Reporting und in die Schlussfolgerungen, die daraus gezogen werden. Wird dieser Erwartung nicht entsprochen, entstehen Frustrationen, die den Prozess insgesamt gefährden.

Bei erfolgreichen Anwendern treffen sich BSC-Gruppen meist quartalsweise, manchmal auch monatlich und besprechen die Fortschritte in den strategischen Projekten. Sie überprüfen nicht nur die Ergebnisse, sondern auch die ursprünglich gesetzten Ziele. Gerade in der Anfangszeit ist ja die Übung im Umgang mit nichtfinanziellen Zielen und Kennzahlen meist gering. Deshalb verändern Unternehmen aufgrund der gesammelten Erfahrungen anfangs öfter die Formulierung ihrer Ziele und die Konstruktion ihrer Kennzahlen – bis eine stabile Struktur gefunden ist. Sie probieren es aus, bis sie eine zufriedenstellende Lösung gefunden haben.

Aber dabei bleibt es nicht. Es geht auch um die Zuordnung von Verantwortung: Wer **kümmert** sich um die Erfüllung der Ziele und wer sind die **Macher**? Werden die Verantwortlichen ihren Aufgaben gerecht? Haben sie die erforderlichen Entscheidungskompetenzen und Fähigkeiten? Wie wird der Qualifikationsprozess gestaltet?

---

[37] Ebenda, S. 5; [Durch den Bau der Scorecard begannen die Führungskräfte einen Prozess der Veränderung, der weit über die ursprüngliche Idee hinausgeht, die Leistungsmessung des Unternehmens zu erweitern.].

Der Wechsel zum dialogischen Führen mit messbaren Zielen verändert mit der Zeit sowohl die Führungsstrukturen als auch die Kompetenzverteilung. Auch hier bringen Analysen und Studien aus der Praxis bestenfalls Inspirationen. Soweit wir es beobachten konnten, sind die Unternehmen am besten gefahren, die kleine Veränderungen immer wieder ausprobierten. Das, was sich eignete, wurde am Ende übernommen. Dieses Herangehen führt über einen längeren Zeitraum zu teilweise gravierenden Veränderungen – oftmals ohne dass die involvierten Menschen das selber als gravierend bemerken. Von Zeit zu Zeit erweist sich dann eine externe Einschätzung, z. B. von Freunden oder Steuerberatern, und deren Reflexion als hilfreich – um zu lernen und die nächsten kleinen Schritte anzugehen.

Je weitgehender die Balanced Scorecard im Unternehmen verbreitet wird, umso vielfältiger ist der Rückkopplungs- und Lerneffekt. Mit der Zeit spielt sich dieser Prozess ein. Dann organisieren die Menschen sich selbst. Doch zunächst muss er organisiert und gesteuert werden. Anderenfalls kann auch aus diesem Grund der Erfolg gefährdet sein. Der BSC-Prozess muss daher mit einem „Konsequenzmanagement" begleitet werden.

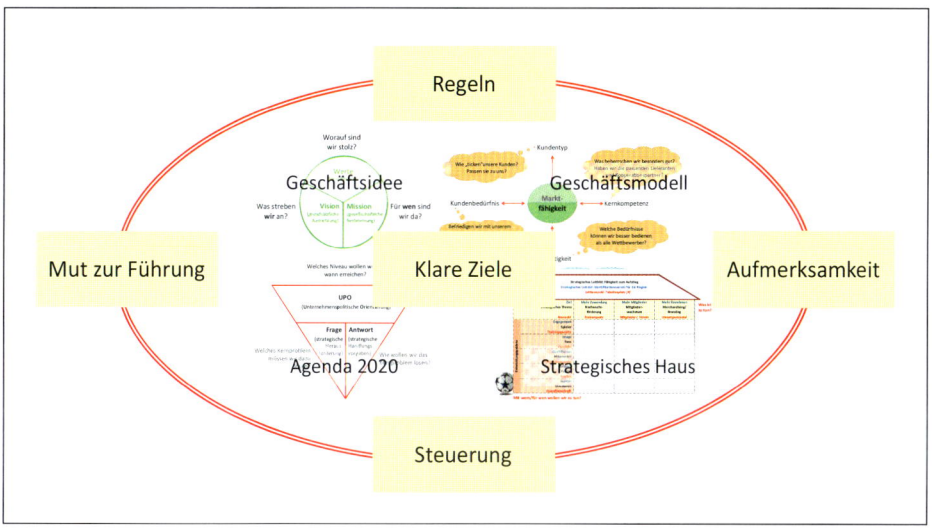

Abbildung 14: Konsequenzmanagement

Dabei geht es um relativ einfache Fragen:

- Sind unsere Ziele klar genug? Ist wirklich jedem Beteiligten klar, wer, was, mit wem und mit welchen Kompetenzen, bis wann, wie und warum erreichen soll[38]?

---

[38] Bei entwickelter Selbstorganisation reicht es zu vereinbaren, wer was bis wann (konkreter Termin) zu erledigen hat – sofern das Warum geklärt ist. Die Fragen nach dem Wie und mit Wem und mit welchen Kompetenzen und all den weiteren Details beantworten sich unter diesen Be-

Wissen und verstehen alle, woran (mithilfe welcher Kennzahlen) wir merken wollen, dass wir Erfolg haben? Sind sie bereit und in der Lage, sich daran messen zu lassen?

- Haben wir hilfreiche Regeln für das Verhalten von Führungskräften und Mitarbeitern? Schaffen wir bewusst Freiräume für das strategische Geschäft, indem wir das operative Geschäft effizienter organisieren – z. B. durch weniger Meetings, mehr Entscheidungsmöglichkeiten vor Ort sowie die Chance für die Menschen, an Verbesserungen „tüfteln" und in kleinem Maßstab ausprobieren zu dürfen? Wie gehen wir mit Aktivitäten um, bei denen sich herausstellt, dass sie nicht zu unserer Strategie passen? Gibt es Grundregeln?

Ein Unternehmen hatte z. B. drei Prinzipien formuliert und durch jeweils drei Grundregeln erläutert:

1. einfach selbst machen (Handlungsprinzip)
   - einfach: Vollkommenheit erreichst Du durch Verzicht: Das Sinnvolle und Notwendige vom Möglichen unterscheiden.
   - selbst: Du siehst immer, was Du förderst.
   - machen: Erfolg hat drei Buchstaben: TUN.
2. einfach selbst führen (Führungsprinzip)
   - einfach: Wenn Du schnell sein willst, geh allein – wenn Du weit kommen willst, geh mit anderen.
   - selbst: Eine Führungskraft nimmt sich die Kompetenz, die sie braucht und ist bereit, sich dafür eine „blutige Nase" zu holen.
   - führen: Führen heißt Orientieren, koordinieren und Mitarbeiter arbeiten lassen.
3. einfach selbst vertrauen (Vertrauensprinzip)
   - einfach: Testen (Erleben) – Auswerten (Lernen) – neu Testen.
   - selbst: Verspreche wenig und halte, was Du versprichst.
   - vertrauen: Vertrauen hat zwei Eltern – Verlässlichkeit und Kontrolle.

Natürlich muss jedes Unternehmen sein Regelwerk finden, das seiner Kultur entspricht. Und es sollte einfach sein. Kurz, knapp und bündig. Fünf Regeln, die sich jeder merken kann, sind besser als die neun im obigen Beispiel.

---

dingungen die Menschen allein. Das zeigt die Vorteile der Selbstorganisation, die wir nutzen sollten.

> Grundsätzlich gilt: Je mehr hilfreiche Regeln „selbstverständlich" (implizit) sind, umso weniger müssen wir explizit formulieren.

- Welche Aufmerksamkeit richten wir auf unsere strategischen Ziele? Welchen Anteil ihrer Zeit nutzen die Führungskräfte, um für eine spürbare Präsenz der strategischen Ziele zu sorgen?

Manche Unternehmen ersparen sich z. B. aufreibende Diskussionen über störende Verhaltensweisen durch die im Beispiel genannte Regel:

> „Du siehst immer, was Du förderst!"

Beispiel: Wenn etwa ein Meeting für 09:00 Uhr angesetzt wird, kommt es auf die Reaktion des Leiters an, ob wir pünktlich anfangen. Nehmen wir an, ein Teilnehmer kommt 09:05 Uhr; der Leiter des Meetings verliert keinen Ton; dann gilt: „5 Minuten zu spät ist noch pünktlich." Das wird nun ausgetestet; als schließlich bei einem späteren Meeting jemand 20 Minuten zu spät kommt, platzt dem Leiter der Kragen. Nun wissen alle: „20 Minuten ist zu spät."

Die Quintessenz – kümmere Dich selber um Disziplin und Ordnung; dafür brauchen wir keine Vorgaben, sondern nur Dich.

Solche Regeln sparen Zeit. Wir haben mehrfach erleben dürfen, wie disziplinierend es wirkt, wenn Zuspätkommer für jede Minute 5 Euro in eine Kasse zahlen müssen, deren Erlös z. B. für eine gemeinnützige Einrichtung gespendet wird. Das kann auch ein Betrag für jedes Handyklingeln während einer Besprechung sein etc. So können Faustformeln und Regeln sinnvoll zusammenspielen.

Ähnlich wirken Prozeduren wie beispielsweise die Checklisten für Piloten. Bei strikter Einhaltung gewährleisten sie eine bestimmte Basisqualität der Prozesse. Solche Prozeduren kennen wir z. B. für die Projektarbeit oder den Einkauf oder die periodische Erfassung von Umsatzpotenzialen.

Durch geeignete Regeln und Prozeduren schaffen sich Führungskräfte zeitliche Freiräume, um durch „freundliche Penetranz" für eine spürbare Präsenz der strategischen Ziele zu sorgen. Sie müssen die Freiräume allerdings auch nutzen. Und sie dürfen nicht zu viele Ziele vereinbaren – auch deshalb sprechen Kaplan/Norton von der „handful of measures".

- Wie ist die Steuerung im Unternehmen organisiert? Liegt der Schwerpunkt eher auf einer effizienten Selbststeuerung der Menschen oder konzentrieren wir uns auf die wesentlich aufwendigeren Formen der Fremdeinwirkung (detaillierte Formalien wie z. B. Reiseabrechnungen, Berichte, Rapporte, Aufsicht etc.)? Wie kombinieren wir Vertrauen und Kontrolle? Suchen wir den engagierten oder den gehorsamen Mitarbeiter? Sollen Führungskräfte mit eigener Initiative und auf eigene Verantwortung handeln? Oder sollen sie vor allem Vorgaben ausführen und weitergeben?

Wie passen wir das Planungs- und Berichtssystem den Veränderungen an? Müssen wir Zahl und Stimmigkeit der verwendeten Kennzahlen überprüfen? Oftmals prägen diese Fragen den kulturellen Alltag und beeinflussen die Glaubwürdigkeit strategischer Ankündigungen mehr als alle sachlich durchdachten Konzepte.

Wenn z. B. in Strategieansätzen mehr Eigenständigkeit und Engagement der Menschen eingefordert werden, während zugleich ein engmaschiges Vorgaben- und Zahlensystem jeglichen Initiativen ein enges Korsett anlegt, werden die Menschen das als gravierenden Widerspruch erleben. Das führt unweigerlich zu Konflikten mit alten Planungs- und Berichtssystemen, da nicht alle Dinge gleichzeitig verändert werden können. Wer sich an eine Balanced Scorecard wagt, sollte deshalb auch darauf eingestellt sein.

Zum Schluss schließt Konsequenz immer auch die strategische Stimmigkeit dieser Systeme ein. Sich derartigen Widersprüchen zu stellen und sie eine Zeit lang zu überbrücken, erfordert nicht nur Willen, sondern auch Geduld und nicht zuletzt eine gehörige Portion Mut.

- Wo liegen die Grenzen für den „Mut zur letzten Konsequenz"? Dabei geht es nicht darum, den „Haudegen" zu spielen. Zunächst erst einmal müssen wir darüber reden, wie weit wir gehen wollen. In den wenigsten Unternehmen gehört das zu den Selbstverständlichkeiten. Die konkreten Felder sind äußerst vielfältig; sie umschließen beispielsweise:

  - den Mut zur Weitergabe von Verantwortung,
  - den Mut, hohe Anforderungen zu stellen,
  - den Mut zu „unpopulären Maßnahmen",
  - den Mut zu konstruktivem Streit etc.

Erst auf diesen Feldern zeigt sich, was Führungskräfte taugen. Ob sie das Wechselspiel von „eindeutigen Ansagen", „Freiraum geben" und „Grenzen setzen" beherrschen. Ob sie bereit sind, in jeder Situation durch angemessene Entscheidungen ihre Verantwortung auch zu übernehmen. Ob sie die Größe haben, für die Folgen ihrer Entscheidungen einzustehen. Ob sie sich die Zeit nehmen, das von ihnen Entschiedene auch sichtbar nachzufassen. Und ob sie über die Stärke verfügen, in der letzten Konsequenz auch einmal ein Exempel zu statuieren.

Konsequenz schließt aber zum Schluss immer die Verbindung zur Geschäftsidee ein. Erst wenn von allen die Einbettung der Entscheidungen in die gemeinsamen Werte (die Identität), die gemeinsame Vision und die gemeinsame Mission (gefühlsmäßig) nachvollzogen werden kann, wird Konsequenz akzeptabel. Anderenfalls entartet sie schnell zur (zumindest so empfundenen) Willkür.

Wenn Führungskräfte den Mut zur Konsequenz aufbringen, lernen die Menschen, mit wenigen messbaren Zielen auszukommen. Und sie genießen den Vorteil, der sich daraus ergibt. Allerdings gibt es auch in dieser Frage kein „richtig" oder „falsch" – das Konsequenzmanagement muss ebenso zur Strategie passen wie alle anderen Facetten der Unternehmensführung. Es geht eben immer wieder um das „Balanced", das Ausbalancieren der verschiedenen Anforderungen. Die Balanced Scorecard ist so vielfältig wie das Leben selber. Sie soll ja ein Teil des Lebens werden, der unser Unternehmen prägt.

1.7 Das Experiment geht weiter

Die Balanced Scorecard war zunächst eine Modewelle. Etwas Neues kam da aus Amerika nach Europa und machte neugierig. Viele experimentierten. Viele Experimente scheiterten. Diese erste Welle ist vorbei.

Die dabeigeblieben sind, die Erfolg hatten, zeigen, welches Potenzial – an Chancen und Gefahren – im Führungsinstrument Balanced Scorecard steckt. Wer jetzt mit einer Balanced Scorecard beginnt, kann zumindest ahnen, worauf er sich einlässt. Das Experiment ist längst in die zweite Phase gegangen. Wir haben gelernt, dass die Balanced Scorecard überall dort universell eingesetzt werden kann, wo partizipative Unternehmenskultur und dialogische Führung erwünscht ist oder erreicht werden soll.

Zum Schluss geht es um die Verbesserung der Wettbewerbsposition. Das ist die entscheidende Frage. Welche Kultur, welche Fähigkeit zum Wandel benötigen wir, um im 21. Jahrhundert vorn zu sein, um an volatilen Märkten bestehen zu können? Die Entscheidung für oder wider eine Balanced Scorecard steht in diesem Kontext. Und wer eine partizipative Kultur als Vorteil sieht, muss nicht unbedingt die Balanced Scorecard nutzen, um erfolgreich zu sein. Aber er hat die Chance. Doch wer diese Kultur nicht will, sollte um die BSC einen weiten Bogen machen. Das zumindest haben wir in den letzten 22 Jahren gelernt.

2 BSC – einfach konsequent: Der Macher macht es einfach[39]

Prolog 1:

Es gibt – neben anderem – eine bleibende Erinnerung von Dr. Herwig Friedag an seine Besuche vor der Wende in der DDR: „Unsere Gastgeber fragten noch am Freitagabend, was wir denn gern zum Frühstück hätten. Auf unser erstauntes ‚Hm?‘ bekamen wir zur Antwort: ‚Wir gehen morgen früh um 06:00 zum Bäcker.‘ ‚Warum denn um 06:00?‘ Wieder Erstaunen, nun unserer Gastgeber: ‚Um 07:00 ist das Beste ausverkauft und der Bäcker schließt doch auch um 10:30, weil alles verkauft ist.‘"

Mit der Wende änderte sich dies schnell – und viele Bäckereien, die immer noch am Sonnabend um 10:30 schlossen, schlossen bald darauf ganz. Viele Dörfer, ganze Landstriche ohne Bäcker – welch‘ Tradition ging dahin …

Prolog 2:

An einem Sommertag in 2002 kam ein Anruf: „Johansson, spreche ich mit Herrn Friedag?" „Ja." „Ich habe Ihren Taschenguide Balanced Scorecard gelesen. Ich bin Eigentümer einer kleineren Bäckereikette in und um Schwerin – wäre die BSC auch etwas für uns?" „Tja, Herr Johansson, wie viele Mitarbeiter sind denn bei Ihnen beschäftigt?" „Derzeit 85, aber wir wollen weiterwachsen, deshalb habe ich an das von Ihnen so anschaulich beschriebene Instrumentarium gedacht – ich habe selbst keine Ahnung von Betriebswirtschaft, aber Balanced Scorecard klingt gut – wäre doch sicherlich auch für uns etwas …"

Gesagt, getan. 10 Tage später, es war unerträglich heiß, fuhren wir in den Hof eines kleinen Gebäudekomplexes in einem Vorort von Schwerin. Außen hing ein Schild *Bäckerei Johansson – Frische für Sie*. Einen kräftigen Mittvierziger im hellen Kittel und kurzen Hosen (wir mit Schlips und Kragen!) begrüßten uns und fragten nach Herrn Johansson. „Das bin ich, moin." Sprachs und ging voraus.

Bäckermeister Johansson hatte gleich nach der Wende von seinem Vater die seit drei Generationen im Familienbesitz befindliche dörfliche Bäckerei übernommen. Und die vielen Chancen der Wendezeit genutzt: Während sein Vater in der Backstube backte und seine Mutter wie zuvor den Verkauf übernahm – aber nicht mehr von 06:00 bis 10:30, sondern von 06:00 bis 18:30 – hatte er einen alten VW-Bus erstanden, ausgebaut und fuhr damit über die Lande. Da viele kleine Bäckereien ihr Geschäft aufgaben, konnte er mit seinem VW-Bus die entstandene Versorgungslücke schließen.

---

[39] In dieser wie in den folgenden „Geschichten" sind die Namen der Unternehmen wie aller beteiligten Personen fiktiv bzw. wurden von uns geändert.

Die Johansson-Brötchen schmeckten richtig nach Mecklenburg, waren bissfester und nicht so schluffig locker wie die der sehr schnell den Markt erobernden westdeutschen Wettbewerber. Aber er begriff schnell. Die Kunden wollten frische Ware, lange konnte sein florierendes fahrendes Geschäftsmodell nicht aufgehen.

So schaute er sich bei den Fahrten in Schwerin und Umland nach geeigneten Verkaufsstellen, am besten ehemaligen Bäckereien um und wagte den Schritt, Bäckereien zu übernehmen, Geschäftslokale zu mieten und Mitarbeiter einzustellen. Seine Geschäftsidee, Backwaren vor Ort zu produzieren, nicht nur aufzubacken oder anzuliefern, war anders als die der Großketten. Ihm zupasskam, dass es doch einige ehemalige Bäckermeister, Bäckergesellen und Bäckereiverkäuferinnen gab, die als heimatverbundene Mecklenburger nicht in den goldenen Westen wollten. Diese konnte er dafür begeistern, weitgehend eigenständig eine Filiale zu leiten, dort zu backen und frische Brötchen zu verkaufen.

Der Erfolg gab ihm recht und bald schon sicherte er sich auch noch Geschäfte in guten Lagen von Schwerin, Wismar, Grevesmühlen und in Ludwigslust. Nicht gerade erfolgsverwöhnte Städte, aber mit Einwohnern, die Heimat auch schmecken wollten. Dazu 9 kleinere Filialen in größeren Dörfern und nicht mehr ein VW-Bus, sondern zwei richtige Verkaufswagen, die immer auf den Wochenmärkten der Region standen. Gebacken wurde nicht in den Stadtfilialen, sondern am Stadtrand oder im ländlichen Raum in vier verkehrsmäßig recht günstig gelegenen Bäckereien. Dort fand Johansson zuverlässige Mitarbeiter, die es ein Leben lang gewohnt waren, um 03:00 mit der Arbeit anzufangen. Sein Vater hatte sich Mitte der 1990er-Jahre aufs Altenteil zurückgezogen: „Junge, mach mal lieber allein weiter. Ich komme mit den neuen Maschinen nicht zurecht. Und mit den Mengen komme ich auch nicht mehr klar."

Vier Gesellen ermunterte Johansson, den Meister zu machen und diese vier leiteten die vier Bäckereien. Und per Zufall ergab sich die Gelegenheit, eine bekannte Konditorei zu übernehmen, deren Inhaber bei einem Autounfall verstorben und die daher ohne Führung war. Johansson übernahm sie und baute sie mit den dortigen Mitarbeitern zur zentralen Konditorei-Produktionsstätte für die Johansson-Gruppe aus.

Die Vorprodukte, also Mehl und Obst für die Kuchen, bezog Johansson aus der Region, das war er seinen Kunden schuldig, die „Produkte von hier" kaufen wollten.

Das Geschäft lief gut, so gut, dass Johansson überlegte, weiter zu expandieren:

Verkaufsstellen	14
Mitarbeiter	85
Umsatz	7,2 Mio. €
Gewinn	0,8 Mio. €

(Zahlen aus 2002)

Aber wie sollte er dies anfangen? Reichte es, immer neue Filialen aufzumachen? Wohin sollte er expandieren und wie das Personalmanagement betreiben? Vielleicht konnte ihm die Strategiediskussion im kleinen Kreis Entscheidungen näherbringen – und die Umsetzung mit der BSC ermöglichen?

2.1 Erst einmal starten

Das Gespräch mit Herrn Johansson dauerte lang. Es wurde über betriebswirtschaftlichen Zahlen gebrütet: „Hatte ich mir noch nie so angesehen", und es zeigte sich, dass das Unternehmen bislang mehr aus dem Bauch heraus geleitet wurde. Herr Johansson hatte einen cleveren Steuerberater, war aber selbst kein fragender Diskussionspartner, da er glaubte, ihm würde als einem noch in der DDR ausgebildeten Bäckermeister das entsprechende Wissen fehlen. So wurde ein zweiter Termin anberaumt, an dem auch der Steuerberater anwesend war.

Es zeigte sich: Auch mit gesundem Menschenverstand kann man ein Unternehmen erfolgreich führen; aus Branchenvergleichszahlen konnten wir entnehmen, dass die Personalkosten – er zahlte übertarifliche Löhne – leicht über, der Wareneinsatz leicht unter dem Schnitt war. Überraschend waren die absolut hohen Sachkosten, geschuldet den hohen Transportkosten zwischen den „Backstuben" und den Verkaufsfilialen – obwohl natürlich auch in den produzierenden Betriebsteilen verkauft wurde. Im Vergleich zur Branche konkurrenzlos waren die Mietkosten für die genutzten Räumlichkeiten.

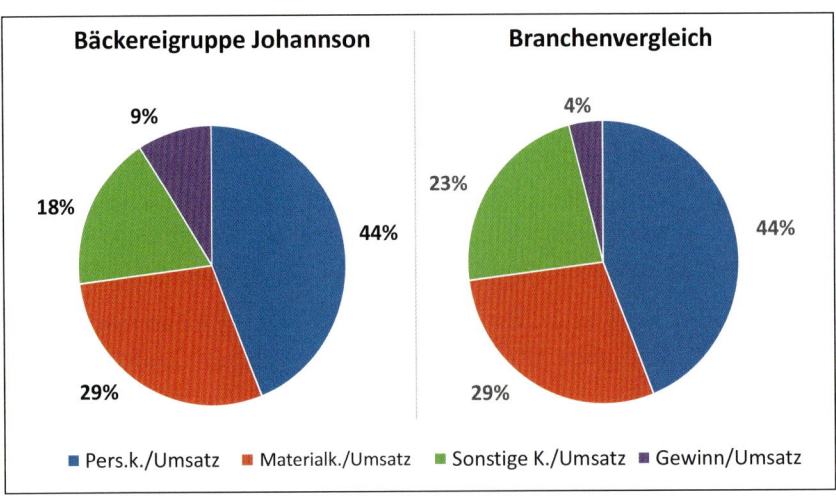

Abbildung 15: Wirtschaftliche Situation 2001

Aber worin lag das Problem von Herrn Johansson, warum wollte er das Managementinstrument Balanced Scorecard nutzen? Alles, selbst alle Mitarbeiter mit ihren Problemen waren auf ihn fokussiert. Er sollte, er musste immer entscheiden, alle

Impulse gingen von ihm aus. „Das kann es doch nicht sein!", ereiferte er sich. „Was passiert denn, wenn ich morgen gegen einen Baum fahre? Meine Frau, sie leitet zwar erfolgreich den Verkauf in der Schweriner Verkaufsstätte, ist nicht in der Lage, den gesamten Betrieb zu führen. Und meine Meister, die sind Meister Ihres Faches, also backen können Sie ohne Fehl und Tadel. Aber ein Unternehmen wie das unsrige zu führen, das traue ich ihnen dann doch nicht zu."

Ein klassisches Mittelstandsproblem. In vielen Fällen ist die einseitige Ausrichtung auf den „Alten" der limitierende Faktor – Herrn Johansson jedoch wollte dies Problem angehen, wollte weiterkommen, ohne sich sieben Tage die Woche „graue Haare" wachsen zu lassen. Und er wollte sicher sein, dass das Familienunternehmen auch die nächsten Generationen überdauert.

Am Abend besprachen wir bei Lübzer Pils und frisch gebackenem knusprigem Brot die mögliche Vorgehensweise, die Chancen, aber auch die Risiken, wenn man nicht allein entscheiden will. Und wir merkten, dass es Herrn Johansson ganz wichtig war, aus der BSC in seinem Unternehmen keine theorieüberfrachtete Angelegenheit zu machen; kleine abgestimmte Schritte, aber mit einem für alle erkennbaren Ziel, das war seine Vorstellung.

Wir dachten gemeinsam an:

1. Im Oktober 2002 ein Tag zum Kennenlernen der wichtigsten Mitarbeiter[40] des Unternehmens, ein Tag, um aufzuzeigen, worum es beim Thema BSC eigentlich geht – der Schnupperworkshop.

2. Einen Workshop Anfang November zur Diskussion und Festlegung einer lang- und mittelfristigen Zielstellung.

3. Anfang 2003 ein Workshop zur Durchsprache möglicher erster Aktivitäten zur Umsetzung der Ziele, vielleicht schon Vereinbaren von Aktivitäten/Projekten?

4. Gemeinsam mit dem Steuerberater und Herrn Johansson und ‚N. N.' Erstellen eines schnellen und einfachen Berichtswesens, um erkennen zu können:

   - Machen wir, was wir uns vorgenommen haben?

   - Können wir daraus schon Erfolge im (operativen) Geschäft ableiten?

Acht oder neun Tage – neben dem Aufwand für die moderierenden Berater noch Hotelkosten, dazu der Ausfall der beteiligten Mitarbeiter für die Workshoptage und die folgende Projektarbeit, wollte sich Herr Johansson das wirklich leisten? Wir waren skeptisch. Aber schon zwei Tage später rief er an und gab das Startsignal. Letzter Auslöser war ein Badeunfall im Freundeskreis, der tödlich ausging: „Wie schnell kann sich das Blatt wenden; meine zwei Kinder müssen nicht, aber sie sollen mal wie

---

[40] Bitte haben Sie Verständnis dafür, dass wir zukünftig nicht MitarbeiterInnen etc. schreiben – es sind immer beide Geschlechter gemeint …

ich die Chance haben, einen gut organisierten und erfolgreichen Betrieb und damit das Familienerbe zu übernehmen. Dafür muss ich heute etwas tun."

2.2 Gemeinsam Zukunft andenken

Bevor eine derartige Workshoprunde startet, müssen einige Vorarbeiten erledigt werden.

2.2.1 Die Teilnehmer

Telefonisch stimmten wir uns im Frühherbst mit Herrn Johansson ab, wer an den BSC-Workshops teilnehmen sollte. Neben ihm natürlich als Führungskräfte seine fünf Meister (verantwortlich für die vier „Backstuben" sowie die Konditorei) und vier der Filialleiterinnen (verkauft wird in den Backstuben, in der Konditorei, in neun reinen Verkaufsfilialen sowie aus zwei Verkaufswagen heraus auf Wochenmärkten der Region – Verkauf und Produktion sind verantwortungsmäßig getrennt). Unter den teilnehmenden Filialleiterinnen sollte natürlich seine Frau sein. Zusätzlich einer der beiden Verkaufswagenfahrer, eine „normale" Verkäuferin, zwei Gesellen aus den Backstuben und der beste Azubi des Unternehmens; insgesamt also 15 Teilnehmer.

Neben den Terminen für die Workshops besprachen wir noch die technischen Voraussetzungen und wählten ein Tagungshotel. Das Hotel sollte etwas entfernt sein, damit die Teilnehmer nicht auf die Idee kommen, am Abend nach Haus zu fahren; Boltenhagen, Badeort an der nahen Ostsee, hat im späten Herbst und im Winter ausreichend und kostengünstige Kapazitäten. Ein schönes Hotel war schnell gefunden.

2.2.2 Schnuppern

Drei Wochen vor dem angesetzten ersten, dem Strategieerarbeitungsworkshop, stellten wir, die Moderatoren, ab dem späteren Vormittag dem avisierten Teilnehmerkreis in einem recht beengten internen Besprechungsraum die Ziele der geplanten Veranstaltung vor, besprachen den Ablauf und zeigten spielerisch auf, dass jeder mit Ideen zum Erfolg des Unternehmens, zur Sicherung der Arbeitsplätze beitragen kann. Diese sechs Stunden „schnuppern" begannen erst recht schleppend, man traute sich nicht richtig; aber am Ende wurde viel gelacht und bis auf eine der Filialleiterinnen konnten sich alle vorstellen, an dem Balanced-Scorecard-Projekt mitzumachen. Aber: „Balanced Scorecard, das ist mir, ist sicher auch meinen Kollegen zu wissenschaftlich, das versteht keiner. „Können wir das nicht ‚unsere Zukunft' nennen?", fragte einer der Meister. Gesagt, getan – wir starteten mit einem Projekt ‚unsere Zukunft' und eine andere Filialleiterin freute sich, mitmachen zu dürfen …

2.2.3 Einzelgespräche

Am nächsten Tag führten wir mit allen Teilnehmern Einzelgespräche, wollten die Menschen kennenlernen, ihre Ängste und Sorgen, aber auch ihre Ziele und Träumereien. Natürlich, in 30 Minuten lernt man keinen Menschen richtig kennen, aber ein erster Eindruck lässt sich gewinnen. Und mit ein bisschen Einfühlungsvermögen erkennt man schnell, wo es knirscht und wo es prima läuft. Bei einem Kollegen durften wir nach zögerlichem Fragen feststellen, dass er noch nie über Nacht in einem Hotel war und daher Bedenken wegen der Hotelatmosphäre hatte. Hotel ist eben etwas anderes als Zelt – er war begeisterter Camper! Aber auf einen Campingplatz ausweichen wollten wir in der angedachten Jahreszeit doch nicht …

2.3   Strategieerarbeitungsworkshop

Boltenhagen, so schön es bei Sonne und im Sommer ist, im November kann es manchmal recht trist sein – gerade in 2002 war noch viel für die alte Schönheit zu tun. Aber die grauen Novembertage hatten einen Vorteil: Alle Teilnehmer am Strategieerarbeitungsworkshop waren voll dabei, keiner hatte Lust auf einen Spaziergang im Nieselregen am Meer.

Überrascht waren alle, als zuerst die Frage nach Lebensträumen angesprochen wurde. Und wir waren überrascht, als unisono zwei Themen auf den Tisch kamen:

- Wir sind Mecklenburger und wollen hier sichere Arbeitsplätze.
- Wir würden gern mehr Verantwortung übernehmen …
  (… aber der Chef ist ja immer so schnell).

Den zweiten Aussagenkomplex steckte Herr Johansson etwas gequält weg – und seine Frau stimmte zu: „Du bist schon ein fixer Bursche und überfährst damit manchmal. Mecklenburger brauchen eben ein bisschen länger!" Das konnte ja lustig werden – auch Herr Johansson war ja Mecklenburger. Aber die Grundaussage war doch vielversprechend. Man wollte sich engagieren.

Bei dem anderen angesprochenen Thema war Herr Johansson schon wieder obenauf: Seine Vision für 2015, also in rund 12 Jahren, lautete: „Wir machen mit 300 Mitarbeitern 30 Mio. € Umsatz und sind damit Mecklenburgs Bäcker Nummer 1." „Der spinnt schon wieder", war das Murren beim Abendessen zu hören, „jetzt machen wir gerade mal 7,0 Mio. € mit knapp 100 Mitarbeitern und das schlaucht schon." Johansson ereiferte sich: „Mit *Frische für Sie* setzen wir auf das richtige Pferd. Was glaubt Ihr, wie sich unsere Region entwickeln wird. Schwerin als Landeshauptstadt blüht immer mehr auf, Wismar wird ein Zentrum des Hanse-Tourismus und unsere Mecklenburger Küste wird der von Holstein den Rang ablaufen – es ist einfach so natürlich schön hier. Und Touristen, aber auch die Mecklenburger wollen nicht Plastik-Brötchen in Zellophan aus dem Supermarkt oder von der Tanke, sondern *Frische von hier*."

Irgendwie mussten wir ihm zur Seite springen: „Trauen Sie sich jährlich ca. 7 % Wachstum zu, wobei sicher 2 % Inflationssteigerung wären?" „Jo." „Und 12 Jahre jeweils 7 % sind etwa 15 Mio. €. Weitere 15 Mio. € erschließen Sie durch Zukauf bzw. neue Filialen – da haben sie ja bereits gute Erfahrungen gesammelt!" So hatten die Kollegen das noch nicht betrachtet. „Real 4 … 5 %. Ja, das wäre machbar. Und das mit dem Zukauf hat ja in den letzten 10 Jahren auch ganz gut geklappt …" Also unvorstellbar erschien ihnen die spinnerte Idee ihres Chefs nun nicht mehr – aber die Skepsis in ihren Augen war schon noch erkennbar.

Mit dem Slogan *Frische von hier – Frische für Sie* konnten sie sich eher eine Zukunft vorstellen. Nummer eins hatte ja auch etwas. „Als das würde ich gern bei meinen Nachbarn gesehen werden: ‚Der arbeitet bei Johansson, der Nr. 1' – das passt!"

„Tja, Herr Johansson, manchmal braucht man etwas Zeit um Menschen mitzunehmen …", sinnierten wir spätabends beim Bier. Er aber war müde, um 03:00 Uhr begann wie üblich sein Tag, 22:30 war für ihn wie für seine Mitarbeiter doch schon sehr, sehr spät; man strebte dem Bett zu. Dafür hatten wir am nächsten Morgen um 07:00 doch etwas Probleme – nicht mit dem Frühstück, nein: Der Workshop begann! Die Kollegen waren putzmunter …

Wir wiederholten noch einmal den Arbeitsstand von gestern:

Vision: Wir sind Mecklenburgs Bäcker Nummer 1
                      (300 Mitarbeiter, 30 Mio. € Umsatz)

Mission: Frische von hier – Frische für Sie

Sollten wir eine Unterscheidung zwischen langfristigen, visionären Zielen und denen für die nächste Zeit machen? Die beiden Moderatoren entschieden sich dagegen. Natürlich, 30 Mio. € Umsatz mit 300 Mitarbeitern, das waren Ziele für die doch recht ferne Zukunft, diese mussten realistisch, nicht die Mitarbeiter verschreckend kommuniziert werden. Von strategisch ausgerichteten Kennzahlen wollten wir zu diesem Zeitpunkt noch gar nicht reden; die Kollegen waren Bäcker und keine Betriebswirte oder Controller. Also: Jetzt erst einmal keine Leitkennzahl-Diskussion!

„Was müsste denn prinzipiell getan werden, um 6,5 % pro Jahr zu erreichen?", wurden die Teilnehmer, in 5 Gruppen aufgegliedert, gefragt. Nach einer halben Stunde kamen erste Themenvorschläge, die im Plenum diskutiert wurden:

- Mehr **Verdienst**, dann haben wir auch mehr Motivation
  (sicher ein verständlicher Wunsch bei der doch recht moderaten Entlohnung der meisten).

- Wir brauchen mehr **Zeit**, um neue Ideen auszuprobieren. Immer wieder haben wir festgestellt, dass Neues gut bei unseren Kunden ankommt.
- **Selbstständigkeit**, mehr Verantwortung für die jeweiligen Backstuben- bzw. Verkaufsstellenleiter.
- Eine bessere **Ausbildung**: „Viele von uns haben ja noch in der DDR das Bäckerhandwerk bzw. das Verkaufen gelernt. Heute ist so vieles anders, das muss doch mal gelernt werden."
- Eine neue moderne **Produktionsstätte**, in der Rohlinge vorgebacken werden könnten; dann bekommen die Kunden jeweils ganz frische Ware und wir können entsprechend der aktuellen Nachfrage nachbacken und haben somit weniger unverkaufte Ware.
- Einen im Westen gelegenen **Betrieb übernehmen**, um praktisch zu erfahren, was da anders läuft. Hier gab es besonders viele Diskussionen. Das war für viele undenkbar (wir schrieben 2002!).

Nach dem Motto „Wir können nicht alles sofort umsetzen" wählten die Seminarteilnehmer die strategischen Themen a) bessere Ausbildung und b) mehr Verantwortung aus. Daraus ein Strategieprogramm für die nächsten ein, zwei Jahre schneidern, das erschien möglich!

Der nächste Diskussionspunkt war absolut ungewohnt: Wen sollte man im Boot haben, um das Ziel *Nr. 1 in Mecklenburg* zu erreichen? „Na uns!", schallte es aus dem Raum. „Glauben Sie denn, dass das ausreicht? Wäre es nicht sinnvoll, auch die Familie Johansson mitrudern zu lassen?" „Na, die sind doch von uns!" „Richtig, aber im Gegensatz zu Ihnen trägt die Familie Johansson die alleinige Verantwortung, das wirtschaftliche Risiko und sie müssen bereit sein, Gewinne zu reinvestieren."

„Sind das alle notwendigen Ruderer?", die Gesellin meldete sich zaghaft. „Wir müssen auch darauf achten, dass uns unsere Lieferanten nicht mit diesem Gleichmacher-Mehl beliefern. Ihr wisst, wir hatten in manchen Monaten Schwierigkeiten, gutes, unbearbeitetes Mehl aus Mecklenburg zu bekommen."

„Vergesst die Kunden nicht!", mahnte Herr Johansson. „Wenn die uns verlassen, sind wir verlassen. Wir brauchen immer die direkte Rückkoppelung, wenn etwas besonders gut ankommt – und auch, wenn nicht. Da haben unsere Damen vom Verkauf eine ganz wichtige Aufgabe."

So schälten sich in der Diskussion vier Gruppen heraus, die mitziehen müssten: Kunden, Mitarbeiter, Lieferanten und die Familie Johansson als Geldgeber/Investor. „Und worauf legen diese vier – wir nennen sie „Stakeholder" – besonders wert?", fragten wir in die Runde. Wieder in Gruppenarbeit wurden mögliche Ziele dieser vier Gruppen diskutiert, bewertet, mit unseren Zielen abgeglichen und dann in großer Runde herausgearbeitet:

Kunden	deren zu berücksichtigendes primäres Ziel: Frische
Mitarbeiter	deren zu berücksichtigendes primäres Ziel: sichere Arbeitsplätze in Mecklenburg
Lieferanten	deren zu berücksichtigendes primäres Ziel: langfristige Abnahmebeziehung
Familie Johansson	deren zu berücksichtigendes primäres Ziel: Übernahme von Verantwortung durch mehr Mitarbeiter

Konnte man da vielleicht schon über Kennzahlen sprechen? Wir versuchten es: „Gibt es denn eine Möglichkeit, ‚Frische' zu messen? – Denn wenn Sie sich in den Filialen untereinander vergleichen wollen, sollte man ja schon eine gemeinsame Sprache sprechen; und ‚bei uns ist es immer frisch' ist ja doch sehr relativ!" Kurzes Überlegen, dann erhitzte Diskussionen und am Ende schälte sich heraus, dass den Kunden Frische eigentlich nur bei Brötchen wichtig sei; Kuchen und Brot muss immer (nur) tagfrisch sein.

Die Frische der Brötchen lässt sich leicht mit „Anzahl der verkauften Brötchen/Anzahl der Backvorgänge" messen. Beide Faktoren werden bereits gemessen: die Backvorgänge automatisch im Ofen, die Anzahl der verkauften Brötchen über das Kassensystem. Wird bei z. B. 1.000 verkauften Brötchen 3 mal gebacken, sind die Brötchen durchschnittlich wahrscheinlich weniger frisch, als wenn 6 mal der Ofen angeworfen wird. 1.000/3 = 333 ist also weniger frisch als 1.000/6 = 166!

Alle Teilnehmer hatten ein Aha-Erlebnis: So einfach ist das! Und sie stürzten sich in die Arbeit, um auch für die anderen, die sich mit im Boot befinden sollen, Kennzahlen zu finden:[41]

| **Für 2003/2004** | | |
Ziel	**Entwicklungsgebiet**	*Kennzahl*
Frische	Kunden	*verkaufte Brötchen/Backvorgang [#]*
Sichere Arbeitsplätze	Mitarbeiter	*Entlassungen [#]*
Langfristige Abnahmebeziehungen	Lieferanten	*Lieferanteil des Lieferanten [%]*
Übernahme von Verantwortung	Familie Johansson	*Mitarbeiter, die am Ergebnis ihrer Filiale beteiligt sind [%]*

[41] # = Anzahl, % = in Prozent

Und weil es so schön flutschte, ‚Morgenstund' hat Gold im Mund', haben wir uns noch einmal den beiden ausgewählten strategischen Themen zugewandt:

Für 2003/2004

Ziel	Strategisches Thema	Kennzahl
Übernahme von Verantwortung	Selbstständigkeit	*Meister/Filialleiter die am Ergebnis ihrer Filiale beteiligt sind* [%]
Ausbildung	Lernen	*Schulungstage [#]*

Sollten wir nun auch noch das Thema strategische Leitkennzahl eröffnen? Wir versuchten es: „Wir hatten ja von der Vision ‚Mecklenburgs Nr. 1' mit einem Umsatz in 2015 von 30 Mio. € mit 300 Mitarbeitern gesprochen. Wir könnten uns vorstellen, dass wir mit derartigen Zielen ihre Kollegen verschrecken – was könnte denn ein strategisches Ziel für die nächsten vielleicht zwei Jahre sein?"

„10 Mio. €", ertönte es vorlaut, aber viele stöhnten auf: „Nicht zu schaffen!" „Was sind denn Voraussetzungen, um ein derartiges Ziel in den nächsten Jahren zu schaffen?", fragten wir.

„Eine neue, nicht wie bei uns meist überlastete Produktionsstätte! Na klar, jetzt geht es auch noch ohne und wir müssen noch etwas zulegen, um uns die neue Produktionsstätte leisten zu können. Aber ich glaube, dies ist ein begreifliches Ziel, für das wir uns anstrengen würden – denn es sichert auch alle Arbeitsplätze!" „Und würde auch ein weiteres Wachstum ermöglichen", warf Herr Johansson ein.

Ziel	Leitziel	Kennzahl
Produktionsstätte	Leitziel bis 2005	*In 2004 entschieden, in 2005 eingeweiht*

Wir hatten gar nicht gemerkt, dass sich der Tag schon wieder geneigt hatte und die Kollegen so langsam ruhiger, weil müde wurden. Wir verabschiedeten uns voneinander, wollten uns dann im Januar wieder treffen, um gemeinsam festzulegen, was für diese Ziele denn nun getan werden sollte: „Fromme Wünsche sind eins, Ziele müssen jedoch mit TUN hinterlegt werden …"

Im Rückblick mögen die gefundenen Ziele und Kennzahlen etwas simpel erscheinen – das waren sie auch. Aber es war gerade die Einfachheit, die das Eis gebrochen und den Einstieg in eine gemeinsame strategische Arbeit geebnet hat. Und genau darum geht es.

2.4   BSC-Umsetzungsworkshop

Mitte Januar 2003, eine Kältewelle hatte Deutschland erfasst, es war bitterkalt – bis Minus 20 Grad und die Ostsee war weit in die Wismarer Bucht zugefroren. Aber in unserem kleinen Hotel in Boltenhagen war es kuschelig warm, als wir uns trafen. Den Anfang machten wir mit einem Stimmungsbild: Hatte sich etwas in der Gruppe seit dem letzten Treffen verändert?

Die Mehrheit berichtete von positiver Resonanz bei den Mitarbeitern nach ihren Berichten von der ersten Tagung. Nur einer der Meister – er war für die Bäckerei in Wismar verantwortlich – zeigte sich mürrisch:

„Bei uns ist die Stimmung schlecht. Eine Großbäckerei aus Lübeck hat eine Filiale in unserer Stadt aufgemacht und ist recht erfolgreich damit – und wir haben weniger Umsatz seitdem. Gegen diese Konkurrenz holen wir nie auf. Und Nr. 1 in Mecklenburg werden wir nie!" Wie diesen Kollegen einfangen?

Die Filialleiterin aus Wismar war nicht Teil der BSC-Gruppe, wir konnten also ihre Sicht der Dinge nicht einholen. Aber ihre Kollegin aus Grevesmühlen widersprach: „Brötchen sind nicht Brötchen – die Kunden werden bald merken, dass unsere nicht so schluffig sind, sondern ohne Chemie die Frische auch nach 3 Stunden noch haben." Man sah dem Meister aus Wismar jedoch eine bleibende Unzufriedenheit an, die anhielt …

„Das TUN steht heute und morgen im Mittelpunkt", setzten wir an. „Wir wollen Aktivitäten sammeln, die wir uns in diesem Jahr vornehmen wollen, um unserem Ziel Mecklenburgs Nr. 1 zu werden, näherzukommen. Aber: Wir wollen, nein wir müssen uns beschränken – nicht alles TUN ist sinnvoll und notwendig. Wir haben uns im November darauf verständigt, uns auf die beiden Themen ‚Selbstständigkeit' und ‚Lernen' zu konzentrieren – und dies unter Berücksichtigung der Interessen von

a) den Kunden,

b) den Mitarbeitern,

c) den Lieferanten und

d) der Familie Johansson als Eigentümer des Unternehmens.

Wir haben dazu einmal die Workshopergebnisse vom November in ein ‚Backhaus' übertragen:

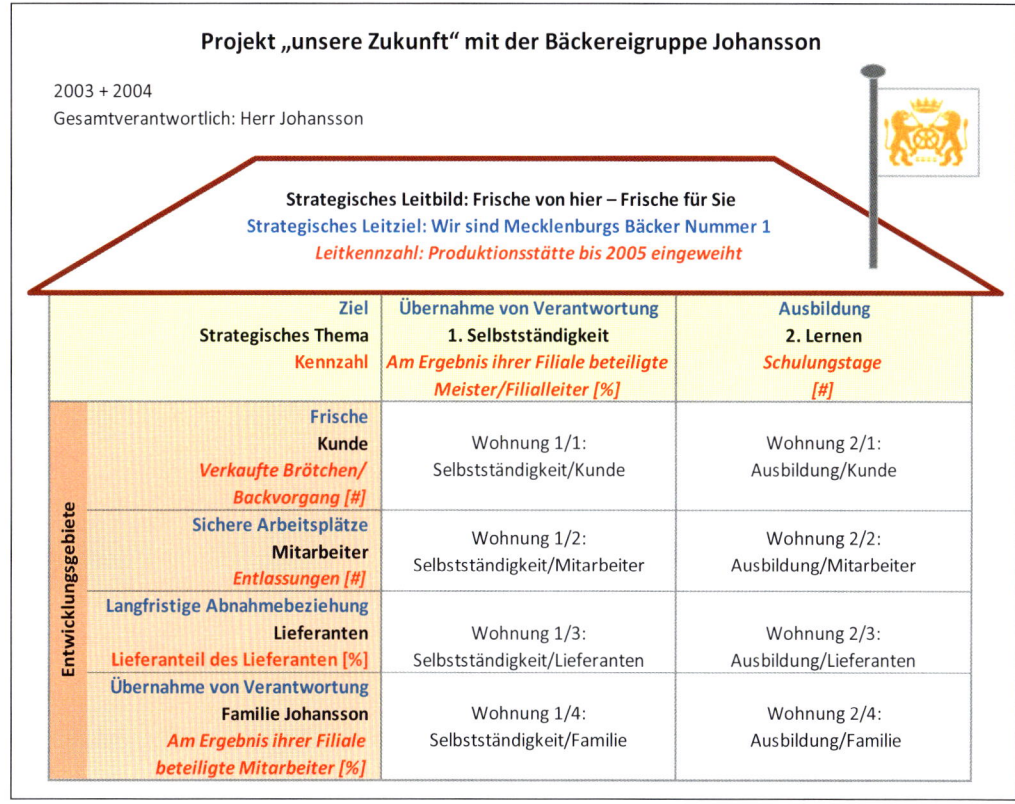

Projekt „unsere Zukunft" mit der Bäckereigruppe Johansson

2003 + 2004
Gesamtverantwortlich: Herr Johansson

Strategisches Leitbild: Frische von hier – Frische für Sie
Strategisches Leitziel: Wir sind Mecklenburgs Bäcker Nummer 1
Leitkennzahl: Produktionsstätte bis 2005 eingeweiht

	Ziel **Strategisches Thema** *Kennzahl*	**Übernahme von Verantwortung** **1. Selbstständigkeit** *Am Ergebnis ihrer Filiale beteiligte* *Meister/Filialleiter [%]*	**Ausbildung** **2. Lernen** *Schulungstage* *[#]*
Entwicklungsgebiete	Frische **Kunde** *Verkaufte Brötchen/* *Backvorgang [#]*	Wohnung 1/1: Selbstständigkeit/Kunde	Wohnung 2/1: Ausbildung/Kunde
	Sichere Arbeitsplätze **Mitarbeiter** *Entlassungen [#]*	Wohnung 1/2: Selbstständigkeit/Mitarbeiter	Wohnung 2/2: Ausbildung/Mitarbeiter
	Langfristige Abnahmebeziehung **Lieferanten** *Lieferanteil des Lieferanten [%]*	Wohnung 1/3: Selbstständigkeit/Lieferanten	Wohnung 2/3: Ausbildung/Lieferanten
	Übernahme von Verantwortung **Familie Johansson** *Am Ergebnis ihrer Filiale* *beteiligte Mitarbeiter [%]*	Wohnung 1/4: Selbstständigkeit/Familie	Wohnung 2/4: Ausbildung/Familie

Abbildung 16: Das Zukunftshaus der Bäckerei Johansson

Sie sehen zwei Aufgänge, unsere strategischen Themen. Sowie in jeder Etage (Entwicklungsgebiet für gemeinsame Interessen, ‚Stakeholder‘, die Betriebswirtschaftler sagen auch ‚Perspektiven‘) pro Aufgang je eine Wohnung[42]. Wir wollen nun von Ihnen die Wohnungen einrichten, bewohnbar machen lassen. Dafür muss man viel TUN. Und das TUN, die Aktivitäten müssen passen:

- einerseits zum strategischen Thema (vertikal) und
- andererseits zum Entwicklungsgebiet (horizontal).

Jede Wohnung wird also anders eingerichtet – und schön sollen sie alle werden."

In kleinen Gruppen bekamen nun die Bäcker, Bäckereigesellen und Filialleiterinnen die Aufgabe, die Wohnungen mit TUN-Ideen zu füllen. Es war anfangs etwas schwierig, „das Zweidimensionale" (die gleichzeitige Beachtung der Passfähigkeit zu Thema und Entwicklungsgebiet) zu berücksichtigen, aber bereits bei der Übung für die zweite Wohnung klappte es ganz gut. Jede TUN-Idee sollte drei Elemente enthalten:

---

[42] Wenn wir mehr, aber bitte maximal sechs Stakeholder haben, benötigen wir natürlich auch sechs Etagen.

1. **Z**iel: Was ist das Ziel der Aktion?
2. **A**ktion: Was soll ganz konkret getan werden?
3. **K**ennzahl: Mit was für einer Kennzahl lässt sich messen, ob die Aktionsidee umgesetzt wird (eher Frühindikator) oder das Ziel erreicht hat (eher Spätindikator)?

Wir nannten diese TUN-Ideen „ZAK: **Z**iel – **A**ktion – **K**ennzahl" (auf ZAK sein).

Hier sollen aus jeder „Wohnung" ausgewählte ZAKs vorgestellt werden:

- Wohnung: Wohnung 1/1: Selbstständigkeit/Kunde
  Ziel   „Großkunden" (Hotels, Betriebe etc.) betreuen
  Aktion   Im Rahmen eines festgelegten Rahmens dezentral Abnahmepreise aushandeln
  Kennzahl Umsatzanteil Großkunden
- Wohnung: Wohnung 1/2: Selbstständigkeit/Mitarbeiter
  Ziel   Selbstständige Entscheidungen durch Mitarbeiter
  Aktion   Wöchentliche Teambesprechungen pro Filiale/Backstube
  Kennzahl Teilnahmequote
- Wohnung: Wohnung 1/3: Selbstständigkeit/Lieferanten
  Ziel   Bedarfsgerecht bestellen durch Führungskräfte
  Aktion   Abrufverträge aushandeln
  Kennzahl Lieferanteil der Lieferanten mit Abrufaufträgen
- Wohnung: Wohnung 1/4: Selbstständigkeit/Familie
  Ziel   Kommunikation untereinander verbessern
  Aktion   Monatliche Teamsitzung aller Führungskräfte
  Kennzahl Teilnahmequote
- Wohnung: Wohnung 2/1: Ausbildung/Kunde
  Ziel   Großkunden lernen uns kennen
  Aktion   Schnuppertage für Kunden-Mitarbeiter bei uns
  Kennzahl Anzahl beteiligter Kunden-Mitarbeiter
- Wohnung: Wohnung 2/2: Ausbildung/Mitarbeiter
  Ziel   Kennenlernen anderer Produktionsweisen
  Aktion   Azubis/Gesellen arbeiten in anderen Backstuben der Gruppe
  Kennzahl Anzahl beteiligter Azubis
- Wohnung: Wohnung 2/3: Ausbildung/Lieferanten
  Ziel   Kenntnis Lieferanten
  Aktion   Azubis/Verkäufer arbeiten für 1 Woche bei Lieferanten mit
  Kennzahl Anzahl beteiligter Azubis

- Wohnung: Wohnung 2/4: Ausbildung/Familie

  Ziel Betriebswirtschaftlichen Sachverstand im Unternehmen haben

  Aktion Suchen und Einstellen eines Betriebswirts mit Bäckereihintergrund

  Kennzahl Eingestellt bis 01.07.2003

Schnell stellten die Filialleiterinnen und die Bäcker beim Nachmittagsspaziergang am eisgefrorenen, aber sonnigen Boltenhagener Strand fest, es geht nicht um große Dinge: „Mit vielen kleinen Schritten erreicht man ein großes Ziel, man muss nur anfangen." Das motivierte und schon am Abend waren die acht Wohnungen mit ZAK-Karten bepflastert. Am Ende des Tages hatten wir 134 ZAKs erarbeitet, die besprochen und dann von allen als sinnvoll erachtet worden sind. Alle haben sich dank der Kleingruppenarbeit an der Ideenfindung und an den Diskussionen beteiligt.

Am nächsten Morgen, wieder zu unchristlichen Zeiten, wurden die ZAK-Ideen zu Projekten zusammengefasst, die von je einem der Seminarteilnehmer betreut werden sollten. Folgende sieben[43] Projekte waren es:

- Projekt 1:

  Ziel Aufbau dezentraler Entscheidungsstrukturen

  Projektname: Dezentral

  Kennzahl Anteil Unternehmensbereiche, die nach erfolgter Ausbildung „entscheidungsfähig" sind

- Projekt 2:

  Ziel Was wird zentral entschieden?

  Projektname: Zentrale Festlegungen

  Kennzahl Zentrale Regelungen sind festgeschrieben – Termin 30.06.2003

Projekt 1 und 2 gehören gewissermaßen zusammen. In einem Unternehmen müssen manche Dinge zentral, übergreifend festgelegt werden. Sonst tut jeder seins. Aber der Zusammenhalt in einer Gruppe bringt viele Vorteile, die jedoch durch gemeinsame Arbeit gesichert werden müssen. Damit diese Festlegungen nicht als Zwang, sondern als Unterstützung der gemeinsamen Arbeit verstanden werden, müssen die Vorteile des „Gemeinsamen" aufgeschrieben, kommuniziert und miteinander abgestimmt werden.

---

[43] In 90 % alles BSC-Projekte liegt die Anzahl der angedachten Projekte bei 7, der Miller´schen „magischen" Zahl. Mehr und amüsant dazu unter
http://www.kommdesign.de/texte/gedaechtnisspanne.htm

Im Projekt 1 sollen erst einmal die Grundlagen gelegt werden, dass dezentral entschieden werden kann. Dies geschieht insbesondere durch ein Ausbildungsprogramm für jede Führungskraft und deren jeweilige Vertreter.

Das Ziel beider Projekte läuft auf Folgendes hinaus: Jede Filiale wird eigenverantwortlich von den Mitarbeitern betrieben. Einige wenige Dinge wie Auftreten, Bekleidung, Öffnungszeiten, Ausbildung, das Qualitäts- und das ganze Finanzwesen sollen zukünftig zentral entschieden und unterstützt werden – heute würde man von „Corporate" sprechen. Um alles andere kümmern sich die Mitarbeiter vor Ort, und nicht immer der jeweilige Meister oder Geselle; manchmal sollen auch clevere Verkäuferinnen Verantwortung übernehmen: Arbeitszeitregelung für die Mitarbeiter, Wareneinkauf aus der Gruppe und von extern – ja, manche sprachen von der Möglichkeit, auch woanders Torten zu kaufen! Jede Filiale soll später täglich eine Umsatzstatistik und monatlich einen knappen Ergebnisbericht erhalten und so eigenverantwortlich handeln können.

- Projekt 3:

  Ziel   Kennenlernen der Vorprodukte wie auch der im Unternehmen angewandten Produktionsverfahren

  Projektname: Produktkenntnis

  Kennzahl   Anzahl Mitarbeiter, die zeitweise an anderer Stelle mitarbeiten

- Projekt 4:

  Ziel   Aufbau enger Beziehungen zu den wichtigsten Kunden

  Projektname: Kundenkenntnis

  Kennzahl   Anzahl Kundentreffen

- Projekt 5:

  Ziel   Alle Unternehmensbereiche verhalten sich unternehmerisch

  Projektname: Führung im Team

  Kennzahl   Anteil Unternehmensbereiche mit dezentralen Wochenbesprechungen

- Projekt 6:

  Ziel   Aufbau betriebswirtschaftliches Know-how

  Projektname: Betriebswirtschaft

  Kennzahl   Anzahl Teilnehmer an betriebswirtschaftlichen Schulungen

- Projekt 7:

  Ziel   Vorbereitung für den Einsatz neuer Backtechniken

  Projektname: Backtechnik

  Kennzahl   Anzahl Gespräche mit Techniklieferanten

Die Workshopteilnehmer hatten sich eine Menge vorgenommen, aus Sicht der Moderatoren viel zu viel für ein bis zwei Jahre. Daher wurden sie gebeten, die Projekte zu bewerten: Welches sollte unverzüglich angegangen, welche später bearbeitet werden? Jeder der 15 Teilnehmer hatte drei Stimmen. Das Ergebnis wurde beim Kaffeetrinken intensiv und kontrovers diskutiert – aber es war ihre Entscheidung:

- Projekt 1: Dezentral   12 Stimmen
- Projekt 2: Zentrale Festlegungen   9 Stimmen
- Projekt 3: Produktkenntnis   4 Stimmen
- Projekt 4: Kundenkenntnis   6 Stimmen
- Projekt 5: Führung im Team   6 Stimmen
- Projekt 6: Betriebswirtschaft   3 Stimmen
- Projekt 7: Backtechnik   5 Stimmen

Als es daran ging, die Projektverantwortlichen festzulegen, platzte Herrn Johansson der Kragen: „Wie glaubt ihr eigentlich, soll eine dezentrale Führung ohne betriebswirtschaftliches Wissen aufgebaut werden? Wir befinden uns seit 13 Jahren in der Marktwirtschaft – und das ist Markt gepaart mit wirtschaftlichem Sachverstand. Ich bekenne: Ich bin da noch recht unbedarft und darf vielleicht auch sagen, Ihr auch! Also für mich ist das Projekt 6 Betriebswirtschaft ‚unverzichtbar' gesetzt. Und ich werde mich dafür verantwortlich zeigen."

Betretenes Schweigen. Aber Herr Johansson ist ja nicht nur der Inhaber, er hat ja auch ein klein bisschen recht. Und mit der Aufforderung der Moderatoren, lieber klein anzufangen, wollte man sich nun bis Ende 2003 mit den drei Projekten

- „dezentral",
- „zentrale Festlegungen" und
- „Betriebswirtschaft"

beschäftigen.

Der Rest sollte in 2004 angegangen werden. Projektleiter für die zentralen Festlegungen wurde Bäckermeister Fortmann aus Schwerin, das Dezentralprojekt übernahm die Kollegin Merker der Verkaufsfiliale in Grevesmühlen, eine kecke und sehr gestanden wirkende Frau.

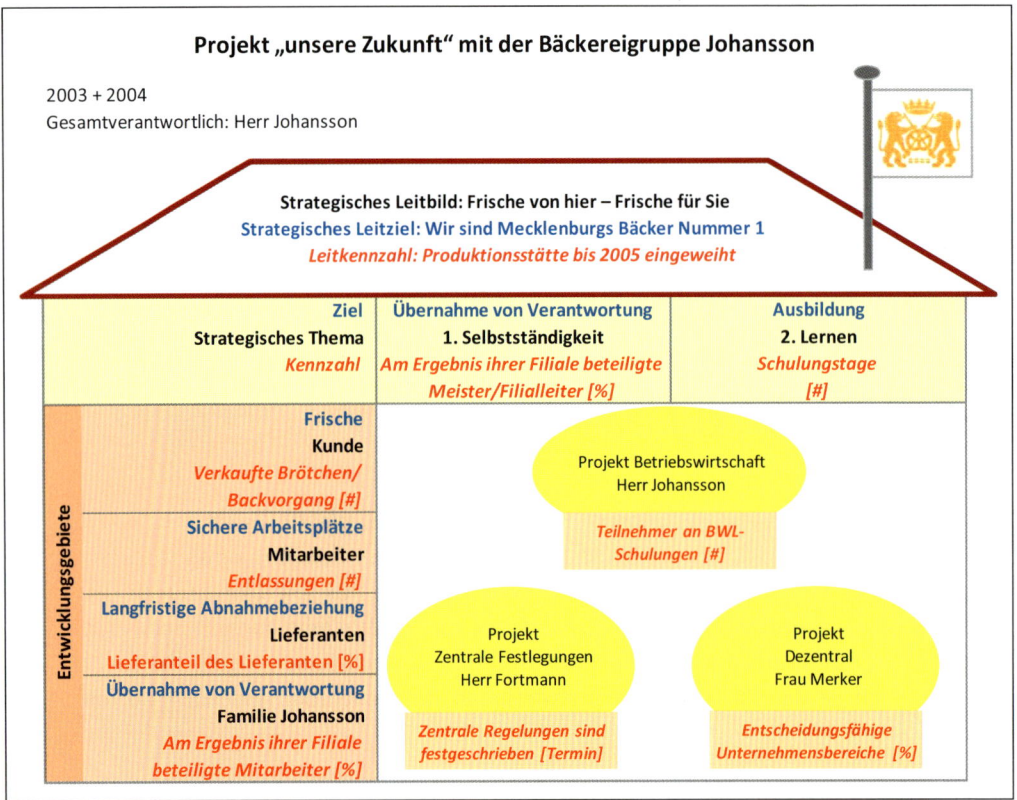

Abbildung 17: Strategische Projekte in 2003/2004

Zwei anstrengende Tage mit rauchenden Köpfen, trotz der lausigen Kälte draußen. Aber nun ging die Arbeit erst los. Arbeit, bei der man von außen nur mit Zureden und guten Worten helfen kann, vielleicht auch mit ordentlich angeleitetem Projektmanagement. Aber schießt man da in diesem Fall nicht über das Ziel hinaus? Wir vereinbarten mit Herrn Johansson und den beiden Projektleitern Quartalstreffen und wollten das ganze Zukunftsteam in einem Jahr wiedersehen.

2.5   BSC-Projektbearbeitung

Bei dem ersten Projekttreffen Anfang Mai 2003 – wie schön kann Deutschland, insbesondere Mecklenburg im Frühsommer nach einem richtig kalten Frühjahr sein – besprachen wir mit den drei Projektleitern das weitere Prozedere. Bis auf das von Herrn Johansson war noch nicht viel für die Projekte getan worden, „die Zeit fehlte einfach", wie Frau Merker sagte. „Wann, glauben Sie denn, haben Sie genug Zeit?" Die Frage wurde mit Schweigen beantwortet. „Nein, dies ist ein Problem der gesamten strategieorientierten Arbeit: Man hat tolle Ideen im Kopf, will umsetzen – aber dann kommt das Tageseinerlei und bestimmt den Alltag", berichteten wir von unserer Erfahrung. „Das ist bei Ihnen nicht anders als in den vielen meist größeren Unternehmen, mit denen wir zusammenarbeiten."

Dies war ja auch der Ansatz von Kaplan/Norton, „to transform strategy into action", dass man durch Kenngrößen dazu angehalten wird, diesen Trott zu durchbrechen, strategische Arbeit als einen Teil der Arbeit zu sehen, der genauso wichtig wie die „operative" Arbeit ist, mit der wir das Geld für die Strategie verdienen. Nur ohne ausreichende Potenziale als Ergebnis der strategischen Arbeit wird es schnell mit dem Geldverdienen nichts mehr werden, dies muss allen Beteiligten klar sein.

„Kennzahlen allein helfen allerdings auch nur wenig. Wir müssen sie mit konsequenter Führungsarbeit verbinden, indem wir uns auf die herausgearbeiteten Schwerpunkte fokussieren und vom Reden endlich ins TUN kommen", fügte Herr Johansson mit Nachdruck an. So haben wir die angedachten Aktivitäten (ZAKs) aller drei Projekte strukturiert und gemeinsam einen Umsetzungsplan erarbeitet und festgelegt, was bis Ende Juni, dem Beginn des touristischen Sommergeschäfts, bearbeitet sein sollte. Beide, Frau Merker wie Herr Fortmann, gingen richtig erleichtert aus dieser Beratung, wussten sie doch nun, der Chef steht dahinter, sie konnten Mitarbeiter aus anderen Bereichen mit Unterstützung und in Absprache mit den Bereichsverantwortlichen mit auf die Reise nehmen (d. h. einspannen).

Herr Johansson berichtete, dass er in Gesprächen mit zwei Kandidaten war, die das betriebswirtschaftliche Gewissen des Unternehmens werden sollten. Er hatte sich noch nicht entschieden, ob er den sicher „besseren" jungen Mann aus Hamburg, Sohn eines bekannten Bäckereiunternehmers, oder die bodenständige, junge Frau aus Wismar einstellen sollte, die ihr BWL-Examen in Bamberg nicht gerade grandios abgeschlossen hatte, aber so gern in die Heimat zurückwollte.

Abschließend fragte Herr Johansson noch nach dem „Messen mit Kennzahlen": „Wann kommt das denn?" „Lassen Sie uns das doch zum Thema des nächsten Treffens im September machen, wenn sich auch ‚das betriebswirtschaftliche Gewissen' eingearbeitet hat …"

2.6 Strategieumsetzung messen: die Berichts-Scorecard

„Wir wollen Sie nicht mit allzu viel Arbeit belasten", so begannen wir diesen Tag. Aber erst einmal stellte sich Frau Dörp aus Schaddingsdorf vor, einem kleinen Nest nahe Rehna, das ja auch nicht jedem bekannt ist – also knapp 40 km westlich von Schwerin. Sie hatte sich nach der Bäckerlehre in Rehna wegen einer Roggenmehlallergie umschulen lassen müssen. Die Berufsgenossenschaft unterstützte sie auch finanziell und sie konnte ein BWL-Studium aufnehmen – und abschließen. Obwohl sie zum Studium sagte: „Ich bin keine Theoretikerin, das Praktische macht mir doch viel mehr Spaß." Jetzt freute sie sich auf die Chance, als Betriebswirtin in ihrer geliebten Branche arbeiten zu können. Praktische Erfahrungen hatte sie in mehreren Praktika gewonnen, die sie meist in kleineren Unternehmen anderer Branchen abgeleistet hatte.

Nun saßen wir zu sechst, Frau Dörp, Frau Merker, Herr Fortmann sowie Herr Johansson und wir, die beiden Moderatoren, zusammen und diskutierten, welche Kennzahlen für das Unternehmen wichtig seien. Zum Start wollten wir klein beginnen, noch kein „Berichtswesen" aufbauen. „Aber wozu haben wir denn in den Workshops immer so viele Kennzahlen erarbeiten müssen?", fragte Frau Merker.

„Erinnern Sie sich an das ZAK der Wohnung:

- Wohnung 1/1: Selbstständigkeit/Kunde mit

Ziel	‚Großkunden' (Hotels, Betriebe etc.) betreuen
Aktion	Innerhalb festgelegter Rahmen dezentral Abnahmepreise aushandeln
Kennzahl	Umsatzanteil Großkunden?

Die gewählte Kennzahl zeigt, worum es Ihnen geht: ‚Betreuung' hat das eigentliche Ziel, Umsatz zu generieren. Würde es nur um ‚Betreuung' gehen, wäre eine Kennzahl ‚Anzahl Gespräche' sicher zielführender. Durch die Kennzahl wird also klarer, worum es eigentlich geht.

Sie könnten auch das Aushandeln messen (Anzahl der Hotels etc., mit denen Sie verhandelt haben) – das wäre eher ein Frühindikator für die Zielerreichung, der sagt, Sie haben mit der Arbeit begonnen. Sie können aber auch das Ergebnis messen, dass nämlich der Umsatz dieser Kunden gewachsen ist. Wir empfehlen hier, ‚balanced' vorzugehen, einmal Frühindikation, einmal mit einem eher späten Indikator. Je nach Situation. Die Definition der Kennzahl hilft also, Klarheit über das Ziel einer Aktivität zu erreichen.

Als wichtig erachten wir auch, was die Datenerfassung kostet: Der Umsatz der Großkunden, also derer, denen Sie eine meist wöchentliche Rechnung schreiben, ist bekannt. Die Anzahl der Gespräche müssen Sie erst erfassen, das kostet. Manchmal sollte man sich den Aufwand leisten – aber immer?"

„Machen wir es doch möglichst einfach. Welche Zahlen benötigen Sie monatlich und welche haben Sie bereits?"

Die Sammlung ergab eine klassische GuV, getrennt pro Betrieb:

- Umsätze, getrennt nach Warengruppen (1. Backwaren, 2. Kuchen, 3. Torten, 4. andere Lebensmittel, 5. Zeitungen/Zeitschriften, 6. andere Produkte mit vollem Mehrwertsteuersatz, 7. Café- und Imbissbetrieb) – diese Zahlen lagen sogar täglich vor.

- Wareneinsatz – aber ohne Bestandsveränderungen
- Mitarbeiterkosten
- Diverse Sachkostenkonten

„Dies sind die ‚operativen' Kenngrößen – welche strategischen glauben wir denn monatlich oder wenigstens quartalsweise zusätzlich beachten zu müssen? Die Leit-kennzahl ‚neue Produktionsstätte bis 2005 eingeweiht' ist Signal, so aber schlecht regelmäßig messbar, also ein klassischer Spätindikator – oder sogar ‚Zu-spät-Indikator'! Unsere strategischen Themen ‚Selbstständigkeit' und ‚Ausbildung' führ-ten zu drei wohl schon begonnenen (?) Projekten, deren Arbeitsergebnisse bzw. Resultate wir in Messgrößen wiederfinden sollten."

Aber welche Kennzahlen für die drei Projekte – die bis auf das Projekt „Betriebswirt-schaft" eben noch nicht begonnen wurden – konnte man nutzen? In allen drei Pro-jekten ging es um die Bildung von Grundlagen, es sollten Stück für Stück kulturelle Veränderungen eingeführt werden: Entlastung von Herrn Johansson durch klare, auf Kommunikation basierende Entscheidungsstrukturen, mehr Kundenorientierung durch dezentrale, aber auch betriebswirtschaftlich ausgerichtete Entscheidungsstruk-turen.

Ziel	Projekt	*Kennzahl*
kfm. Wissen dezentral nutzen	Betriebswirtschaft	*Schulungstage Mitarbeiter [#]*
Festlegungen für alle treffen	Zentrale	*an Diskussionen beteiligte MA [#]*
Kundenorientierung ausbauen	dezentral	*Filialen mit Teambesprechung [%]*

Man einigte sich erst einmal auf zwei möglichst „einfache" Kennzahlen, die die Fort-schritte in der Projektarbeit abbilden sollen, wohlwissend, dass diese noch nicht in Stein gemeißelt sind:

- Fortbildungstage [#]
- Teambesprechungen [% der Filialen]

„Sind das denn richtige Kennzahlen?", fragte Herr Johansson, der von einem Kenn-zahlenseminar berichtete, dem er vor Kurzem beigewohnt hatte. „Das kommt darauf an! Keine Kennzahl ist nie oder immer richtig. Entscheidend ist das Ziel, denn ohne Ziel ist jede Kenngröße falsch. Wozu etwas messen, wenn es kein Ziel gibt? Und welche Ziele verfolgen wir mit unseren strategischen Projekten? Diese Ziele haben wir gemeinsam diskutiert und uns auf sie geeinigt. Ob die heute gemeinsam ange-dachten Kenngrößen die ‚richtigen' sind, wird sich zeigen. Nach unserer Erfahrungen trifft nur gut die Hälfte aller einmal festgelegten Kennzahlen den Nerv der Menschen – darum geht es.

Wir haben z. B. den Ansatz gewählt, über Teambesprechungen in den Verkaufsfilialen zu mehr Kundenorientierung zu kommen. Ist der Ansatz falsch, dann natürlich auch die Kennzahl *Anteil der Filialen mit Teambesprechung.* Wird in diesen Teambesprechungen über alles andere diskutiert, dann erübrigt sich die Kennzahl. Es besteht also die Aufgabe, die Filialleiterinnen zu schulen, Teambesprechungen als nützlich für die eigene Arbeit anzusehen und bei allen Teamtreffen das Thema ‚Kunden' anzusprechen. Das wäre strategisch orientierte Konsequenz.
Ähnlich verhält es sich mit der Idee, betriebswirtschaftliches Know-how bei allen Mitarbeitern so zu verankern, dass sie dezentrale Entscheidungen auch unter kaufmännischem Aspekt treffen. Wird auf Schulungen Stricken gelernt, mag das für manche interessant sein, ist aber kaum dem Ziel dienlich. Die Kennzahl *Anzahl Schulungstage* ist also nur dann sinnvoll, wenn man auch entsprechende Schulungen durchführt …“

So wurde für 2004 eine Berichts-Scorecard für die Bäckereigruppe Johansson erarbeitet, die Frau Dörp allen Teams inhaltlich erläutern und mit ihnen monatlich besprechen sollte. Für die jeweiligen Teams sollten im Laufe des kommenden Jahres auch „Filial-Scorecards" erarbeitet werden, die dann spezifische Ziele und Informationen der jeweiligen Filiale abbilden sollen.

„Eine Berichts-Scorecard", erläuterten wir, „soll den nicht direkt an der Strategieerarbeitung und -umsetzung Beteiligten die Verbindung zwischen strategischem TUN zur Potenzialentwicklung und operativer Nutzung dieser Potenziale aufzeigen. Wir sollten versuchen, mit möglichst wenigen Kenngrößen auszukommen, dafür aber Verantwortlichkeiten eindeutig adressieren. Wie in jedem Controllingbericht geht es nicht nur um die Ergebnisse des laufenden Monats bzw. Quartals (1), sondern auch um das Aufzeigen der Erwartung für das Jahresende (2).

Das wichtigste ist aber die Analyse der Istsituation (3) und daraus abgeleitet die vorgenommenen oder geplanten Aktivitäten (4). Und es gibt immer auch angedachte Maßnahmen, für die die Entscheidung anderer notwendig ist (5). Die Berichts-Scorecard ist eine Weiterentwicklung des sogenannten 4-Fenster-Berichtswesens der Controller Akademie[44].“

Mit dieser Berichtsstruktur erarbeiteten wir die Berichts-Scorecard für die Bäckereigruppe Johansson:

---

[44] Aus: Controlling Leitlinie, Controller Akademie, Gauting 2012, S. 48.

Berichts-Scorecard						Bäckereigruppe Johansson					
per:	01.04					Gesamtverantwortlich: Johansson					
1. aktuelle Zahlen						**2. Erwartung**					
Produkte/Ergebnis	verantw.	Plan per 01.04	Ist per 01.04	Abweichungen zum Plan		Jahres-plan	Erwartung dieses Quartal	Erwartung restliche Zeit	Erwartung Ist Jahresende	Abweichungen zum Plan	
					in %						in %
1. Umsatz gesamt (T€)	Johansson	700	678	− 22	− 3	8.500	2.050	6.800	8.850	350	4
1.1 Umsatz Backwaren (Eigenprod.)		380	340	− 40	− 11	4.900	1.065	3.800	4.865	− 35	− 1
1.2 Umsatz Kuchen (Eigenprod.)		70	82	12	17	900	250	650	900	0	0
1.3 Umsatz Torten (Eigenprod.)		50	73	23	46	700	200	650	850	150	18
1.4 sonstige Lebensmittel		40	42	2	5	200	125	200	325	125	38
1.5 Zeitungen erm. MwSt.		35	45	10	29	400	110	400	510	110	22
1.6 diverses volle MwSt.		45	28	− 17	− 38	600	100	400	500	− 100	− 20
1.5 Imbis, Café		80	68	− 12	− 15	800	200	800	1.000	200	20
2. Ergebnis gesamt (T€)	Johansson	33	35	2	6	500	125	390	515	15	4
2.1 Ergebnis direkter Verkauf		25	28	3	12	400	100	300	400	0	0
2.2 Ergebnis Großkunden		8	7	− 1	− 13	100	25	90	115	15	13
2.3 Ergebnis Produktion (nicht addieren)		8	4	− 4	− 50	100	20	60	80	− 20	− 25
3. Fortbildungen (#Tage)	Merker	30	18	− 12	− 40	250	100	150	250	0	0
4. Team-Besprechungen (%)	Dörp	10	5	− 5	− 50	90	15	75	90	0	0
5. Aufträge gesamt (#)	Merker	50	42	−8	−16	600	120	480	600	0	0
6. Frische (#)Brötchen	Fortman	200	212	12	6	180	175	175	177	− 3	−2
7. Neue Großkunden (#)	Merker	7	4	− 3	− 43	50	25	35	60	10	17
7.1 für Backwaren (Eigenprod.)	Merker	7	4	− 3	− 43	40	35	15	50	10	20
7.2 für Kuchen (Eigenprod.)	Fortmann	5	2	− 3	− 60	30	30	5	35	5	14
7.3 für Torten (Eigenprod.)	Fortmann	3	1	− 2	− 67	15	12	8	20	5	25

3. Probleme für die Zielerreichung

1. Gerade wegen des dürftigen Starts der Backwaren müssen wir uns voll auf den touristischen Sommer ausrichten.
   Nicht erklärlich das starke Wachstum bei den Torten - falsch geplant?
   Oder den Winter-Geschmack der Kunden getroffen?
   Sollten wir den Verkauf sonstiger Produkte einstellen und uns auf unser Stammgeschäft konzentrieren?
2. Der Großkundenumsatz muss durch Intensivierung des Vertriebs angekurbelt werden.
   Das Thema Produktion ist bekannt – wir müssen uns da grundsätzlich Gedanken machen! Aber die Abweichung ist absolut recht gering ...
3. Die ruhige Zeit des Januars konnte leider nicht für Fortbildungen genutzt werden --> Februar und März sollten besser werden!
4. Wir starten erst mit Teambesprechungen; es wird sicher besser!
6. Toll die von Herrn Fortmann initiierte interne Frischekampagne mit guten Ergebnissen. Im Sommer werden wir das nutzen können.
7. Vertrieb muss ausgebaut werden!

4. eingeleitete Maßnahmen — **zuständig**

1. Kundenumrage zu Torten machen.
3. Betriebswirtschaftliche Fortbildungsrunde aufbauen und bei Mitarbeitern verkaufen. — Merker
4. Weitere Besprechungsrunden intiieren.
6. Neue Öfen für Schwerin und Wismar bis 30.04.14. — Dörp / Fortmann
7. Mitarbeiterin zur Großkundenbetreuung einstellen bis 01.04.2004. — Merker

5. Entscheidungbedarf — **zuständig**

1. Werbeaktion Küste 30 T€ — Johansson
2.1 Suche nach Standort für neue Produktion — Fortmann

Abbildung 18: Berichts-Scorecard Bäckereigruppe Johansson 2004

Ein nächstes Abstimmgespräch „wir schaffen das schon allein" wurde für Mitte 2004 verabredet – wir waren sehr gespannt, wie konsequent man die vereinbarten strategischen Aktivitäten umsetzen würde … so richtig gestartet war man aus unserer Sicht noch nicht.

2.7   BSC-Aktualisierung 2004

Es hat sich ausgezahlt: Nicht eine Balanced Scorecard aus dem Fachbuch entwickeln, sondern mit und für die Menschen vor Ort! Die Mitarbeiter der Bäckereigruppe Johansson haben ‚ihre' Scorecard angenommen – dank Frau Dörp verstanden, dank vieler Teambesprechungen auch mit Leben erfüllt. Die Einfachheit der gemeinsam festgelegten Aktivitäten/strategischen Projekte und die darauf abzielenden Kennzahlen haben konsequentes Umsetzen ermöglicht. Treiber dieses Prozesses waren die beiden Damen, Frau Dörp und Frau Merker, die sich voll engagiert und es als ihre Aufgabe angesehen hatten, Zukunft mit der BSC zu leben. Und vielleicht lag es auch ein bisschen an dem „Donnerwetter", das wir Moderatoren im September 2003 losgelassen hatten, als doch recht zäh mit der Umsetzung begonnen wurde.

Das Sommergeschäft war vorbei, es lief wieder ruhiger an der Küste. Und erste Prognosen von Frau Dörp – was hatte sie alles aufgebaut! – signalisierten, dass das Umsatzziel 2004 wohl erreicht werden würde. Sehr positiv haben sich die Großkunden – Anzahl und Umsätze – entwickelt; die Einstellung von zwei Vertriebsmitarbeiterinnen hatte sich voll ausgezahlt.

Auch die Schulungen der Mitarbeiter und die darauf basierenden Teambesprechungen liefen gut an, da hatte sich Frau Merker hineingekniet und zudem erfolgreich bei ihren Kolleginnen dafür geworben, nach erfolgter Ausbildung wöchentlich einmal für eine Stunde im Team zusammenzusitzen und zu überlegen, was man in der kommenden Woche besser machen könnte.

Nicht so glücklich war man mit der Suche nach neuen Produktionsmöglichkeiten: Zwar wurden im Frühjahr zwei neue Öfen aufgestellt/eingebaut, aber dies löste nur einen Teil der Produktionsprobleme – es fehlte einfach an Platz. Eine neue Produktionsstätte musste her! So einigte man sich für 2005 neben dem Thema „Selbstständigkeit" aus 2003 auf ein weiteres strategisches Thema, um das weiterhin bestehende Leitziel „Mecklenburgs Nr. 1" zu werden, nicht aus dem Auge zu verlieren:

| Für 2005 | | |
Ziel	Strategisches Thema	*Kennzahl*
Übernahme von Verantwortung	Selbstständigkeit	*Meister/Filialleiter die am Ergebnis ihrer Filiale beteiligt sind* [%]
Produktionskapazität erweitern	neue Produktionsanlage	*diskutierte mögliche Bauplätze* [#]

Bei den Entwicklungsgebieten wurden Veränderungen gegenüber 2003/2004 nur bei der Kennzahl für das Entwicklungsgebiet Mitarbeiter diskutiert:

| Für 2005 | | |
Ziel	Entwicklungsgebiet	*Kennzahl*
Frische	Kunden	*verkaufte Brötchen/Backvorgang [#]*
Sichere Arbeitsplätze	Mitarbeiter	*Umsatz/Mitarbeiter [#]*
Langfristige Abnahmebeziehungen	Lieferanten	*Lieferanteil des Lieferanten [%]*
Übernahme von Verantwortung	Familie Johansson	*Mitarbeiter, die am Ergebnis ihrer Filiale beteiligt sind [%]*

Wie kam man auf die Kenngröße „Umsatz/Mitarbeiter"? Frau Dörp führte die Diskussion mit dem Argument, dass in den letzten Jahren aufgrund des steten Wachstums keine Entlassungen vorgenommen worden sind. Und wenn diese Entwicklung anhält, sind auch nur Kündigungen wegen „Griff in die Kasse" oder „geklauter silberne Löffel" ein Thema. Auch die Azubis könnten sicher sein, nach Erhalt des Gesellenbriefes übernommen zu werden – welche Aussichten! Aber alle sollten stets im Auge behalten, dass dies nur möglich sein wird, wenn der Umsatz pro Mitarbeiter signifikant steigt. Nur dann wären auch Lohnsteigerungen realistisch.

Diese Argumentation, basierend auf eigentlich operativen Zielen, überzeugte alle; man hatte verstanden – wobei dieses Verständnis für den Zusammenhang zwischen operativem und strategischem Geschäft das strategische Ziel darstellte. Und als Herr Johansson mit der Entscheidung nachlegte, dass er alle Gewinne über 150 T€ ins Unternehmen reinvestieren wollte, war der Weg frei für eine erneute Sammlung von ZAKs – Aktivitäten, die man sich für das kommende Jahr vornehmen wollte.

Ein weiteres Problem ergab sich aus den beiden vergangenen Jahren, in denen notwendige zentrale Festlegungen nicht erarbeitet worden waren. Herr Fortmann hatte sich zu wenig um dieses Projekt gekümmert, nun hingen die Filialen und jeder versuchte so gut als möglich, seinen Aufgaben nachzukommen. Dadurch entstanden viele Reibungen, das Klima im Unternehmen litt und Herr Johansson musste des Öfteren Feuerwehr spielen, um die Gemüter zu beruhigen. Man beschloss, dieses Projekt zukünftig Frau Dörp anzuvertrauen – sie kam zudem sehr gut mit Frau Merker aus, die das ‚Dezentral'-Projekt bestens aufgesetzt hatte. Auch sollte – aus Erfahrung wird man klug – die entsprechende Kenngröße in die Berichts-Scorecard aufgenommen werden.

Herr Fortmann sollte sich zukünftig ausschließlich um das Projekt „Produktionskapazität" kümmern – seine ureigene Domäne als Leiter einer Produktionsstätte, daher wurde das strategische Thema zu einem sofort umsetzbaren Projekt erhoben. „Muss ich nun ein strategisches Thema ‚neue Produktionsanlage' sowie ein Projekt ‚neue

Produktionsanlage' parallel bearbeiten?", fragte er etwas verunsichert. „Nein, das Projekt resultiert aus der vorherigen Entscheidung für dieses besonders wichtige Thema einer Kapazitätserweiterung. Aber wir haben für Ihre Unterstützung zwei unterschiedliche Kenngrößen, die Ihnen helfen sollen, den Fortgang der Arbeiten einzuschätzen:

- Diskutierte mögliche Bauplätze (ein sehr früher Indikator!)
- Gespräche mit Fachleuten

Beide Indikatoren geben frühzeitig an, ob Sie auf dem richtigen Weg sind." Er war über diese Entscheidung richtig erleichtert – eine Last war von ihm abgefallen.

Im Ergebnis hat man sich für 2005 auf (nur) zwei Projekte geeinigt:

Für 2005		
Ziel	Projekt	*Kennzahl*
Festlegungen für alle treffen	Zentrale	*an Diskussionen beteiligte Mitarbeiter [#]*
Produktionskapazität erweitern	neue Produktionsanlage	*Gespräche mit Fachleuten [#]*

Eines haben wir aus den letzten beiden Jahren gelernt: Es wird wahrscheinlicher, dass die Umsetzung konsequent betrieben wird, wenn sich einerseits die verantwortlichen Mitarbeiter mit einem Projekt, einer Aufgabe wirklich identifizieren und wenn andererseits Kennzahlen die Umsetzung (indirekt) unterstützen, indem sie helfen, die Aufmerksamkeit der Führungskräfte zu fokussieren.

Und es ist immer förderlich, wenn es einen „Wadenbeißer" gibt, der auf Abweichungen vom Ziel hinweist. Um die Strategiearbeit mehr im Unternehmen zu verbreiten, wurde auch beschlossen, das Haus „unsere Zukunft" für alle Mitarbeiter im Unternehmen alle drei Monate mit der Gehaltsabrechnung zu versenden. Frau Dörp bekam zusätzlich die Aufgabe, in ihren Dienstberatungen[45] den Mitarbeitern dieses „Haus unsere Zukunft" zu erläutern. Und ganz nebenbei: Herr Johansson bat sie zudem, doch alle strategischen Aktivitäten verantwortlich zu koordinieren – so konnte er sich mehr um die noch fernere Zukunft kümmern …

---

[45] „Dienstberatung" ist in vielen Unternehmen Ostdeutschlands der geläufige Begriff für Besprechung.

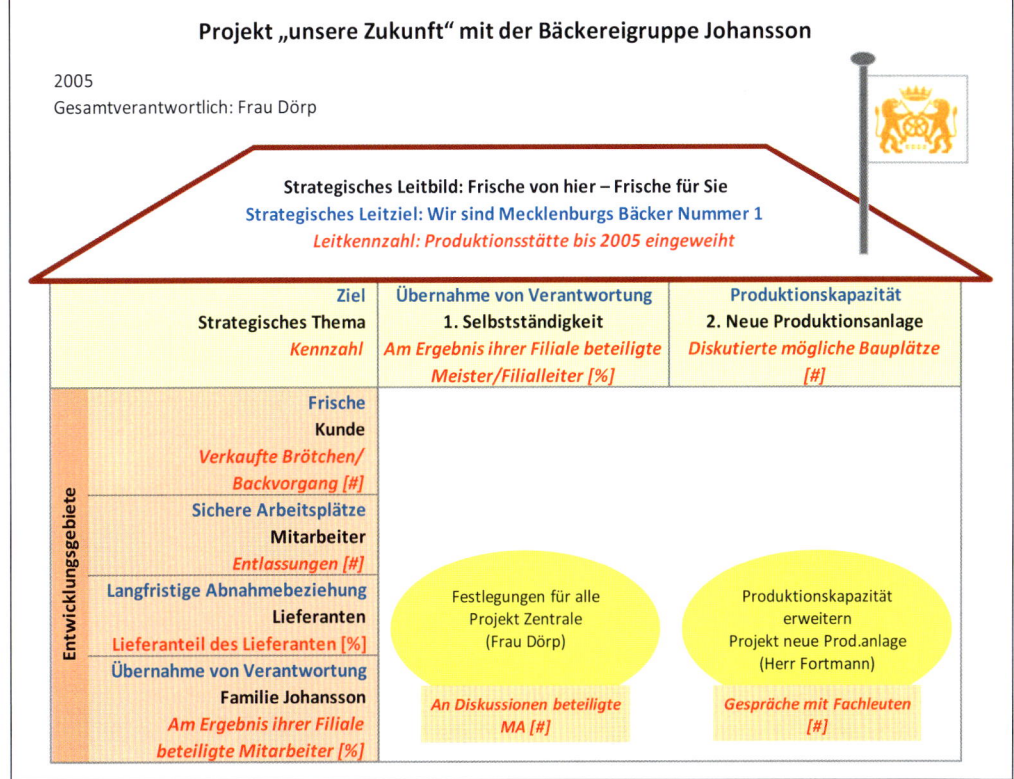

Abbildung 19: Haus der Zukunft 2005

Beim Verabschieden nahm uns Herr Johansson zur Seite: „Ich habe kürzlich gelesen, dass eine BSC ca. 20 Kennzahlen umfassen sollte – und damit ebenso viel Projekte – ist es nicht ein bisschen wenig, was in unserer Balanced Scorecard steht?"

„Natürlich können wir uns Unternehmen vorstellen, die 10, 20 strategische Projekte parallel stemmen, aber um ein Projekt richtig abzuwickeln, benötigt man Zeit. Je größer das Projekt, umso mehr Zeit – und übrigens auch Geld. Die Bäckereigruppe Johansson hat jetzt rund 100 Mitarbeiter, die meisten davon im Verkauf, lediglich ein halbes Dutzend in der Verwaltung. Wer soll das bewältigen? Wir haben doch bei Herrn Fortmann gesehen, dass er zusätzlich zu seiner Backstube nicht noch viel anderes nebenher machen kann. Resultat: Das Projekt ‚Zentrale' kam nicht voran und auch beim Thema ‚Ausbau der Produktionskapazitäten' hat sich bislang nicht viel getan.

Herr Johansson, lieber wenig und das richtig! Der Philosoph Hegel soll einmal gesagt haben ‚Wer etwas Großes will, der muss sich zu beschränken wissen; der dagegen alles will, der will in der Tat nichts und bringt es zu nichts'. Uns ist lieber, wir nehmen uns wenig vor – und tun dies mit Konsequenz. Und: Keiner hindert uns, neue

Pläne zu machen, wenn die beabsichtigten Veränderungen früher als gedacht erfolgreich eingeführt sind …"

Wir verließen Boltenhagen mit der Gewissheit, die Bäckereigruppe Johansson bewegt sich in den nächsten Jahren schneller – und erfolgreicher!

2.8   Auf gutem Weg 2005–2007

In 2005 telefonierten wir einige Male mit Schwerin und hörten von Frau Dörp wie auch von Herrn Johansson, dass man auf gutem Weg sei.

Im Rahmen des Projekts „Zentrale" wurde in vielen Diskussionen mit den Filialleiterinnen wie auch den verantwortlichen Bäckermeistern festgelegt, welche Freiheiten diese in ihrem Bereich bekamen. Und welche Verantwortlichkeit damit verbunden sei. Für 2006 wurden Zielvereinbarungen geschlossen, so dass jeder Bereichsleiter wusste, welchen Beitrag er für die Gruppe leistet, aber auch, was er von der Gruppe zu erwarten hat.

Das Projekt „neue Produktionsanlage" nahm Fahrt auf, da die Produktionskapazitäten durch die Übernahme von zwei weiteren Verkaufsfilialen noch stärker ausgelastet waren. Herr Johansson erkannte die Überlastung von Herrn Fortmann, der schon im operativen Geschäft unterging und klinkte sich in das Produktionsprojekt ein, führte viele Gespräche, besuchte zusammen mit Herrn Fortmann im Herbst die Kölner Ernährungsmesse Anuga, um Backwaren-Produktionsanlagen in Augenschein zu nehmen.

Ein geeignetes Grundstück wurde im Spätsommer gefunden, die Baupläne lagen im Oktober 2005 vor – aber für die Genehmigungen brauchte es doch seine Zeit. Im Mai 2006 endlich konnte die neue Produktion eingeweiht werden. Hier war es möglich, große Mengen Backrohlinge zu produzieren. Aber im Unterschied zu den meist ausländischen Herstellern wurde nie vorgebacken, sondern der gefrorene Rohling wird erst in der Filiale gebacken – nicht „aufgebacken". So schmeckten die Brötchen der Bäckereikette Johansson (fast) wie früher, kosteten aber in der Herstellung ca. 12 Ct pro Stück weniger als „handgebacken".

„Wir wollen aber nicht mit Billigpreisen den Markt überschwemmen", führte Herr Johansson Ende 2006 aus. „Wir bleiben bei unserem Preisniveau und haben uns vorgenommen, den Rohstoffeinsatzanteil sogar noch zu steigern: Insbesondere bei den Spezialbrötchen wie auch beim Kuchensortiment wollen wir Spitzenqualitäten produzieren und den Kunden dazu animieren, diese zu kaufen. So stellen wir auch fest, dass der Umsatzanteil der einfachen Brötchen sinkt. Qualität macht sich für uns bezahlt – und die können wir uns nur leisten, weil wir in Teilbereichen dank unserer neuen Produktionsstätte die Kosten erheblich senken konnten."

2.9 Ein (zu?) großer Schluck 2008

Anfang 2008 rief Frau Dörp an, ob wir zu einem Gespräch nach Schwerin kommen könnten. Man diskutiere eine größere Akquisition und wolle unsere Meinung dazu hören.

Mit einem kleinen Team, Frau Dörp, Frau Merker, Herr Fortmann, Herr und erstmals auch Frau Johansson, saßen wir zusammen und diskutierten die Chancen und Risiken, wenn das bekannte Bäckereiunternehmen Scheuner aus Wismar übernommen werden würde. Das Unternehmen hatte ein Nachfolgeproblem; der Inhaber Herr Scheuner musste sich aus gesundheitlichen Gründen zurückziehen und suchte nach einem Nachfolger, der den 35 Mitarbeitern eine Zukunft versprechen könne. Die Bäckerei Scheuner mit vier angeschlossenen Filialen war besonders für seine guten Kuchen/Torten bekannt. Aber wie das Zahlenwerk verriet, waren sie wirtschaftlich nicht sehr erfolgreich.

Gemeinsam wurde die Idee ausbaldowert, die vorhandene Backstube Richtung Kuchen- und Tortenproduktion auszubauen und die Produktion auch an die Schwesterfilialen zu liefern. Brötchen und Gebäck für alle Scheuner-Filialen könnten aus der neuen Schweriner Produktion bezogen werden. Dieses Konzept überzeugte den Wismarer Bäckereieigentümer und so konnte sich die Bäckereigruppe Johansson trotz eines erheblich niedrigeren Preisgebots gegen andere Bieter durchsetzen. Zum 01.04.2008 wurde die Bäckerei Scheuner übernommen.

War der Schluck zu groß? Recht verzweifelt meldete sich Herr Johansson bei uns. „Es ist zum Mäusemelken! Alles muss bei den Scheuner-Filialen im Detail angeordnet werden. Keiner denkt mit, keiner engagiert sich. Ich habe zwar Herrn Scheuner im Frühjahr versprochen, alle Mitarbeiter zu übernehmen – aber ich glaube, die Hälfte sollte ich entlassen. Mit denen kann man nicht zusammenarbeiten!" „Kann es sein, dass hier eher ein Kulturproblem vorliegt als ein Nicht-Wollen? Und denken Sie an die Kosten, wenn Sie sich von mehreren Mitarbeitern trennen, die teilweise seit mehr als 15 Jahren bei Scheuner angestellt waren. Wir hätten da eine Idee!"

So kam es, dass Ende 2008 zehn Mitarbeiter aus den Wismarer Scheuner-Filialen und fünf „Johansson-Mitarbeiter" wieder in unserem frisch renovierten „Zukunfts-Hotel" in Boltenhagen für drei Tage zusammensaßen, um gemeinsam Ziele zu diskutieren. Und es zeigte sich rasch, die Scheuner-Leute waren nicht unwillig, auch nicht faul oder inkompetent, sondern furchtsam. Sie trauten dem Frieden nicht und hofften, durch angepasstes Abwarten, durch braves Befolgen von Anordnungen der Zentrale ihren Arbeitsplatz zu sichern. Das war ja nun nicht gerade das Ding von Herrn Johansson: „Ich erwarte von meinen Mitarbeitern selbstständiges Entscheiden; Kundenorientierung kann man nicht zentral steuern, das geht nur im direkten Gespräch!"

„Ja, aber Herr Johansson, wir wissen doch gar nicht, was wir dürfen, wo unsere Befugnisse enden! Und was passiert, wenn wir Fehler machen? Wir sind Bäcker und keine Manager! Herr Scheuner hat jeden Tag, zumindest zweimal die Woche in jeder Filiale nach dem Rechten geschaut und uns angemault, uns ermahnt und den rechten Weg gewiesen. Widerspruch gab es keinen! Er war der Chef."

Das war das Problem! Wir erinnerten Herrn Johansson an die ersten beiden BSC-Projekte „Dezentral" und „Betriebswirtschaft", in denen die Mitarbeiter erstmals mit betriebswirtschaftlichen Fragestellungen konfrontiert wurden. Projekte, in denen mit dem Ziel ausgebildet wurde, dass alle Filialleiterinnen mit ihrem Team die eigene Filiale selbstständig führen können. Und wie lange hatte es gedauert, bis alle den Mut fanden, wirklich selbstständig zu entscheiden.

So wurde der Beschluss gefasst, für die Wismarer Scheuner-Filialen eine „Wismar-Scorecard" zu erarbeiten, damit man Anschluss an die erfolgreiche Johansson-Gruppe findet. Ziel war es, den Mitarbeitern eine gemeinsame Zukunft in der Bäckereikette Johansson aufzuzeigen: Dazu sollten Projekte dienen, in denen Mitarbeiter aus der Johansson-Gruppe mit Kollegen aus den Scheuner-Filialen zusammenarbeiten. Oberstes Ziel aller angedachten Aktivitäten war es, die Arbeitsplätze, die Zukunft der Mitarbeiter zu sichern durch ein Aufschließen an die erreichte Produktivität der Johansson-Gruppe.

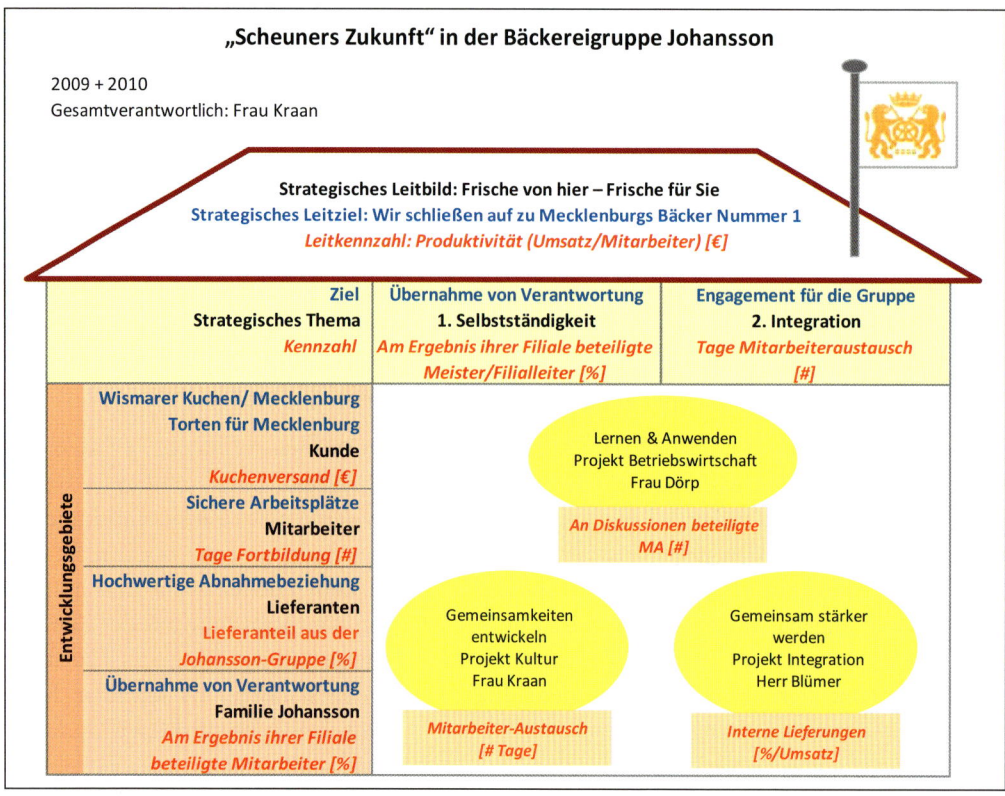

Abbildung 20: Wismar-Scorecard

Die zentralen strategischen Themen, auf die man sich schnell geeinigt hatte, waren Selbstständigkeit durch „Verantwortungsübernahme" und Integration durch „Engagement für die Gruppe".

Neben fachlichem Lernen insbesondere betriebswirtschaftlicher Inhalte sollten möglichst viele Mitarbeiter in andere Filialen der Gruppe rotieren, um die dortige, auf Selbstständigkeit ausgerichtete Arbeit der Kollegen kennenzulernen. Eine ZAK-Karte enthielt die Idee, dass Patenschaften zwischen Scheuner-Filialen und Johansson-Filialen entwickelt werden sollten: nicht nur Mitarbeiteraustausch, sondern auch Anwesenheit der jeweils anderen Filialleiterin bei den wöchentlichen Teambesprechungen, in denen die Arbeit der nächsten Woche besprochen wird.

Der Verkauf zentral in Schwerin produzierter Brötchen, Backrohlinge, gebacken in den Wismarer Filialen, sollte die Kostenstruktur verbessern und zu schwarzen Zahlen führen. Die Backstube, natürlich anfangs gefrustet über den Verlust der Brötchenproduktion, wurde mit der Aufgabe betraut, Kuchen und Torten für alle Johansson-Filialen zu produzieren. Das reizte die Wismarer Bäcker; Kuchen konnten sie! Aber natürlich mussten die Wismarer Produkte an die Johansson-Filialen richtig verkauft werden – einen Abnahmeautomatismus gab es in der Gruppe nicht: Selbstständigkeit wurde großgeschrieben. Aber, da die Kuchen und Torten aus Wismar bekanntermaßen gut waren, sollte dies keine allzu schwere Aufgabe für Herrn Blümer und sein Backstubenteam sein.

Wismar 2009 + 2010		
Ziel	**Projekt**	*Kennzahl*
Lernen und Anwenden	Betriebswirtschaft	*an Diskussionen beteiligte Mitarbeiter [#]*
Gemeinsamkeiten entwickeln	Kultur	*Mitarbeiteraustausch [# Tage]*
gemeinsam stärker werden	Integration	*interne Lieferung [%/Umsatz]*

Wichtig war Herrn Johansson, dass zwei der drei Projekte von ehemaligen Scheuner-Mitarbeitern geleitet würden; für das betriebswirtschaftlich ausgerichtete Projekt war Frau Dörp die ideale Besetzung: sie kannte sich im Bäckereihandwerk aus, kannte die Betriebswirtschaft aus dem Effeff und ließ sich als Kind aus der Region kein X für ein U vormachen.

Bereits in 2010 hatte sich die eingebrochene Umsatzmarge wieder erholt und kletterte in 2011 auf lange nicht erreichte 10 %: Qualität lohnt sich – auf billig sollten andere machen!

Als in 2010 eine der Verkaufsfilialen in der Wismarer Innenstadt zu einem schicken Café umgebaut wurde, hatte jeder der Scheuner-Mitarbeiter realisiert, dass es eine gute Entscheidung gewesen war, sich für die Johansson-Gruppe zu engagieren: die Gruppe gab Sicherheit und investierte in die gemeinsame Zukunft, war mitnichten eine der viel gescholtenen Heuschrecken. 2011 wurden auch sehr erfolgreich je ein Café in Schwerin und (neu) in Boltenhagen eröffnet. Daneben wurde noch in zwei weitere Filialen investiert, wobei Herr Johansson Wert darauf legte, dass Mitarbeiter aus den eigenen Reihen weiterhin diese neu ausgebauten Filialen führten.

2.10 Go West 2012

Boltenhagen im Winter scheint sehr attraktiv zu sein: Herr Johansson bat uns im Januar 2012 dorthin – zusammen mit einem kleinen Projektteam; es bestand neben Herrn Johansson aus Frau Dörp, Frau Merker und Frau Kraan – sowie produktionsseitig aus Herrn Fortmann. Er hatte gehört, dass eine größere Bäckereikette aus Lübeck mit 12 Filialen zum Verkauf stünde. Das Projektteam sollte die mögliche Investition vorbereiten. Sie meinten, keine Heerscharen von Beratern zu brauchen, die im Rahmen einer sogenannten Due-Diligence-Prüfung ermitteln, ob man eine derartige Übernahme stemmen sollte und könnte.

Folgende Fragen wurden gemeinsam diskutiert:

- Wie ist die Marktposition des Lübecker Übernahmekandidaten? Können wir uns neue Kundengruppen und Marktsegmente erschließen?
  Diese Frage wollten in den nächsten 10 Tagen Frau Merker und Frau Kraan ermitteln, indem sie alle 12 Filialen zu verschiedenen Tageszeiten besuchen und Kundenfrequenz und Kaufverhalten beobachten würden.

- Verhilft das avisierte Unternehmen zu neuen Marktchancen aufgrund eines anderen Produktportfolios und Know-hows?
  Hier sollte Herr Fortmann spezifische Produkte analysieren (z. B. Marzipanprodukte) und deren Chancen in Mecklenburg einschätzen.

- Ist es möglich, durch die Übernahme Skaleneffekte zu erzielen und unsere neue Produktion besser auszulasten, Lohnstückkosten zu senken? Auch eine Aufgabe für Herrn Fortmann.

- Welche rechtlichen und steuerlichen Aspekte wären bei einer Akquisition zu bedenken?
  Frau Dörp sollte zusammen mit dem hauseigenen Steuerberater und einem Kollegen aus einer größeren Steuerberatungskanzlei aus Rostock Varianten einer Übernahme diskutieren.

Übernehmen wir uns damit nicht?

Der Kaufpreis war ja nicht bekannt, musste noch verhandelt werden. Aber erst einmal sollten alle Informationen über das zu akquirierende Unternehmen gesammelt und eine Schmerzgrenze festgelegt werden.

Wir drängten darauf, folgende – eher an der Strategie ausgerichtete – Punkte zu diskutieren:

- Was wollen wir mit der Übernahme erreichen? Welche strategischen Vorteile und Synergieeffekte ergäben sich hieraus?

- Wie sieht es mit der Qualität des Managements des Übernahmekandidaten und dessen (Führungs-)Kultur aus? Diese Faktoren sind für den Erfolg von Firmenübernahmen sehr wichtig. Denn vom künftigen Management hängt es weitgehend ab, inwieweit wir unsere Übernahmeziele erreichen.

  Eine längere Diskussion entbrannte: „Was heißt Firmenkultur?", fragte Frau Kraan. „Glauben wir denn, dass die Menschen in Lübeck anders als hier in Mecklenburg gestrickt sind?" „Also wenn ich nach Lübeck zum Einkaufen fahre, empfinde ich schon etwas anderes als in Schwerin", entgegnete Herr Fortmann. „Die Menschen erscheinen mir selbstbewusster, mehr auf Äußerliches orientiert. Auch hält man sich mit Werbeaussagen nicht so zurück wie bei uns." „Ja, 40 Jahre eine andere Sozialisation hinterlässt andere Verhaltensmuster", pflichteten wir ihm bei. „Aber es gibt auch für das Unternehmen ganz praktische kulturelle Unterschiede, die es zu beachten gilt:

  - Wie sieht das Lohn- und Gehaltsniveau aus?

  - Werden wir dann eventuell Probleme mit den Mitarbeitern in Mecklenburg bekommen?"

- Herr Fortmann hat auch einen anderen Aspekt angesprochen: West – Ost. „Sie kennen doch alle die Sprüche von den Wessis, die als Glücksritter nach der Wende in Ostdeutschland einfielen. Na klar, viel davon ist übertrieben, auch ich kenne viele, die sich stark für ‚unser Land' engagiert haben. Aber diese Vorurteile bestehen. Auf beiden Seiten!

  Können sich also die Mitarbeiter in Lübeck vorstellen, unter einem ‚Ossi' zu arbeiten? Diese Frage klingt erst einmal absurd, aber drehen wir den Spieß mal um: Könnten Sie sich vorstellen, mit Engagement unter einem amerikanischen Investor zu arbeiten? Ich befürchte, mit dieser Thematik wird man sich eine ganze Weile herumschlagen müssen, den Aufwand für die kulturelle Integration dürfen wir nicht unterschätzen."

Herr Johansson war während der Diskussion sehr zurückhaltend, ja ungewöhnlich ruhig. Es rauchte in seinem Kopf, man sah es ihm förmlich an. Aber am Ende sagte er: „Leute, wollen wir wachsen oder nicht? Wollen wir neue Chancen suchen? Dann müssen wir auch lernen, mit neuen Risiken umzugehen. Lasst es uns versuchen. Wir sollten nun die Aufgaben angehen und in 14 Tagen entscheiden, ob wir ein Angebot abgeben und in die Verhandlungen einsteigen wollen."

Zwei Wochen später berichteten alle von ihren Ergebnissen. Besonders interessant war der Bericht von Frau Kraan: „Ich habe in einer der Filialen eine ehemalige Kollegin getroffen, die inzwischen auch in Travemünde lebt. Wir haben uns nach Dienstschluss bei ihr getroffen – keine Angst, ich habe ihr nicht von unseren Überlegungen erzählt – und gemeinsam haben wir alte Geschichten aufgewärmt. Und sie fragte mich auch aus, wie es uns denn nach der Übernahme durch Johansson gegangen sei. Sie hätte Angst, denn man raunt sich zu, dass der Alte verkaufen wolle. Sein einziger Sohn arbeitet in Lübeck wohl recht erfolgreich als Ingenieur und will sich nicht in der Bäckereikette engagieren. Sie stellte die Frage nach ihrer persönlichen beruflichen Zukunft: Verliere ich meinen Job? Und wenn nein, wie sieht dann künftig mein Stellenprofil aus? Werde ich weiterhin Filialleiterin bleiben können? Welche Entscheidungs- und Gestaltungsmacht habe ich dann noch? Werden wir vielleicht zu reinen Verkaufsstationen für aufgewärmte möglichst billige Backwaren aus Osteuropa oder China umgewandelt? Welche Karrierechancen hätte ich eigentlich unter den neuen ‚Herren'? Ich verstand ihre Ängste, denn, ehrlich, Gleiches habe ich mich vor drei Jahren auch gefragt."

Kultur – dies war die große Unbekannte.

Für die folgende Due-Diligence-Prüfung (sie wurde dann doch als hilfreich angesehen) und die daran anschließenden Verhandlungen sicherten wir uns die Mithilfe der Rostocker Kanzlei. Die offengelegten Umsatz- und Ergebniszahlen waren nicht gerade gut, sicher nicht geschönt. Handwerker bleibt eben Handwerker. Ein kleines Team, Frau Dörp, der Rostocker Steuerberater, wir und Herr Johansson trafen sich zweimal mit dem „Alten", einem überaus freundlichen und zielstrebigen Lübecker Bäcker, der sich nun aufs Altenteil zurückziehen wollte, mit seiner Frau von langen Schiffsreisen träumte. Der aber auch Verantwortungsgefühl für seine Mitarbeiter hatte und eigentlich nicht an eine große Kette verkaufen wollte.

Über den Verkaufspreis wurde lange gefeilscht, ein Hamburger Berater unterstützte den Alten – aber traf nicht so recht dessen Gefühlswelt. Diese traf mehr Herrn Johansson, der sich auf unsere Empfehlung aus allen Kaufpreisdiskussionen herausgehalten hatte. Als die Luft raus war, man sich schon ergebnislos trennen wollte, nahm er den Alten beiseite. Unter Kollegen lässt sich wohl so manches Problem besser lösen: Nach 10 Minuten waren sich die beiden handelseinig. Ausschlaggebend war wohl, dass er dem Alten einen Beratervertrag anbot – und in Erwartung einer Aufgabe für die reisefreie Zeit mit einem (nicht gerade üppigen) Zubrot stimmte der Alte zu.

Zum 01.04.2012 wuchs die Bäckereikette Johansson auf 36 Filialen mit einem zu erwartenden Jahresumsatz von rund 23 Mio. €.

Aber jetzt war viel zu tun. Aus den Erfahrungen mit der Übernahme von den Scheunerschen Filialen rund um und in Wismar, aber auch angesichts der erwarteten unternehmens- wie regionalkulturellen Unterschiede wollte Johansson diesmal ganz bewusst die Balanced Scorecard einsetzen, um ein Team zusammenzuschmieden. Dies war in zwei Schritten geplant:

1. Eine sofortige „Lübeck-Scorecard" analog zur „Wismar-Scorecard", um die Integration der Lübecker zu gewährleisten.

2. Eine „Johansson-2016"-Scorecard, um in der gesamten Gruppe ein gemeinsames Bild der Zukunft zu zeichnen – inklusive der notwendigen Schritte zum Erfolg. Diese sollte Ende 2012 mit allen Unternehmensteilen erarbeitet werden.

2.11   Die Lübeck-Scorecard

Gleich nach dem Ostergeschäft trafen sich am 10. und 11.04.2012 zehn Mitarbeiter aus Lübeck und fünf „Schweriner" (die Damen Dörp, Merker und Kraan, Herr Fortmann und Herr Johansson) für zwei Tage, diesmal nicht in Boltenhagen, sondern in einem Schlosshotel nahe Rehna (Frau Dörp, die aus Rehna kam, hatte günstige Preise ausgehandelt), auf halbem Weg zwischen Lübeck und Schwerin. Die Lübecker Kollegen staunten nicht schlecht, dass sie auch dort übernachten sollten – wo Lübeck doch so nahe war. Aber es ging uns auch darum, abends am Kamin einander menschlich näherzukommen.

Anfangs zitierten wir aus der Schlosschronik, dass der ursprüngliche Besitzer „im Laufe der Jahrhunderte ein Gemeinwesen hat entstehen lassen, das nur in Zusammenarbeit aller Beteiligten lebensfähig war und damit auch jedem Einzelnen soziale Sicherheit bot". Dies wollten wir auch gemeinsam für die neue Gruppe entstehen lassen: Ein Unternehmen, in dem sich alle für alle engagieren.

Der Start gelang. Frau Eicke, in Lübeck bislang verantwortlich für alles Kaufmännische, berichtete von der finanziellen Schieflage, die schleichend entstanden war: „Jedes Jahr machten wir weniger Umsatz – und wenn es so weitergegangen wäre, wären wir in fünf Jahren Pleite!" Das öffnete den Lübeckern die Augen, zeigte ihnen, dass Johansson und die Seinen eine Chance wären. Und die ehemalige Kollegin von Frau Kraan erinnerte an die Übernahme der Wismarer Geschäfte – kein einziger Arbeitsplatz wäre verlustig gegangen.

Frau Dörp goss Wasser in den Wein: „Aber liebe Kollegen, so wie bisher kann es nicht weitergehen. Wir müssen im Lübecker Raum erheblich zulegen." Herr Possehl, relativ neu im Lübecker Unternehmen zeigte auf, was bisher versäumt wurde: „Alle anderen Bäckereien, gerade in der Innenstadt, haben Imbisse aufgemacht, die nicht nur in der Mittagszeit mit Touristen gefüllt sind. Und ich sehe noch eine weitere Möglichkeit: Im Lübecker Raum haben sich viele Industrien angesiedelt, erfolgreiche Unternehmen mit Tausenden von Mitarbeitern. In deren Kantinen sind wir nicht vertreten, haben keinen einzigen Liefervertrag mit den Kantinenpächtern; von den Hotels in Travemünde ganz zu schweigen. Die lassen sich von anderen beliefern. Und sind wir so viel schlechter?"

Die strategische Zielsetzung lief also in zwei Richtungen: Einerseits ging es um den Ausbau von Umsätzen mit Großkunden wie Hotels und Kantinen, andererseits – und das bedeutete auch Kapitaleinsatz – um die Integration von Imbissen in die zentral gelegenen fünf Filialen. Der Produktionschef, Bäcker Menzel, brabbelte auch noch in seinen Bart: „Was könnten wir denn an unseren Marzipankreationen in Wismar und Schwerin absetzen?" – Herr Johansson griff dies auf und gewann damit die letzten Zweifler: „Ja, jeder Bereich sollte seine Stärken in unserer Gruppe ausleben können. Wismar die Torten, Lübeck Marzipanprodukte und Schwerin die neue Backwarenproduktion. Aber nicht per Anweisung, sondern alle müssen die Filialen davon überzeugen, dass diese Produkte kundengerecht angeboten werden können und Umsatz bringen. Zwang darf es bei uns nicht geben. Aber das letzte Wort bei Liefervereinbarungen mit Dritten sollte immer die Schwesterproduktion haben."

Nachdem den Lübecker Kollegen die Systematik zur Erarbeitung einer Balanced Scorecard vermittelt worden war („Was denn, so billig ist eine BSC?", entfuhr es Frau Eicke), gingen wir zur Zielstellung des Ganzen über: Am Leitbild sollte sich nichts ändern, das war Herrn Johansson besonders wichtig: „Wir wollen überall als das lokal agierende Frische-Haus für Backwaren etc. gesehen werden. Das muss unser oberstes Prinzip bleiben!"

Für Lübeck		
Ziel	Leitziel	*Kennzahl*
Wir wachsen zusammen	Leitziel für Lübeck	*Austausch Mitarbeiter [%]*

Lange diskutierten wir, ob ein derartiger Mitarbeiteraustausch sinnvoll sei: „Das kostet doch nur Geld, bringt keinen Cent Mehrumsatz", äußerte Herr Possehl. „Aber so können wir am besten feststellen, dass die ‚von drüben' auch nur Menschen sind. Und wir können von den jeweiligen Erfahrungen lernen. Lübecker von Mecklenburgern, Mecklenburger von Lübeckern. Wir in Mecklenburg machen so manches anders als Ihr – es wäre doch gelacht, wenn wir nicht manches von Euch Holsteinern übernehmen könnten", entgegnete Herr Johansson.

Gemeinsam formuliertes Ziel war, dass möglichst viele, mehr als 50 % der Mitarbeiter für mindestens eine Woche in jeweils anderen Filialen bzw. Backstuben mitarbeiten. „Und so weit ist es ja abends auch nicht", meinte Herr Possehl. „Da kann man abends gut noch nach Hause fahren." „Na Du bist gut! Morgens um 03:00 habe ich Dich noch nie im Betrieb gesehen", entgegnete Bäcker Menzel. „Natürlich übernehmen wir ein Zimmer für die, die früh am Morgen anfangen müssten." Herr Johansson hatte gesprochen.

Für Lübeck		
Ziel	Strategisches Thema	*Kennzahl*
Cafégeschäft	Imbiss	*Umsatzanteil Bistro [€]*
Engagement für die Gruppe	Integration	*Tage Mitarbeiteraustausch [#]*

Beim Mitarbeiteraustausch wollten wir erst bei der Leitkennzahl „Wochen" ansetzen. Frau Dörp brachte aber einen zusätzlichen Gedanken ins Spiel: „Im Sommer haben wir immer wieder in einigen Filialen wegen der vielen Touristen mit erheblichen Wartezeiten für die Kunden zu rechnen. Und Aushilfskräfte widersprechen eigentlich unserem Image als Qualitätsanbieter. So können Mitarbeiter aus den städtischen Filialen in der Touristensaison doch an der Küste, ob in Travemünde, in Boltenhagen oder in Wismar, aushelfen. Wir schlagen also zwei Fliegen mit einer Klappe!"

Frau Dörp ist einfach gut! Und denkt weiter …

Neben den schon bekannten, aus früheren Scorecards übernommenen Zielstellungen für Mitarbeiter und ‚Familie Johansson' als Kapitalgeber (warum soll man Zielstellungen, die sich bewährt haben, ändern? Doch nur, wenn diese Ziele erreicht sind!) wurden zwei neue Ziele für die Entwicklungsfelder ‚Kunden' und für den neuen Aspekt ‚Johansson-Gruppe' gewählt. Beides wurde in den einleitenden Diskussionen besprochen und man einigte sich schnell auf diese Ziele:

Für Lübeck		
Ziel	Entwicklungsgebiet	*Kennzahl*
Großkundengewinnung	Kunden	*akquirierte Kunden [#]*
sichere Abeitsplätze	Mitarbeiter	*Fortbildungstage [#]*
Austauschbeziehung	Johansson-Gruppe	*Lieferanteil in die Johansson-Gruppe [%]*
Übernahme von Verantwortung	Familie Johansson	*am Filialergebnis beteiligte Mitarbeiter [#]*

Sowohl die strategischen Themen als auch die Entwicklungsgebiete fördern das Erreichen des Leitziels „Zusammenwachsen".

So hatte das strategische Haus für die Integration der Lübecker Bäckereikette acht „Wohnungen", die nun mit Aktivitäten gefüllt werden mussten. Aktivitäten, die einerseits das vertikale strategische Thema und andererseits die Zielstellung der Entwicklungsgebiete unterstützen. Immer beide, nicht nur eines – das war uns wichtig!

„Wir brauchen euch" in der Bäckereikette Johansson

2012
Gesamtverantwortlich: Frau Eicke

Strategisches Leitbild: Frische von hier – Frische für Sie
Strategisches Leitziel: Wir wachsen zusammen
Leitkennzahl: Austausch Mitarbeiter [#]

	Ziel Strategisches Thema Kennzahl	Café-Geschäft 1. Imbiss Umsatzanteil Bistro [%]	Engagement für die Gruppe 2. Integration Tage Mitarbeiteraustausch [#]
	Großkundengewinnung **Kunde** *Akquirierte Hotels/ Unternehmen [#]*	Wohnung 1/1: Imbiss/Kunde	Wohnung 2/1: Integration/Kunde
	Sichere Arbeitsplätze **Mitarbeiter** *Tage Fortbildung [#]*	Wohnung 1/2: Imbiss/Mitarbeiter	Wohnung 2/2: Integration/Mitarbeiter
	Austauschbeziehung **Johansson-Gruppe** *Lieferanteil in die Johansson-Gruppe [%]*	Wohnung 1/3: Imbiss/Lieferanten	Wohnung 2/3: Integration/Lieferanten
	Übernahme von Verantwortung **Familie Johansson** *Am Ergebnis ihrer Filiale beteiligte Mitarbeiter [%]*	Wohnung 1/4: Imbiss/Familie	Wohnung 2/4: Integration/Familie

(Entwicklungsgebiete)

Abbildung 21: Zielkoordinaten der Lübeck-Scorecard

Hier wieder eine Auswahl von besonders interessanten Vorschlägen für strategisch relevantes TUN innerhalb des Zielsystems:

- Wohnung: Wohnung 1/1: Imbiss/Kunde

  Ziel   Großkunden-Mitarbeiter lernen uns schätzen

  Aktion   Kostenlosen Kaffee wochentags von 08:00 bis 11:00 für Großkunden-Mitarbeiter

  Kennzahl   Zusatzumsatz aus Großkunden-Kaffeeaktion [€]

Lange haben wir über diese Idee diskutiert: Keinesfalls wollten wir als der Billige gelten, Rabatte und Prozente gibt es bei Johansson nicht: Wir produzieren Qualität, die kostet. Aber mit Kaffeegutscheinen holen wir Mitarbeiter potenzieller Großkunden zu nicht stark genutzten Geschäftszeiten in unsere Läden – und wer kauft dann nicht noch ein belegtes Brötchen etc.? So haben wir einen ersten Schritt in diese Unternehmen gemacht, sind bekannt und können mit unserer Qualität überzeugen. Übrigens: Kaffee ist kostengünstig und benötigt für die Zubereitung fast keinen Aufwand.

- Wohnung: Wohnung 1/2: Imbiss/Mitarbeiter

  Ziel Der besondere Imbiss

  Aktion Imbiss-Schulungen für Mitarbeiter

  Kennzahl Geschulte Mitarbeiter [#]

- Wohnung: Wohnung 1/3: Imbiss/Johansson-Gruppe

  Ziel Produktangebot für das Imbissgeschäft aufbauen

  Aktion Imbissprodukte kreieren und platzieren

  Kennzahl Aufgegriffene Ideen von Johansson-Mitarbeitern [#]

Eine Idee von Bäcker Menzel: „Vieles was man in einem Imbiss verkaufen kann, kann man zentral produzieren – ohne auf Qualität verzichten zu müssen. In allen Johansson-Cafés sollten Scouts aus Lübeck nach Ideen fahnden, entsprechende Imbissprodukte kreieren und dann bei den internen Abnehmern vorstellen – und hoffentlich verkaufen."

- Wohnung: Wohnung 1/4: Imbiss/Familie

  Ziel Umsatzsteigerung ermöglichen

  Aktion Umsatzabhängige Gehaltskomponente

  Kennzahl Umsatzbeteilte Mitarbeiter [%]

Das Imbissgeschäft ist gerade zur Mittagszeit sehr stressig. Und die Freundlichkeit der Mitarbeiter ist ein wichtiger Erfolgsfaktor. Wäre es für die Mitarbeiter nicht motivierend, eine umsatzabhängige Gehaltskomponente zu erhalten? Hier sah Frau Dörp im Übrigen auch eine Chance, die festen Bestandteile der hohen Gehälter in Lübeck für einige Jahre „einzufrieren", jene in Mecklenburg schrittweise anzugleichen und Steigerungen mit Imbissprämien zu ermöglichen.

Herr Johansson war skeptisch, Prämien passten nicht in seine Denke. Aber sollte man dies nicht einmal testen?

- Wohnung: Wohnung 2/1: Integration/Kunde

  Ziel Großkunden akquirieren

  Aktion Gemeinsame Kundenbesuche Lübeck/Wismar

  Kennzahl Besuchte Großkunden [#]

- Wohnung: Wohnung 2/2: Integration/Mitarbeiter

  Ziel Gemeinsam Lernen und Umsetzen

  Aktion Mitarbeiter aus beiden Regionen gehen gemeinsam auf Seminare und berichten/führen gemeinsam Neuerungen ein

  Kennzahl Eingeführte Neuerungen [#]

Ziel bei allen besuchten externen Seminaren ist es, mindestens zwei Dinge mitzunehmen, im Team zu besprechen und konsequent einzuführen. Dies gelingt im Team besser, denn man hat es zu zweit beim „Verkaufen" der Idee leichter.

- Wohnung: Wohnung 2/3: Integration/Johansson-Gruppe
  Ziel   Neue Produkte aus Lübeck lieben lernen
  Aktion   Lübecker Mitarbeiter arbeiten bei der Einführung neuer Produkte für je eine Woche in den Mecklenburger Filialen mit
  Kennzahl   Anzahl beteiligter Mitarbeiter
- Wohnung: Wohnung 2/4: Integration/Familie
  Ziel   Herrn Johansson als Kollegen schätzen lernen
  Aktion   Herr Johansson arbeitet bei „uns" mit
  Kennzahl   Tage der Mitarbeit in Lübecker Filialen [#]

  Eine grandiose Idee, um allen Lübecker Mitarbeitern zu zeigen: Dieser Herr Johansson ist einer von uns.

Wieder wurden die angedachten Aktionsideen geclustert und danach wurde entschieden, welche der Projektideen man umsetzen wollte: Die Lübecker entschieden, mit Unterstützung aus Schwerin/Wismar, folgende drei Projekte umzusetzen bzw. mit ihnen zu beginnen:

Für Lübeck		
Ziel	**Projekt**	*Kennzahl*
Ausweiten Imbissgeschäft	Bistro	*Bistrokunden pro Tag [#]*
Großkunden entwickeln	Umsatz	*Großkundenbesuche [#]*
gemeinsam stärker werden	Integration	*Tage Mitarbeitertausch [#]*

Am Abend des zweiten Tages waren wir froh, uns Zeit füreinander genommen zu haben; zumindest die Teilnehmer dieses Workshops fühlten sich als Team. Frau Eicke nahm sich vor, in den kommenden Wochen alle Lübecker Filialen zu besuchen und mit den Mitarbeitern das Lübecker Strategiehaus zu besprechen, die Hintergedanken zu erläutern, erste Aktivitäten dezentral zu beginnen. „Alle sollten sich fragen, ‚Was kann ich zum Gelingen des Integrationsprozesses beitragen?'", nahm sie unsere Empfehlungen auf. Herr Johansson kündigte seine Mitarbeit in den Filialen für die nächsten vier Wochen an, er wollte mit gutem Beispiel vorangehen.

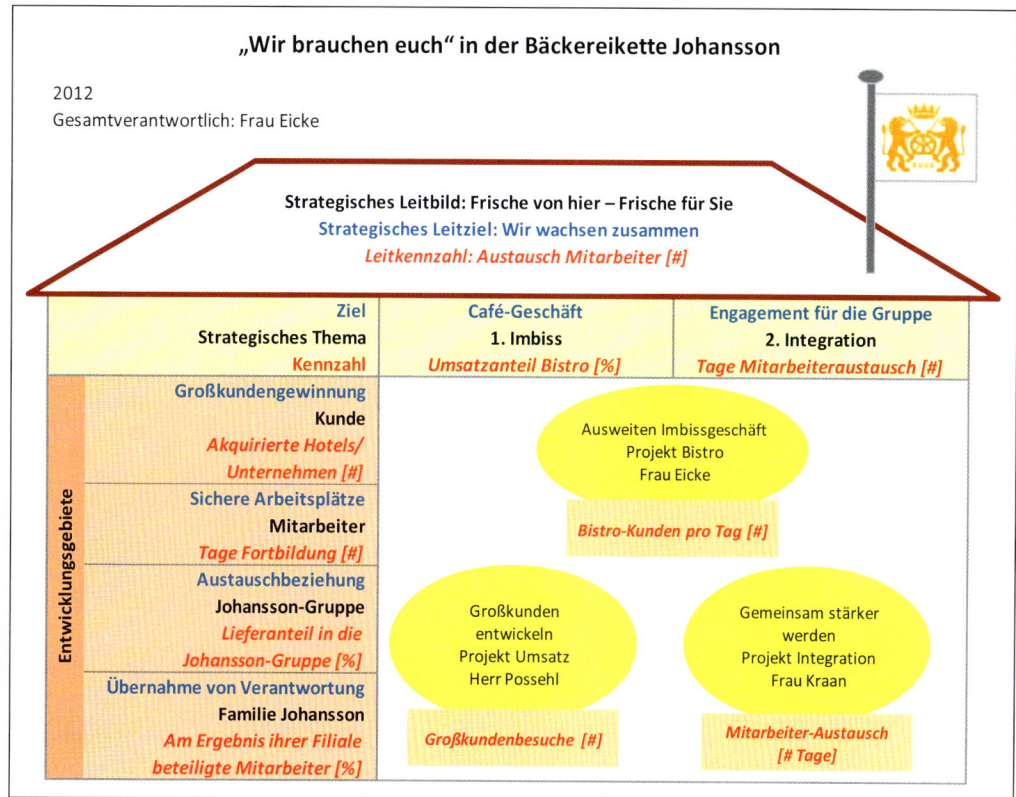

Abbildung 22: Die „Wir brauchen euch"-Scorecard für Lübeck

Die für den Integrationsprozess zuständige Frau Eicke managte bis zum Sommer die Aktivitäten; kulturelle Befindlichkeiten kamen nur hoch, wenn es um das Thema „Bezahlung" ging. Weiterhin waren die Holsteinischen besser als die Mecklenburger Mitarbeiter bezahlt; verheimlichen ließ sich das auch aufgrund der vielen gemeinsamen Arbeitseinsätze nicht. Wenn dann wenigstens die Produktivität, das Betriebsergebnis in Holstein besser gewesen wäre als in Mecklenburg.

Aber wegen der Investitionen in die Bistros zog der Lübecker Teil der Unternehmensgruppe das Gesamtergebnis herunter. Nur noch 5 % in 2012, fast eine Halbierung gegenüber dem Vorjahr! Das waren zwar immer noch gut 1,0 Mio. €, aber kein gutes Polster für notwendige Zukunftsinvestitionen. Umbauten, Renovierungen, Großreparaturen, alles wollte bezahlt werden und Besuche bei der Bank hasste Herr Johansson: „Unsere Eigenkapitalquote darf nie unter 75 % liegen", war seine Devise, eben klassischer, leidgeprüfter Mittelstand. Dies beruhte auf seinen Erfahrungen in den frühen 1990er-Jahren, als er sein Unternehmen aufbaute – ohne jede Unterstützung der Banken!

Als auch in 2013 keine durchgreifende Änderung in Sicht war, lud er seinen Führungskreis für November 2013 wieder nach Boltenhagen – musste aber kurzfristig absagen: Ein guter Freund war plötzlich verstorben. „Im besten Mannesalter – und seine Frau steht jetzt mit dem Unternehmen da und weiß nicht ein und aus." Herr Johansson war sichtlich geschockt, wurde sehr, sehr nachdenklich.

Anfang Februar 2014 wurde dann der Termin nachgeholt. Die Olympiade in Sotschi begann, sonnige Aussichten versprach der Wetterbericht und wir wollten davon profitieren: drei Tage intensive Diskussion, wie man das Wachstum der Gruppe sichern, wie man vielleicht zu olympischen Höhen ansetzen könnte. „Sonnige Aussichten werden wir nur im Urlaub haben, davor ist Schweiß angesagt", begann Herr Johansson sein Eingangs-Statement. „Und wir sollten uns auch Gedanken machen, wie wir das Wachstum in der Unternehmensführung verkraften wollen. Ich sehe, ich allein schaffe es nicht, ich, nein, wir alle brauchen eure Hilfe! Gemeinsam werden wir dafür sorgen, dass unser Schiff weiterhin Kurs hält."

2.12   Die „Johansson-2016"-Scorecard

Der Workshop hatte also drei Zielsetzungen:

1. Dafür sorgen, dass das ‚Schiff' wieder an Fahrt gewinnt, um Wachstum zu ermöglichen.
2. Das Unternehmen neu strukturieren, um die Verantwortung auf mehrere Schultern zu verteilen.
3. Die Mitarbeiter, insbesondere die Führungscrew befähigen, dieser Verantwortung auch gerecht werden zu können.

Das erste Ziel, wieder für wirtschaftliche Ergebnisse zu sorgen, die Investitionen in die Zukunft ermöglichen, war schon herausfordernd. Das zweite Ziel jedoch kommt einer kleinen Kulturrevolution gleich: Alle Menschen im Unternehmen sind auf Herrn Johansson fixiert. Er ist der zentrale, er ist **der** Ansprechpartner für alle wichtigen Fragen. Er hat die Kultur im Unternehmen geprägt. Und nun dafür sorgen, dass er ‚nur' einer unter mehreren ist! Und dabei nicht zu vergessen, dass der Firmengründer nicht das Gefühl bekommt: „Das ist nicht mehr meine Firma, hier fühle ich mich nicht mehr wohl."

Die Teilnehmer, der erweiterte Führungskreis, war erst einmal geschockt: „Will er sich zurückziehen? Hatte ihn der Tod seines Freundes so sehr erschreckt? Will er vielleicht sogar das Unternehmen verkaufen und uns darauf vorbereiten?"

„Nein", ruderte Herr Johansson zurück, „mir geht es darum, dass wir Strukturen aufbauen, die ein weiteres Wachsen möglich machen. Ich allein kann es nicht schaffen. Wir sind einfach zu groß geworden. Früher musste ich nur in die Backstube gehen und habe sofort mitbekommen, was läuft. Habe Stimmungen unverzüglich aufnehmen können. Alle kannten mich, ich war ein Teil des Ladens. Und heute? Teilweise kenne ich nicht einmal mehr die Mitarbeiter! Und wenn wir einmal vielleicht 50 Geschäfte haben werden, kenne ich nicht einmal mehr alle unsere Läden! Und auch die nicht berauschenden Zahlen der letzten beiden Jahre zeigen mir, dass wir die Führung verstärken müssen, uns betriebswirtschaftlich besser orientieren sollten. Und liebe Kollegen, immer galt mein Spruch ‚gemeinsam geht es besser'. Macht also mit!"

Schon am Anfang wurde allen klar, warum wir drei Tage angesetzt hatten: Das Leitziel der Bäckereigruppe Johansson lautete noch „Wir sind Mecklenburgs Bäcker Nr. 1". Das war ja nun schon lange erreicht. Jedoch auch die Kollegen aus Lübeck und Umgebung wollten sich ja im Leitziel wiedererkennen. Die aktuelle politische Diskussion um den Landesslogan wurde aufgegriffen – und auf beide Bundesländer angewandt.

Folgender Vorschlag wurde gemacht und diskutiert:
Leitzielvorschlag: Im Norden der Bäcker Nr. 2

Dies war ein herausforderndes Ziel, denn es gab noch eine weitere Bäckereikette, die sehr stark in beiden Bundesländern engagiert ist und von der wir noch meilenweit entfernt sind; also keine Ziele setzen, die nicht erreichbar sind. Aber ist Nr. 2 motivierend? Was haben die Mitarbeiter davon? Frau Dörp, geboren und aufgewachsen in Mecklenburg und zu unserer „Kauffrau" geworden, brachte die Diskussionen auf den Punkt: „Wir sollten nicht hochmütig werden und unseren übermächtigen Konkurrenten aus Lübeck nachlaufen; den holen wir absehbarerweise nicht ein. Aber was ist unseren Mitarbeitern, denen in Mecklenburg wie denen an der doch recht strukturschwachen Holsteinischen Küste wichtig? Angenehme Arbeitsplätze, Aufstiegschancen, Sicherheit:

- Angenehm bedeutet, wir müssen uns den demografischen Herausforderungen stellen, wir müssen durch gute Arbeitsbedingungen dafür sorgen, dass wir auch in fünf Jahren noch engagierte Kollegen bekommen. Dies bedeutet mehr Lehrlingsausbildung – ich mag das Wort Azubi nicht! Hilfe und Unterstützung aber auch für unsere Kolleginnen, wenn es in der Familie mal klemmt.

- Aufstiegschancen heißt, wir sollten durch Fort- und Weiterbildungsmaßnahmen unsere Mitarbeiter fit machen, dass sie neue Filialen leitend übernehmen können, sollten mehr Gesellen zu Meistern ausbilden, die Verantwortung übernehmen können. Und wer Verantwortung übernehmen kann und will, muss auch die Gelegenheit dazu bekommen. Daher sollten wir ein klares Bekenntnis zu Wachstum abgeben: Umsatz, Verkaufsfilialen und auch Backstuben.

- Sicherheit ist für uns Ossis immer noch ganz wichtig, wird es auch bleiben. Und ich erinnere mich noch sehr gut an die Zeit, als wir die Lübecker Kollegen in unsere Gruppe integriert haben. Da waren auch viele Ängste vorhanden, den Job zu verlieren. Die Integration ging nur so gut vonstatten, weil wir bewusst auf Kündigungen verzichtet haben und aktiv versucht haben, alle mitzunehmen. Aber machen wir uns nichts vor: Sicherheit von allein gibt es nicht. Dafür brauchen wir Gewinne im Unternehmen. Und unser Chef hat immer wieder betont: 70 % des Gewinns reinvestiere ich. Wenn dies so bleibt – ich hoffe es, Herr Johansson – müssen wir dafür sorgen, dass immer genug zurückgelegt wird und damit reinvestiert werden kann. Unsere Sicherheit liegt in unserer Hand.

Daher mein zugegeben etwas langes Plädoyer für ein Leitziel wie ‚in 2020 400 Mitarbeiter‘.“

Heute sind es nur gut 200, wie sollte das zu schaffen sein? Und dann noch mit guten betriebswirtschaftlichen Ergebnissen? Alle redeten drauflos …

„Ja“, begann noch einmal Frau Dörp, „das scheint viel, ist es auch, mit Wachstum aus eigener Kraft nicht zu schaffen. Aber unsere Kasse ist ja nicht ganz leer, und wenn wir in den nächsten beiden Jahren wieder richtig gut werden, könnten wir doch wieder daran denken, ein oder zwei Unternehmen bei uns zu integrieren. Ich weiß nicht welche, aber immer wieder gibt es aus den verschiedensten Gründen Betriebe, die verkauft werden. Wir werden immer wieder angesprochen, gerade, weil wir nicht die Nr. 1 sind, weil unser Konzept des doch eher dezentralen Backens anders, nicht so industriemäßig gesehen wird. Wir werden von den Menschen noch als Handwerker wahrgenommen – und so mancher ältere Bäckermeister verkauft dann doch lieber an uns als an die industriell ausgerichteten Wettbewerber.

Wir sollten unseren Mitarbeitern die Möglichkeit geben, mit unserem erfolgreichen Unternehmen auch zu wachsen, beruflich wie persönlich. 400 Mitarbeiter heißt viele neue Führungspositionen, Aufstiegschancen. Und dafür lohnt es doch, sich zu engagieren! Jedoch, wir brauchen für dieses Wachstum eben auch die gut ausgebildeten Mitarbeiter – eine große Aufgabe! Wir müssen also lernen, um zu wachsen, wir müssen auch wachsen lernen …

Übrigens: 400 Mitarbeiter heißt auch rund 65 Mio. € Umsatz, das sind pro Jahr – lasst mich das kurz überschlagen – immerhin ca. 15 %. Schaffen wir doch, nicht wahr Frau Eicke?“ „Ja, wenn wir vielleicht noch etwas mehr Freiheitsgrade bekommen, z. B. um Mitarbeiter in den Filialen für einige Stunden je nach Arbeitsanfall einstellen können, wenn derartige Entscheidungen auch von allen Festangestellten getroffen werden können, wenn jede Filiale selbstständig entscheiden kann, wo im Verkaufsraum im kleinen Rahmen investiert wird, und insbesondere, was wir verkaufen können, wenn wir also eigeninitiatives Handeln wirklich leben, dann schaffen wir dies Ziel!“

Nach diesen Wortmeldungen hatten wir ja fast schon ein ganzes Programm. 2020 als Zieljahr war gesetzt, auch die Zielstellung 400 Mitarbeiter (mit 65 Mio. € Umsatz in 2020). Auf die strategischen Themen konnte man sich ganz schnell einigen:

Bäckereigruppe Johansson 2020		
Ziel	**Leitziel**	***Kennzahl***
unser Wachstum ist unsere Zukunft	Leitziel bis 2020	*Mitarbeiter [#]* *in 2020 → 400 Mitarbeiter*
Ziel	**Strategisches Thema**	***Kennzahl***
Wachstum finanzieren	Wirtschaftlichkeit	*Umsatz pro Tag [€]*
Mitarbeiter befähigen	wachsen lernen	*Mitarbeiter in Ausbildung [#]*
Freude an der Arbeit	familienfreundliche Strukturen	*Nutzung Angebote [%]*

Nach dem Mittagessen genossen wir die Sonne, es war fast frühlingshaft warm mit knapp 10 Grad, spazierten am Strand und diskutierten die Veränderungen, die sich auch in Boltenhagen in den letzten 10 Jahren abgespielt hatten. „Man muss schon staunen, was hier bewegt wurde. Und dies gilt auch in unserer Bäckereigruppe!", schmunzelte Herr Johansson, der die letzten Stunden relativ ruhig war.

„Aber eines muss ich Sie fragen: Als strategisches Thema haben wir ‚Wirtschaftlichkeit' ausgewählt. Aber dies ist doch operatives Geschäft, oder habe ich die Definition von Alois Gälweiler falsch im Kopf?" „Ja, Sie haben es sich richtig gemerkt. Wir nutzen vorhandene Potenziale und messen daher die Wirtschaftlichkeit mit Umsatz. Aber – zumindest wir – haben zwei strategische Sachverhalte im Hinterkopf:

1. Um eine Wachstumsstrategie zu fahren, benötigt man ausreichend Mittel. Und die müssen verdient werden. Insofern ist der Umsatz, sofern er ausreichend Gewinn abwirft, Voraussetzung für die Strategie. Und wenn das operative Geschäft zu schwach ist, die angestrebte Strategie zu bezahlen, wird es zu einer erstrangigen strategischen Aufgabe, dem operativen Geschäft eine ausreichende Leistungskraft zu geben.

2. Wir haben bewusst die Kennzahl ‚Umsatz pro Tag' diskutiert. Wenn alle Mitarbeiter um die Zusammenhänge zwischen Umsatz, Gewinn und Strategie wissen, wenn sie auch – und das ist ganz wichtig – jeden Tag sehen können, was sie dazu beitragen, dann hat jeder einzelne die Chance, die Strategie aktiv zu unterstützen. Hierzu ist jedoch Voraussetzung, dass wir die Zusammenhänge allen verdeutlichen, und nicht nur einmal. Wir sollten also ein Kommunikationskonzept dafür aufsetzen.

   Und weiterhin reicht es nicht, allein den Tagesumsatz der Gruppe zu sehen. Nein, wir hielten es für gut, wenn in jeder Filiale permanent der aktuelle Filialumsatz ersichtlich ist und jeder schauen kann, ob der heutige Zielumsatz erreicht wird. Und dies sollten wir täglich mit einer kleinen Prämie verbinden. Die muss nicht aus Geld bestehen. Viel strategieorientierter sind Gutscheine für die angedachte Familienhilfe, für Fortbildungen etc."

Frau Dörp hatte sich bei dem Gespräch zu uns gesellt und stimmte zu: „Ja Herr Johansson, das bekommen wir hin. Unsere elektronischen Kassen verbinden wir mit einer permanenten Anzeige in den Filialen. Und in den schon seit Jahren durchgeführten Wochenbesprechungen der Filialteams werden wir die wöchentlichen, die täglichen Ziele zum Thema machen und daraus, das ist ganz wichtig, von den Mitarbeitern selbst ableiten lassen, was man noch tun könnte …"

Die Sonne hatte eine sehr zukunftsorientierende Wirkung! Am Nachmittag widmeten wir uns den Entwicklungsgebieten:

Schnell einig war man sich, dass „Frische" als herausragende Einzigartigkeit beibehalten werden sollte. Wie oft wurde man deswegen von den Kunden gelobt. Aber die Lübecker Kollegen monierten die Bezeichnung „Brötchen". „Wir wollen im Norden ganz weit oben sein – und dort sagt man ‚Rundstücke', nicht ‚Brötchen'." Keiner wagte zu widersprechen, die alten Mecklenburger wunderten sich nur, warum sie vor 12 Jahren das Wort „Brötchen" übernommen hatten. War man damals wohl noch zu sehr auf „Einheit" aus, wollte man nicht die Unterschiedlichkeiten der Menschen sehen – und fördern. Also: „Rundstücke", aber bitte mit einem scharfen „st"!

In den letzten Jahren hatte man auch sehr gute Erfahrung mit der Mitarbeiterrotation gemacht. Viele Freundschaften wurden geschlossen, auch zwei Ehen (!), die Menschen im Unternehmen kannten sich, man fühlte sich als Mitglied einer Gruppe.

Heftig wurde über das dritte Entwicklungsgebiet gestritten. Frau Dörp brachte den Vorschlag „Wettbewerber" mit dem Ziel „Aufbau von Kooperationen" ein. „Wollen wir unsere Wettbewerber mästen?", hagelte es Zwischenrufe. Frau Dörp jedoch berichtete den aufgeregten Kollegen, wie wichtig es sei, bei den selbstständigen Handwerksbetrieben in Schleswig-Holstein und Mecklenburg bekannt zu sein. Wenn diese irgendwann einmal verkaufen wollen bzw. müssen, sollten diese wissen, dass die Bäckereigruppe Johansson ein guter, zuverlässiger Partner sei.

„Die Marke 400 knacken wir nur, wenn wir auch Zukäufe tätigen. Wenn man uns kennt, fällt das viel leichter, auch wird es manchmal günstiger, als wenn große Ketten mit viel Kapital mit Blick auf Marktmacht mitbieten", sagte sie.

Für uns nicht überraschend war der Wunsch von Frau (!) und Herrn Johansson nach mehr Mitsprache der Führungskräfte. Beide waren noch immer geschockt vom Tod ihres Freundes und wollten entlastet werden und das Wohl des Unternehmens auf mehrere Schultern verteilen: „Uns geht es um Teilhabe. Faktisch ist die ja immer gegeben, denn wenn ein Unternehmen nicht gut läuft, sind es doch die Mitarbeiter, die ‚teilhaben' und gekündigt werden … Langfristig streben wir an, dass alle Mitarbeiter bei guten Geschäftsergebnissen eine Jahresprämie bekommen, die im Unternehmen bleibt und so die Mitarbeiter Teilhaber werden. Dies möchten wir, meine Frau und ich, in den nächsten Jahren umsetzen. Aber erst einmal geht es darum, eine Art ‚Vorstand' zu küren, der Verantwortung für die Gruppe übernimmt.

Wer Verantwortung für die Gruppe übernimmt, sollte keine Aufgaben mehr in den Backstuben oder in einzelnen Verkaufsfilialen haben – sondern nur noch Aufgaben für die Gruppe erfüllen. Das wird für unser Unternehmen, wird für diese Kollegen neu sein. Jedoch haben wir uns überlegt, dass jeder Vorstandskollege sich neben seinem inhaltlichen Verantwortungsgebiet auch für eine Verkaufsregion zuständig fühlt, um nicht die Bodenhaftung zu verlieren. Denn es soll im Unternehmen nur ganz wenige Anweisungen geben, dafür aber Empfehlungen und gemeinschaftlich erarbeitete Vereinbarungen. Wir müssen es im Vorstand durch unsere Arbeitsweise schaffen, den Mitarbeitern auch Transparenz zu vermitteln und Mut für selbstständige Entscheidungen zu geben.

Dass ich, dass wir von ‚Vorstand' sprechen, das ist das Ziel. Ich wünsche mir drei oder vier Kollegen, die sich mit mir zusammen für die Gruppe verantwortlich fühlen. Und wenn wir dann das Teilhabe-Modell für alle umsetzen, also nach heutiger Sicht eine Aktiengesellschaft werden, um die als Prämie ausgeschütteten Anteile verkaufsfähig zu machen, dann werden wir ein ordentlicher Vorstand."

Auf die Frage nach einer Messgröße für „gemeinsame Entscheidungen" kam der Vorschlag „Anzahl von Vorstandssitzungen". Ein weiser, weil für den Anfang einfach zu handhabender Vorschlag.

Bäckereigruppe Johansson 2020		
Ziel	Entwicklungsgebiet	*Kennzahl*
Frische	Kunden	*verkaufte Rundstücke/Backvorgang [#]*
Rotation	Mitarbeiter	*teilnehmende Mitarbeiter [#]*
Kooperation	Wettbewerber	*Kooperationspartner [#]*
gemeinsame Entscheidungen	Familie Johansson	*Vorstandssitzungen [#]*

So hatten wir das Zielgerüst unserer Scorecard für die nächsten 2 Jahre mit Ausblick auf 2020 erarbeitet:

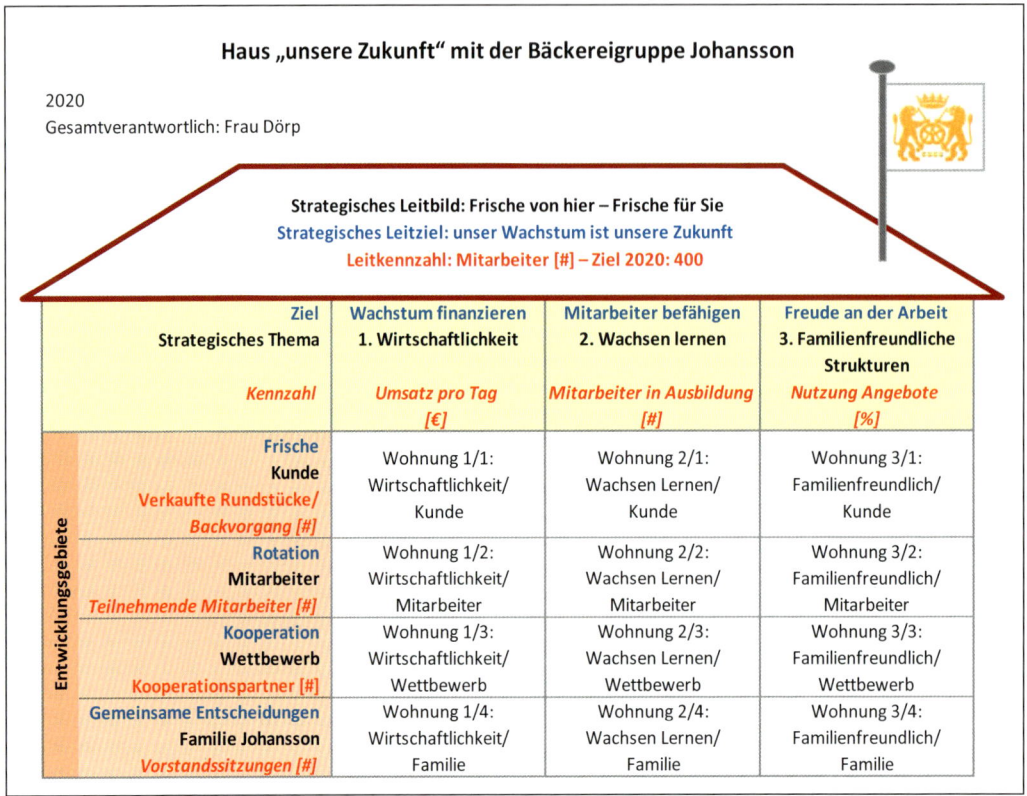

Abbildung 23: Zielkoordinaten 2020

Am nächsten Morgen, wie gewohnt für uns ungewohnt früh um 07:00 Uhr, begannen wir dann, uns dem konkreten TUN zu widmen. Was sollte in den nächsten beiden Jahren getan werden, um dem Ziel „400 Mitarbeiter in 2020" näherzukommen? Viele Ideen kamen, aber auch die Frage: „Warum können wir uns denn noch nichts für 2016 bis 2020 überlegen?" „Wissen Sie schon sicher, wie Ihre Welt in drei Jahren aussieht? So viel kann bis 2016 passieren – daher lohnt es nicht, sich jetzt schon im Detail konkrete Arbeiten für die fernere Zukunft vorzunehmen. Also bleiben Sie bitte bei dem Zeithorizont 2014/2015 – und wie Sie uns kennen, werden wir dann auch noch vorschlagen, nur mit drei oder vier strategischen Projekten zu beginnen. Wie beim Wandern: Ein Schritt folgt dem nächsten. So kommt man auch einem fernen Ziel am besten näher.

Allerdings könnte es eine der ersten Aufgaben des Vorstands sein, die Strategie bis 2020 etwas mehr zu konkretisieren, um die Annahmen von 400 Mitarbeitern und 65 Mio. € Umsatz und die dazu erforderlichen Investitionen einer Plausibilitätsprüfung zu unterziehen."

Ein Ausschnitt aus den angedachten Aktionsideen: Insgesamt wurden 143 Ideen aufgenommen, diskutiert und für die weitere strategische Arbeit verwendet:

- Wohnung: Wohnung 1/1: Wirtschaftlichkeit/Kunde

  Ziel   Signal an die Kunden: nur frische, schön krosse bzw. resche Ware wird in der Bäckerei Johansson verkauft.

  Aktion   In den Verkaufsfilialen werden für die Kunden sichtbar Behälter aufgebaut, in denen mehr als 2 Stunden alte Rundstücke für die „Lübecker Tafel" (und andere Tafeln) gesammelt werden.

  Kennzahl   Umsatz Backwaren [#]

Lange wurde diese ZAK-Karte diskutiert: Insbesondere eine Kollegin, die aus Hiddensee kommt – sie sprach immer von ‚Bömmel[46]' statt von Brötchen (Mecklenburg) oder Rundstück (Holstein) – wollte nicht mitgehen: „Meine Kunden würden das nicht verstehen, dass die Bömmel quasi weggeworfen werden." „Aber liebe Kollegin, wir wollen damit ein Zeichen für Frische setzen – wir können sicher über die Frist von zwei Stunden sprechen.

Aber das Prinzip sollte sein, dass nicht mehr frische Ware einem guten sozialen Verwendungszweck zugeführt wird. Und nein, billiger anbieten, vielleicht zum halben Preis widerspräche unserer Frische-Philosophie. Frische ist das wirklich herausragende, das Einzigartige von Johansson gegenüber dem Wettbewerb, das sollten wir, auch wenn es mehr kostet, immer aufrechterhalten. Unsere Ware ist Spitze, und unsere Preise für Kleingebäck sind auch immer im oberen Bereich!"

Im Nachgang haben wir uns jedoch entschieden, die angedachten Boxen für nicht unseren Frische-Ansprüchen gerechte Waren nicht sichtbar in unseren Läden aufzustellen. Wir sind nach wie vor vom guten Zweck überzeugt. Aber er kann auch missinterpretiert werden. Das wollten wir vermeiden.

- Wohnung: Wohnung 1/2: Wirtschaftlichkeit/Mitarbeiter

  Ziel   Neue Ideen implementieren

  Aktion   Rotierende Mitarbeiter sollen jeweils eine Idee in ihre Stammfiliale mitnehmen, dort diskutieren und umsetzen

  Kennzahl   Umgesetzte Ideen [#]

---

[46] Bömmel ist auf Hiddensee der gebräuchliche Ausdruck für Brötchen.

- Wohnung: Wohnung 1/3: Wirtschaftlichkeit/Wettbewerb

  Ziel   Bessere Auslastung der zentralen Backstuben

  Aktion   Bäcker in Gegenden, wo Johansson keine Filialen hat, werden mit Johansson-Produkten beliefert

  Kennzahl   Umsatz mit Wettbewerbern [#]

Auch hier gab es intensive Diskussionen: „Warum sollen wir nicht alle interessierten Bäcker beliefern? Es gibt für uns nichts Besseres als Wettbewerb!" Angst vor der eigenen Courage führte aber zu dem Beschluss, vorerst nur Bäcker zu beliefern, bei denen sich in der Umgebung keine Johansson-Filiale befindet.

- Wohnung: Wohnung 1/4: Wirtschaftlichkeit/Familie Johansson

  Ziel   Lernen von und Auszeichnung der monatsbesten Filiale

  Aktion   Die Teamleiter der monatsbesten Verkaufsfiliale berichten auf der Vorstandssitzung von ihren Erfolgen (fester Tagesordnungspunkt)

  Kennzahl   Eingeladene Teamleiter [#]

Es ist das Ziel, dass nicht nur zwei oder drei, also immer die gleichen die monatsbesten Filialen werden; darum war die Zielsetzung: Möglichst viele Teamleiter sollen vortragen dürfen – müssen aber natürlich die besten Umsätze pro Mitarbeiterstunde (!) aufweisen.

- Wohnung: Wohnung 2/1: wachsen Lernen/Kunde

  Ziel   Forschung für frische Rundstücke intensivieren

  Aktion   Kooperation mit dem Institut für Lebensmitteltechnologie der Technischen Universität Berlin (TU-B)

  Kennzahl   Einsatztage der Wissenschaftler/Studenten der TU-B in Backstuben der Johansson-Gruppe [#]

Die Familie Johansson besitzt ein kleines Appartementhaus in Wismar, das im Sommer an Feriengäste vermietet wird. Im Winterhalbjahr sollen Studenten/Wissenschaftler der TU-B kostenlos die Appartements nutzen können und so die Möglichkeit für Praktika und praxisorientiertes wissenschaftliches Arbeiten erhalten. Nachwuchsförderung, Wissenstransfer und vielleicht auch Mitarbeiterwerbung in einem!

- Wohnung: Wohnung 2/2: wachsen Lernen/Mitarbeiter

  Ziel   Mehr Ausbildungsplätze bei Johansson besetzen

  Aktion   Schnuppertage und Praktika-Angebote für Schüler der oberen Schulklassen

  Kennzahl   Kurzzeitig beschäftigte Schüler [#]

- Wohnung: Wohnung 2/3: wachsen lernen/Wettbewerb

  Ziel   Zusammenarbeit in der Ausbildung

  Aktion   Auszubildende des Wettbewerbs bei Azubi-Aktivitäten integrieren

  Kennzahl   Integrierte Azubis von Wettbewerbern [#]

Von derzeit 12 will man auf ca. 40 Auszubildende kommen. Dafür stellt man sich ein groß angelegtes Azubiprogramm bei Johansson vor, bei dem gemeinsame Ausflüge, Wochenendfahrten etc. durchgeführt werden. Warum sollen daran nicht auch Auszubildende von Wettbewerbern teilnehmen dürfen?

Junge Leute bringen frischen Wind ins Unternehmen; also warum nicht von denen Lernen:

- Wohnung: Wohnung 2/4: wachsen Lernen/Familie Johansson

  Ziel   Von den Azubis lernen

  Aktion   Die besten Azubis des 2. Ausbildungsjahres nehmen an Vorstandssitzungen teil

  Kennzahl   Teilnahmequote [%]

- Wohnung: Wohnung 3/1: familienfreundliche Strukturen/Kunde

  Ziel   Kinder als wichtigen Teil unserer Kundschaft sehen

  Aktion   Einkaufende Kinder haben Vorrang

  Kennzahl   Kindertresen [#]

Kinder sind die Käufer der Zukunft, übrigens auch die Mitarbeiter der Zukunft. Aber wie häufig wird dies beim Verkaufen nicht berücksichtigt. Wenn die Kinder von den Eltern allein einkaufen geschickt werden, werden sie in der Schlange häufig genug nicht beachtet, können kaum das Geld auf den hohen Tresen legen etc.. Es soll in größeren Filialen einen Kindertresen geben, an dem Kinder bevorzugt bedient werden – und wo auch immer ein Leckerli als Dank mit ausgegeben werden kann.

Wissen die Eltern um die bevorzugte Behandlung, werden sicher so manche ihre Kinder zum Bäcker Johansson schicken, um den gemeinsamen Frühstückstisch mit frischen Rundstücken zu krönen. Eine Win-win-Situation für Kinder, deren Eltern und die Bäckergruppe Johansson.

- Wohnung: Wohnung 3/2: familienfreundliche Strukturen/Mitarbeiter

  Ziel   KiTa-Plätze für Mitarbeiterkinder

  Aktion   Vereinbarungen mit KiTas treffen

  Kennzahl   Mögliche zu besetzende KiTa-Plätze [#]

Viele Mitarbeiter arbeiten nur in Teilzeit in der Bäckergruppe Johansson, brauchen daher auch nur Teilzeitkindertagesstättenplätze. Man will versuchen, mit KiTas in der Umgebung der Backstuben bzw. Filialen Teilzeitbelegungen zu vereinbaren, um flexibel den Bedürfnissen der Mitarbeiter nach Kinderbetreuung gerechtzuwerden. Dort, wo es in der Nachbarschaft keine KiTas gibt, insbesondere in Holstein, sollte über Aushänge versucht werden, eine private Unterbringungsmöglichkeit zu finden – finanziert auch von der Bäckergruppe Johansson.

Was das mit dem Ziel „Rotation" zu tun hat? Rotation ist für Mitarbeiter mit Kindern nicht oder nur unter erschwerten Bedingungen möglich!

- Wohnung: Wohnung 3/3: familienfreundliche Strukturen/Wettbewerb

  Ziel   Offenen Wettbewerb „das familienfreundlichste Unternehmen der Region" in Partnerschaft mit den jeweiligen Sozial-/Familienministerien und der regionalen Presse initiieren

  Aktion   Gespräche mit Entscheidungsträgern

  Kennzahl   Gespräche [#]

Auch hier gab es Ängste vor dem offenen Wettbewerb. Aber sollte ein anderes als unser Unternehmen bei dem in Zusammenarbeit mit den regionalen Zeitungen und den jeweiligen Länder-Familienministerien ausgerichteten Wettbewerb reüssieren, so haben wir doch die Chance, von den Gewinnern zu lernen. Und wenn wir gewinnen: Eine bessere Werbung bei Kunden und potenziellen Mitarbeitern gibt es nicht!

Im Übrigen: Es gab eine Vielzahl von weiteren ZAK-Ideen zum Thema familienfreundliche Strukturen, nur reicht der Platz nicht, um alle hier aufzuführen …

- Wohnung: Wohnung 3/4: familienfreundliche Strukturen/Familie Johansson

  Ziel   Nicht immer eine weite Anreise für Vorstände

  Aktion   Vorstandssitzungen in allen Regionen und Sitzungsende nicht nach 16:00

  Kennzahl   Zielerreichung [%]

Es sind nicht immer nur die großen Dinge, die die Welt verändern!

Am Abend waren alle geschafft. So viel denken, reden und dann auch noch entscheiden! Bei leckerem Lübzer Pils klang der Abend aus …

Der nächste Vormittag wurde der Entscheidung gewidmet, welche strategischen Projekte wann umgesetzt werden sollten. Mit viel Zureden blieb es bei drei Projekten, je eines mit Nähe zu den strategischen Themen:

- Im Rahmen des Themas Wirtschaftlichkeit sollten erst die Grundlagen für ein tagesaktuelles Umsatzinformationssystem gelegt werden, bevor man zum nächsten Schritt mit „Umsatz/Mitarbeiterstunde" übergeht, sich dann also auch an der Produktivität orientiert.

- Diskussionen gab es beim Ausbildungsprojekt, das in einem ersten Schritt auf den Ausbau der Azubiausbildung ausgerichtet wurde. In einem zweiten Meilenstein geht es dann in 2015 um den Aufbaue interner Fortbildungsstrukturen.

- Der Ausbau der Familienfreundlichkeit lag den anwesenden Führungskräften sehr am Herzen.

Die anderen Projektideen sollten begonnen werden, wenn die ersten Projekte abgeschlossen sind. Das von Frau Merker betreute strategische Projekt wird jedoch wahrscheinlich über mehrere Jahre laufen …

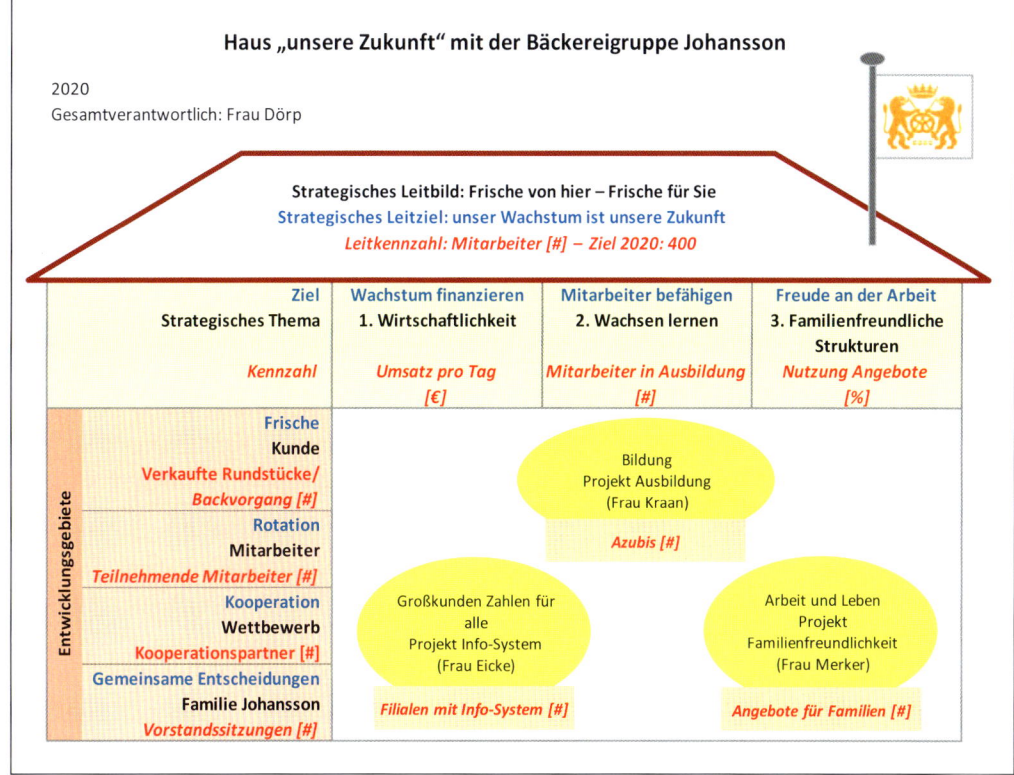

Abbildung 24: Strategische Projekte 2014-2015

Gesamtverantwortlich für die Strategieumsetzung bis 2020 sollte Frau Dörp sein, die sich in den letzten Jahren mit engagierter Arbeit als kaufmännisches Gewissen der Gruppe für einen der Vorstandsposten empfohlen hat.

Den Nachmittag des dritten Tages nutzten wir noch in kleinem Kreis, um über die zukünftige Vorstandsarbeit zu diskutieren: Herr Johansson hatte im Verlauf der Tagung auch noch mit Frau Merker (Grevesmühlen) und mit Frau Eicke (Lübeck) gesprochen, die er als weitere Vorstandsmitglieder im Auge hatte. Als männliche Verstärkung kam ihm Herr Possehl, auch aus Lübeck, in den Sinn. Er war zwar noch nicht lange im Unternehmen und eher ein Querkopf, aber gerade das gefiel ihm: „Wir müssen auch mal unsere ausgefahrenen Bahnen verlassen."

Wie schon angekündigt, sollte jeder ausschließlich für die Gruppe verantwortlich sein, also nicht mehr für eine oder mehrere Filialen/Backstuben. Und zusätzlich übernahm jeder eine Patenschaft über eine der neugegründeten Regionen:

Herr Johansson	verantwortlich für Filialausbau
	Pate für die Region Schwerin
Frau Dörp	verantwortlich für Finanzen/Controlling
	Pate für die Region Stralsund
Frau Merker	verantwortlich für Mitarbeiter
	Pate für die Region Wismar
Frau Eicke	verantwortlich für Produkt/Sortiment
	Pate für die Region Lübeck
Herr Possehl	verantwortlich für Technologie
	Pate für die Region Kiel

Kiel, das war ein kleiner, nicht erwarteter Paukenschlag. Dort kannte Herr Johansson aufgrund seiner Verbandsarbeit einige selbstständige Bäcker, die wahrscheinlich bald ihr Geschäft aufgeben würden – „Eine Chance für uns." Und dort wollte er Präsenz zeigen. „Ob dies wirklich eine relevante Gegend für uns sein wird, hängt stark von Ihnen ab", ermunterte er Herr Possehl. „Sie passt aber in unsere Philosophie und hat Wirtschaftskraft."

Ein Letztes blieb zu tun, um die Strategieumsetzung zu unterstützen: Eine Berichts-Scorecard sollte allen Mitarbeitern zeigen, wie die Reise in eine gemeinsame Zukunft verläuft; hier die erste Scorecard per März 2014, die zukünftig jeweils spätestens am 10. eines Monats in allen Filialen/Backstuben ausgehängt und in den Teamsitzungen besprochen werden soll:

Berichts-Scorecard						Bäckereigruppe Johansson					
per:	03.14					Gesamtverantwortlich: Dörp					
1. aktuelle Zahlen						**2. Erwartung**					
Produkte/Ergebnis	verantw.	Plan per 03.14	Ist per 03.14	Abweichungen zum Plan		Jahres-plan	Erwartung dieses Quartal	Erwartung restliche Zeit	Erwartung Ist Jahresende	Abweichungen zum Plan	
					in %						in %
1. Frische (# Rundstücke)	Possehl	200	212	− 12	− 6	180	192	175	177	3	2
2. Mitarbeiter (#)	Merker	279	279	0	0	290	279	290	290	0	0
3. Umsatz/Mitarbeiter (€/h)	Johansson	60	56	− 4	− 6	60	55	61	59	− 1	− 2
Beste Filiale im Monat	Wismar, Markt		82								
Zweitbeste Filiale im Monat	Travemünde, Vorderreihe		76								
Beste Filiale bislang (aufgelaufen)	Stralsund, Böttcherstr.		74								
4. Umsatz gesamt (T€)	Eicke	2.250	2.194	− 56	− 2	27.000	6.400	20.250	26.900	− 100	0
Umsatz Backwaren (Eigenprod.)		1.200	1.179	− 21	− 2	14.400	3.500	10.800	14.500	100	1
Umsatz Kuchen (Eigenprod.)		350	316	− 34	− 10	4.200	830	3.150	3.980	− 220	− 6
Umsatz Torten (Eigenprod.)		270	254	− 16	− 6	3.240	715	2.430	3.145	− 95	− 3
Sonstige Umsätze erm.MwSt.		240	259	19	8	2.880	780	2.160	2.940	60	2
Sonstige Umsätze volle MwSt.		190	186	− 4	− 2	2.280	575	1.710	2.335	55	2
5. Familienangebote (#)	Merker	30	18	− 12	− 40	250	100	140	240	− 10	− 4
6. Mitarbeiter, Rotation (# Tage)	Dörp	30	32	2	7	600	84	5505	634	34	5
7. Kinder als Kunden (T # Leckerli))	Merker	1,3	1,1	− 0,2	− 15	30	4,3	25,0	29,3	− 0,7	− 2

3. Probleme für die Zielerreichung	**4. eingeleitete Maßnahmen**	**zuständig**
1. Der Einbau neuer Öfen verzögerte sich aus Bauaufsichtsgründen und wird erst Anfang April abgeschlossen sein.	1. Neue Öfen für 4 Filialen bestellt – Installation bis :01.06.14, weitere Öfen in 10 Filialen bis 30.09.14	Possehl Possehl
3. Die vereinbarten Schulungen zum Thema Flexibilitätsverbesserung laufen noch; Herrn Johansson wird die Ehrung der Monatsbesten Filialen auch in den Filialen vornehmen und entsprechend kommunizieren …	3. Flexibilisierungsmaßnahmen schulen Beste auszeichnen und dies kommunizieren	Merker Johansson
4. Eine Mitarbeiterumfrage zeigte, dass dringend neue Kuchensorten angeboten werden müssen. Frau Eicke hat Ideenwettbewerb gestartet.	5. Ideenwettbewerb für neue Kuchensorten bis 30.04.14	Possehl
5. Das Thema Familienangebote muss erst noch detailliert untersucht werden; erste erfolgreiche Angebote sollen nicht davon abhalten, das Thema breiter anzugehen.	7. Aufbau von Kindertheken bis 01.04.2014	Merker
7. Die Konstruktion flexibler Kindertheken ist mit der Tischlerei abgesprochen worden und diese werden nun Zug um Zug in den wichtigsten Filialen eingebaut.	**5. Entscheidungbedarf**	**zuständig**
	1. Invest. für neue Öfen incl. Umbauten 50 T€	Johansson
	7. Suche neue Standorte im Raum Kiel	Possehl

Abbildung 25: Berichts-Scorecard 2014

Zusätzlich erhält natürlich jede Filiale täglich die Umsatzzahlen des Vortages – nach Produktgruppen aufgeschlüsselt. Auch täglich bekommen alle Filialen ein internes Ranking zu den Kennzahlen „Frische" und „Umsatz/Mitarbeiterstunde". „Mehr brauchen wir nicht", erklärte stolz Frau Dörp. „Möglichst einfach muss unser Controllingsystem sein, damit jeder es verstehen kann. Auch bei der Formulierung in der Berichts-Scorecard haben wir viel Wert darauf gelegt, möglichst verständlich zu formulieren, Zusammenhänge klar aufzuzeigen. Kein BWL-Kauderwelsch!

Und es gibt bei uns für alle Kenngrößen einen Verantwortlichen, der sich um Abweichungen vom Ziel kümmert. Natürlich gibt es keine Zielansagen – Vereinbarung bleibt Vereinbarung. Aber wenn ein Ziel mit dem Team vereinbart wurde, gehen wir konsequent der Umsetzung nach und diskutieren mit dem Team, was man besser machen kann."

2.13   Gemeinsam Zukunft umsetzen

In der letzten Woche haben wir uns ganz zwanglos mit Frau Dörp und Herrn Johansson in Berlin getroffen; sie hatten am Institut für Lebensmitteltechnologie der Technischen Universität Berlin zu tun, um die angedachte Partnerschaft zu diskutieren. Wir ließen die letzten 10 Jahre Revue passieren und erinnerten uns an den ersten Workshop in Boltenhagen. „Dort in Boltenhagen, aber noch mehr in der Bäckerei Johansson, nun ja langsam wirklich eine Bäckereigruppe, hat sich unheimlich viel verändert. Wir haben das Gefühl, dass Sie beide Marktveränderungen, die natürlich Risiken bergen, doch immer auch als Chance sehen und genutzt haben. Und für uns hat Ihr ganzes uns bekanntes Team sichtlich Freude an der Arbeit; die Kollegen und sicher auch die Kunden spüren und honorieren dies! Die Zahlen" – Herr Johansson zeigte gerade stolz die Entwicklung – „beweisen es!"

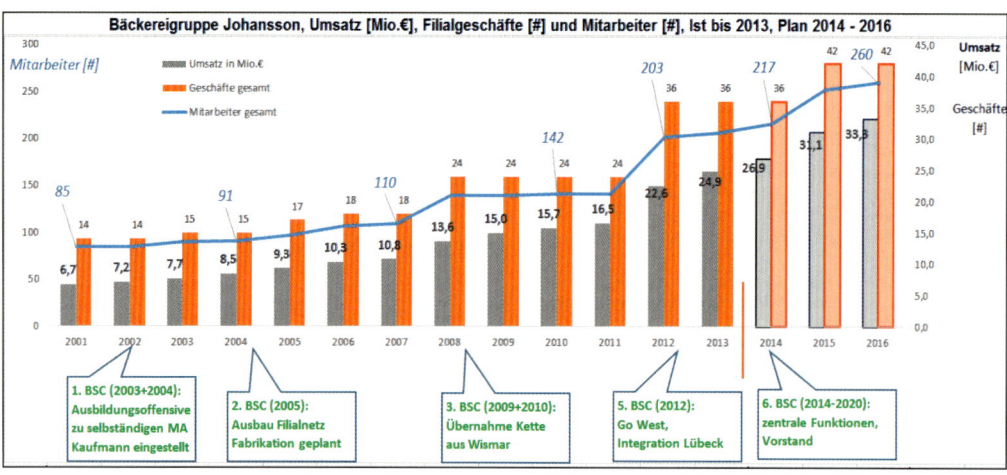

Abbildung 26: Entwicklung der Bäckereigruppe

„Ja, ich habe in den letzten Jahren viel gelernt, am meisten, so glaube ich, von meiner immer charmanten, aber doch auch manchmal recht nervigen Kollegin," und lächelnd schaute Herr Johansson Frau Dörp an „die mich immer wieder daran erinnerte, dass ein auch selbstgesetztes Ziel immer eine Messlatte und einen Zielwert braucht. Und jeder Zielwert regelmäßig einen Istwert, um zu sehen, ob man dem Ziel nähergekommen ist. Wenn es dann nicht geklappt hat, das nervt manchmal wirklich, muss man mit dem Verantwortlichen darüber diskutieren, warum das Ziel verfehlt wurde, was man daraus lernen kann und wann dies Lernen umgesetzt wird.

Dieses konsequente Nachsetzen ist ein ganz wichtiger Teil meiner, unserer Führungsarbeit geworden.

Jeden 2. Montag im Monat sitzen wir im ‚Vorstand' nun zusammen und diskutieren die aktuellen Monatszahlen der 2014-Balanced Scorecard und der Berichts-Scorecard. Viele sind es ja nicht. Brauchen wir ja auch nicht, wozu? Und immer wieder spannend ist, wenn unser ‚Vorstands-Azubi' oder die Teamleiterin der besten Monatsfiliale ihren Senf dazu geben. Häufig haben die Praktiker doch eine andere Sicht als wir im Hinblick auf die Unternehmensführung … Ich lerne immer noch viel und stelle immer wieder fest, die Menschen sind es, die ein erfolgreiches Unternehmen schaffen. Nicht ohne Grund habe ich mich vor 15 Jahren entschlossen, keine Hungerlöhne zu zahlen. Meine Mitarbeiter sind vergleichsweise gut bezahlt. In West und Ost inzwischen gleich. Das war mir immer wichtig. Und ich glaube, das danken mir meine Mitarbeiter – mit Engagement. Es macht richtig Freude, mit diesen Menschen zusammenzuarbeiten!"

„Übrigens haben wir eine neue Sache zum Thema Konsequenz installiert", warf Frau Dörp ein. „Gehören die Zahlen einer Filiale zu den schlechtesten 10 % der Gruppe, dann wollen wir in diesem Jahr erstmalig ein Kriseninterventionsteam einsetzen. Dieses Team besteht aus den Filialleitern der 10 % der besten Filialen und wird im Rahmen einer Rotation nach Verbesserungsmöglichkeiten suchen."

„So lernen wir alle voneinander. Ich kann mich im Rahmen meines Vorstandsteams um den weiteren Ausbau, die Expansion in den von mir angedachten Kieler Raum kümmern. Meine Kollegen nehmen mir schon viel ab und schauen bei Entscheidungen auch nicht immer nach mir. Und so langsam verstehen sie, dass manchmal auch negative Entscheidungen, die richtig wehtun, getroffen werden müssen. Gemeinsam. Letzten Montag haben wir z. B. eine Filiale in Putlitz schließen müssen. Wir fanden einfach keinen Weg zu mehr Umsatz. Putlitz ist eine recht kleine Stadt mit knapp 3.000 Einwohnern, und es gibt dort zwei alteingesessene Bäckereien. Mehr kann die Stadt nicht verkraften. Und Aussicht auf ein relevantes Bevölkerungswachstum, auf mehr und neue Industrien gibt es derzeit nicht – das jährliche VuuV-Festival reicht auch nicht aus, um zu schwarzen Zahlen zu kommen. Es war nicht leicht, auch wenn zwei der vier Mitarbeiter zukünftig in anderen Filialen arbeiten werden. Frau Merker wird sich nun darum kümmern müssen, dass diese negative Meldung nicht demotivierend auf die Mannschaft wirkt."

Wir verabredeten uns für den November, um dann gemeinsam mit dem Vorstand zu sehen, ob das im Februar 2014 festgelegte strategische Zielgerüst beibehalten werden soll – eine Balanced Scorecard lebt und man muss immer prüfen, ob eine Anpassung an neue Realitäten notwendig sind. Aber es scheint, die Bäckereigruppe Johansson ist auf einem guten Weg, verspricht ihren Mitarbeitern eine gute Zukunft und einer wachsenden Zahl von Kunden immer frische Brötchen – Entschuldigung: natürlich „Rundstücke"!

3   BSC – einfach konsequent: Konsequent dran bleiben

Darf ich mich vorstellen? Josef Kaiser, genannt Jupp. Ich bin ein richtiger Ocher Jung, aufgewachsen in Aachen, also eigentlich in Laurensberg, bis 1972 selbstständige Gemeinde und erst dann eingemeindet.

Josef, oder Sie können auch wie alle gleich „Jupp" sagen, Kaiser, Sohn der alten Kaiserstadt und natürlich ein Kaiser-Sohn!

???

Tja, mein Vorfahre Karl der Große war ein mächtiger Mann und soll sich vor mehr als 1.200 Jahren kräftig fortgepflanzt haben. Wahrscheinlich sind mehr als 50 % der Deutschen mit ihm verwandt. Vielleicht auch Sie! Ich bestimmt auch. Bei dem Namen! Ich war aber auch schon mal Prinz – beim Karneval, aber das ist eine andere Geschichte ...

Auch das Wirtschaftsingenieurstudium habe ich natürlich in Aachen an der RWTH abgeschlossen. Mehrere Jahre als Projektleiter in den USA, dann aber wieder zurück als Leiter Controlling, später als kaufmännischer Leiter bei der Remir GmbH – in Aachen.

Remir GmbH kennen Sie nicht? Wundert mich schon. Wahrscheinlich, sofern Sie ein schönes Auto Ihr Eigen nennen, schauen wir uns täglich in die Augen! Tja, da staunen Sie – wir produzieren Innen- sowie Außenspiegel für alle wichtigen Nutzfahrzeughersteller. Na ja, das Wort „wichtig" ist interpretationsfähig, aber dazu später. „Remir" war so eine Idee unseres Firmengründers Herr Klarren, der Ende der 1980er-Jahre einen internationalen Namen für seine Firma haben wollte: „Re"view – Rückblicken und „mir"ror – Spiegel = Rückspiegel; damit wollte er auf dem internationalen Märkten reüssieren. Klappte aber nicht. So nicht.

1996 kam ich zu Remir, wir präpelten so dahin. Richtig erfolgreich waren wir nicht. Erst als sich 2003 der Firmengründer zurückzog und sein Schwiegersohn Dr. Bertrand die technische Leitung übernahm, wurde es besser. Aber nicht so richtig, denn zurückziehen und zurückziehen sind zwei Dinge. Immer noch wirkte unser Senior im Unternehmen mit, mischte sich in Entscheidungen ein. Er wohnte auf dem Betriebsgelände und sprach heute mit dem, morgen mit jenem und glaubte, alles noch im Griff zu haben. Glücklicherweise sah auch Herr Klarren ein, dass das Unternehmen mit knapp 300 Mitarbeitern neue Produktionsräume benötigte. Den Umzug nach Würselen machte er privat nicht mit, so versiegten langsam seine Informationsquellen – nur noch beim Karneval erlebten sie neue Höhepunkte. 2007 verstarb

Frau Klarren, in der Folge hielt sich der Senior aus dem Unternehmen weitgehend zurück und überließ Dr. Bertrand freie Hand. Aber er sollte einen kaufmännischen Leiter bestellen – den fand er auch. Mich, den Jupp!

Wir verstehen uns gut, Dr. Bertrand ist der Primus inter Pares. Aber er schätzt meinen kaufmännischen Sachverstand und akzeptiert auch ab und an ein „Nein" von mir. Die Chemie stimmt zwischen uns.

Anfang 2008 setzten wir beide uns im wunderschönen Château St. Gerlach, 30 km westlich von Aachen, zusammen, um über die Zukunft des Unternehmens zu diskutieren. Es lief nicht schlecht, 36 Mio. € Umsatz im Vorjahr, aber uns war klar, dass wir dem Firmengründer Klarren schon beweisen müssten, dass es voran geht – sonst würde er sich sicher von uns trennen. Ich brachte die Idee der Balanced Scorecard ein – mein neuer Assistent Jens Peters hatte mich im Vorgespräch darauf gebracht. Er kam aus Berlin, hatte an der Humboldt-Universität Betriebswirtschaft studiert, parallel bei uns Praktika absolviert. Während des Studiums hatte er an einem Praxisseminar zur Balanced Scorecard teilgenommen und schlug vor, doch einmal mit den Dozenten Kontakt aufzunehmen.

Ich hatte mit den beiden Dozenten gesprochen und schlug nun meinerseits Dr. Bertrand vor, die beiden nach Aachen einzuladen. Gesagt, getan, Anfang März kamen sie vorbei und zeigten uns auf, wie sie die Belegschaft mit in einen Strategieprozess integrieren würden: „Sie können natürlich strategische Ziele auch mit sich allein besprechen, die Strategie dann – wie so viele andere Unternehmen auch – in den Tresor legen und hoffen, dass sich Ihr Unternehmen in die richtige Richtung entwickelt. Aber: Wäre es nicht einfacher, das Wissen Ihrer Mitarbeiter zu nutzen? Besser, gemeinsam auch an der Umsetzung zu arbeiten und allen Erfolgsmöglichkeiten aufzuzeigen, alle Erfolge erringen zu lassen?" Sie hatten uns überzeugt und Ende Juni sollte es losgehen. Herr Klarren, kurz von uns informiert, ließ uns gewähren, wollte auch nicht an den Strategiediskussionen teilnehmen …

3.1 Frühsommer an der Küste

Wir hatten vor, unseren Führungskräften Anfang Mai nicht nur einen interessanten, sondern auch einen erholsamen Workshop zu bieten: Das Hotel De Blanke Top auf Zeeland liegt direkt auf den Dünen an der holländischen Nordseeküste – im Hochsommer ein beliebtes Feriendomizil.

Aber an zwei Dinge hatten wir nicht gedacht: Wir wurden richtig rangenommen und hatten wenig vom Blick aufs Meer. Und Baden? „Na klar, vor dem Frühstück – aber es dürfte wohl noch richtig frisch sein", hieß es. Also „erholsam" wurde es nicht; interessant schon.

Zweite falsche Einschätzung: Wir wurden gebeten, auch den Betriebsrat (!), einen unserer Auszubildenden sowie zwei „Nicht-Führungskräfte" mit einzuladen: „Wir wollen doch alle Mitarbeiter mitnehmen. Unsere Erfahrung ist leider, dass viele Führungskräfte zu abgehoben vom Tagesgeschäft sind. Und der Betriebsrat, den werden wir wohl benötigen, um die gemeinsam erarbeitete Strategie nicht langwierig vor diesem präsentieren zu müssen. Wir wissen zwar nicht, wie das Ergebnis unseres Workshops sein wird, aber allzu häufig werden mitbestimmungspflichtige Entscheidungen angedacht …"

Auch unser Hinweis auf das derzeit nicht gerade beste Verhältnis zum Betriebsrat zog nicht: „Wir haben noch keinen Betriebsrat kennengelernt, der nicht an der erfolgreichen Weiterentwicklung seines Unternehmens mitarbeiten wollte. Wir werden vielleicht ein oder zwei Stunden mehr Diskussionsbedarf haben – aber dann geht es schneller. Unser Ziel ist eine zumindest 95%ige Zustimmung aller Workshopteilnehmer zur gemeinsam erarbeiteten Strategie – das bekommen wir auch bei Ihnen hin!"

Nun gut.

Wenige Tage vor dem Workshop führten die beiden, die sich als Moderatoren, als Strategieprozessberater verstanden, halbstündige Einzelinterviews bei uns in Aachen durch und ließen sich durch unsere Produktion führen. „Wir wollen ein Gefühl für Ihr Unternehmen aufbauen." Sie schauten sich sogar unsere Toiletten im Werk an – einfach so!

Na ja.

Also, ich war schon ein bisschen skeptisch, aber mein Assistent blieb dabei: „Die packen es!" Wir starteten mit einer Vorstellungsrunde. Aber wozu? Wir alle hatten die Moderatoren kennengelernt, die uns. Aber sie stellten zwei Fragen:

1. Was weiß noch keiner im Unternehmen von Ihnen?
2. Was wollen Sie in 10 Jahren machen?

Zu zweitens wusste ich sofort eine Antwort: Auf Rente gehen! Vielleicht nicht „wollen", aber wahrscheinlich „müssen" – ich bin Jahrgang 1953. Mein Kollege Dr. Bertrand übrigens auch, wir sind gleich alt.

Aber es war schon ganz amüsant von Kollegen, mit denen ich seit Jahren zusammenarbeite, absolut neue Dinge zu hören: Der eine singt im Aachener Domchor, der Produktionsleiter Herr Balzer – er kam aus Bonn – schwärmte von den dortigen Schull- un Veedelszöch[47], die das Highlight seiner Kindheit waren. Ein Dritter, Meister in der Fertigung, war Chef eines Taubenzüchtervereins. Und Dr. Bertrand:

---

[47] Karnevalsumzug für die Schulkinder am Sonntag vor Rosenmontag.

Er war in einem Dorf nahe Eupen aufgewachsen. Daher sein etwas anderes Deutsch. Aber bei uns in Aachen nimmt man das nicht so genau – wir leben in einem Dreiländereck …

Mit dieser Übung war das Eis gebrochen.

Was jeder in 10 Jahren machen möchte: Es war doch interessant zu sehen, dass sich fast alle Kollegen als Mitarbeiter der Remir GmbH sahen und recht hoch fliegende Träume von unserer Situation hatten. Das musste genutzt werden und ich hielt ein Plädoyer für Veränderungen: „Nur, wenn wir es schaffen, in den nächsten Jahren wirklich ein Partner für die Top-5-Lkw-Hersteller zu werden, haben wir eine Chance, am Markt zu bestehen." Dr. Bertrand stimmte mir zu und so setzten wir eine erste Landmarke.

3.2 Die Geschäftsidee

Die Moderatoren wollten Ähnliches: „Worauf sind Sie eigentlich stolz, wenn Sie mit Ihren Kunden sprechen?" „Qualität unserer Produkte", „Lieferfähigkeit", „günstiger Preis" – keiner brachte das Wort „Innovation" über seine Lippen – auch Dr. Bertrand nicht (er hielt sich hier zurück).

„Glauben Sie, dass Sie auf dem Markt mit Qualität – die muss sein (!), mit Lieferfähigkeit – das erwarten Ihre Kunden wohl zurecht (!) oder mit einem günstigen Preis reüssieren werden? Das sind doch Selbstverständlichkeiten. Sie haben nicht gesagt ‚billig', sicher, weil Sie wissen, andere können es immer billiger als Sie in einem Hochlohnland produzieren. Also: Warum sollte ein Lkw-Hersteller gerade Sie als Partner auswählen?" Schweigen.

Nun kam der Auftritt von Dr. Bertrand, Ingenieur und Kenner des Marktes: „Kollegen, wir haben nur eine Chance, wenn wir zurückkommen zu dem, was unser Unternehmen vor 20 Jahren stark gemacht hat: Sie wissen, mit unserem Senior Herrn Klarren hatte ich ab und an Meinungsverschiedenheiten. Aber in einem Punkt war er uns weit voraus: Er sah die Zukunft des Unternehmens als Entwicklungspartner der Lkw-Branche. Leider hatte er nie besonders viel Wert auf die Umsetzung gelegt. Und Innovation braucht Marktfähigkeit, sonst sind es nur Inventionen. Davon hatten wir einige!"

Nun ging es zur Sache und wir hatten am Abend bereits drei Dinge geklärt:

Abbildung 27: Geschäftsidee

Unsere Moderatoren waren recht zurückhaltend mit dem Ergebnis der Diskussionen. „Glauben Sie wirklich, dass das zu schaffen ist?", fragten sie mich beim Abendessen. „Oder ist das mehr ein Traum?" Dr. Bertrand half mir: „Sie haben nach 10 Jahren, also nach 2018 gefragt. Wenn Sie es hinbekommen, dass wir morgen anfangen, diesen Traum umzusetzen und konsequent daran zu arbeiten, dann traue ich es uns zu. Aber: Uns fehlte bislang immer die Konsequenz. Wir haben uns immer zu viel vorgenommen und dann nicht konsequent genug umgesetzt."

3.3   Das Geschäftsmodell

Am nächsten Morgen, einer der Moderatoren ging wirklich vor dem Frühstück in der sehr frischen Nordsee baden, ging es weiter:

„Denken Sie einmal – wie gestern – 10 Jahre voraus: 2018. Was für Kunden haben Sie dann?" „Na, die gleichen wie heute, nur viel mehr!", kam die Antwort wie aus der Pistole geschossen. „Glauben Sie das wirklich? Könnte es vielleicht sein, dass in 10 Jahren der Markt ganz anders aussieht? Was machen die kleinen europäischen Hersteller, wird es die noch geben? Und welche Rolle spielen dann die US-Amerikaner? Weiter: China, Russland und Brasilien, auch Indien: Wird nicht da die Musik gespielt werden? Kennen Sie diese Hersteller? Nein? Nur die europäischen? Werden das die fünf wichtigsten der Nutzfahrzeughersteller-Branche sein?

Wer werden in 10 Jahren Ihre **Kunden**, die wichtigsten Lkw-Hersteller sein?" Meine Kollegen, sie kamen aus der Produktion, aus der Entwicklung, aus Einkauf und Verwaltung sowie aus dem Vertrieb, sie waren ratlos – und wurden in die Gruppenarbeit geschickt, um sich auf Zielkunden zu einigen.

Zu den Nutzfahrzeugherstellern aus den BRIC-Staaten[48] konnte nur der Leiter Vertrieb etwas sagen; er zog eine Statistik heraus und erläuterte diese:

Europa	USA	Japan	BRIC	andere	Summe
2.717	6.856	1.652	3.999	4.128	19.351
14%	35%	9%	21%	21%	

Abbildung 28: Nutzfahrzeugproduktion 2007 in Tsd. Einheiten[49]

Er sah wenig Chancen, bei diesen Herstellern zu punkten: „Dort produziert man heute zwar schon 21 % aller Lkw/Busse, aber man wird auch noch in 10 Jahren eher auf kostengünstige Masse aus sein. Kann das unser Zielmarkt werden? Ich befürchte: Nein! Aber Japan und die USA, die sollten wir nicht wie bislang links liegen lassen, 44 % der Weltproduktion!" So war dieser Punkt für alle abgehakt: Nutzfahrzeug-Hersteller aus Europa, aus den USA und aus Japan.

„Was sind denn aus Ihrer Sicht in 2018 die primären **Kundenbedürfnisse**?", fragten die Moderatoren. „Bezogen auf die großen Hersteller sicher innovative Spiegelsysteme, denn ‚billige' passen nicht zu den im Vergleich zu BRIC-Lkw doch recht teuren Lkw aus Europa etc." „Können wir nicht mit Spiegeln ‚Statussymbole' für die Fahrer schaffen?", fragte unser Azubi. Cleveres Kerlchen, das könnte ein Bedürfnis der Kunden-Kunden sein. Und wenn man unsere Kunden davon überzeugen könnte…

Bei der Frage nach unserer **Kernkompetenz** – „wohlgemerkt in 2018", ergänzte der Moderator – erinnerten wir uns an gestern, an unsere Mission und den Faktor „Stolz": Innovationen entwickeln, vermarkten und produzieren. Bewusst in dieser Reihenfolge, darauf legte ich wert. Zu häufig hatte ich schon erlebt, dass bei uns die Vermarktung zum Schluss kam – manchmal auch zu spät oder gar nicht! Wieder der ungläubige Blick der beiden Moderatoren, als würden sie sich sagen: „Ob die sich nicht zu viel vornehmen?".

„Und was könnte Ihre **Einzigartigkeit** in 10 Jahren sein? Warum sollte einer Ihrer Zielkunden gerade zu Ihnen kommen, am besten darum bitten, Kunde werden zu dürfen?" Soweit hatte noch keiner gedacht: „Kunde werden dürfen?" „Ja, Kollege Reuter, davon träumst Du manchmal als Vertriebsleiter, nicht wahr?", flachste Dr. Bertrand. Aber die Moderatoren hatten uns auf den Weg in die Gruppenarbeit mit-

---

[48] Brasilien, Russland, Indien und China.
[49] Quelle: http://de.wikipedia.org/wiki/Wirtschaftszahlen_zum_Automobil#Nach_L.C3.A4ndern

gegeben, wir sollten ruhig träumen: „Eine Vision ist immer erst einmal ein Traum"… und wir mussten uns dann Gedanken darüber machen, wie so ein Traum Realität werden könnte.

Ich war diesmal mit Dr. Bertrand in einer Arbeitsgruppe. Er war Feuer und Flamme für diesen Traum und fragte, was denn Deutschland auszeichne. Und gab selbst die Antwort: „Erfindergeist, komplexe Lösungen, breit gefächertes Wissen anwenden. Mann, das haben wir doch! Na ja, verstärken müssten wir uns dafür schon." Ich gab zu bedenken, dass unsere Schwäche immer im Umsetzen gelegen habe: „Goldene Wasserhähne können wir konstruieren, nur benötigt die keiner unserer Kunden, zumindest bezahlen wollen sie diese allzu selten. Vielleicht sollten wir Entwicklungsarbeit nicht allein, sondern projektbezogen gemeinsam mit den Kunden leisten."

Wieder im Plenum stellte unsere Gruppe diese Idee vor: Unsere Einzigartigkeit in 2018 soll in projektorientierter Entwicklung zusammen mit Kunden liegen. Das gefiel allen, nur die Produktionsleute moserten etwas: „Wollen wir nur noch entwickeln?" „Nein", entgegnete Dr. Bertrand „Für die Entwicklung benötigen wir den technischen Sachverstand der Produktion. Vielleicht produzieren wir in Zukunft nicht mehr alles und nicht mehr nur in Aachen, aber eine herausragende Entwicklungsarbeit muss immer auch die produktionstechnische Umsetzung im Auge haben – Erfahrungen aus der Praxis sind Voraussetzung dazu."

So hatten wir unser Geschäftsmodell für 2018 skizziert:

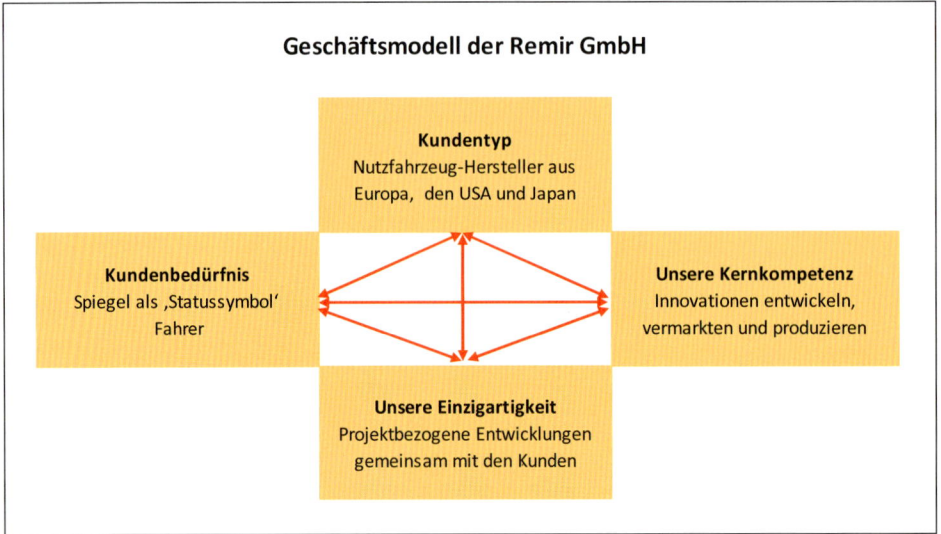

Abbildung 29: Geschäftsmodell Remir GmbH

„Aber wir müssen noch klären, ob diese Idee von Geschäftsmodell eine Chance hat, ausreichend Umsatz und Marge verspricht. Dies aber kann erst später analysiert werden." Schade, ich dachte, dies käme jetzt. Aber wohl auch unsere Moderatoren trauen sich keinen Blick in so ferne Zukunft zu.

3.4 Orientierung und Konkretisierung

Ich wurde direkt von einem der beiden Moderatoren angesprochen: „Wenn Sie, Herr Kaiser, eine Karnevalsfeier planen, welche Informationen benötigen Sie?" Ich begriff schnell, die Frage kam von einem „Preußen". Sie wollten sich wohl bei den Jecken einschmeicheln und ich erwiderte: „Tausendfach gemacht. Welcher Termin und ob der Prinz mit seinem Hofstaat kommt."

„Ist es nicht auch wichtig, wie viele Gäste Sie erwarten?" „Also, wenn das Prinzenpaar kommt, ist der Saal immer voll. Aber Sie haben natürlich recht. Die Anzahl der Gäste ist eine wichtige Größe für die folgenden Aktivitäten."

„So ist das mit Strategie: Eine Karnevalssitzung für 50 Gäste muss anders geplant werden als eine für 150 Teilnehmer. Dies gilt auch für die Remir GmbH: Wollen Sie in 2018 50 Mio. € oder 150 Mio. € Umsatz machen, wird das schon gravierende Auswirkungen auf das TUN in den nächsten Jahren haben. Wenig maßgeblich sind 140 Mio. € oder 150 Mio. €, Peanuts, aber über die Größenordnung sollten wir ein gemeinsames Bild zeichnen." Der Produktionschef, Herr Balzer, war sofort elektrisiert: „150 Mio. €, da benötigen wir eine neue Halle, wenn nicht sogar ein neues Betriebsgelände. Dabei sind wir doch gerade umgezogen. Nein, das geht gar nicht." „Könnten Sie sich auch vorstellen, einen Teil der Produktion in z. B. Polen abzuwickeln?", erwiderten die Moderatoren. Recht hatten sie – und ließen uns wieder in Gruppen und danach im Plenum eine gemeinsame Vorstellung des möglichen Umsatzes in 2018 entwickeln: Wir einigten uns auf eine Größenordnung, auf eine **UPO** (= **u**nternehmens**p**olitische **O**rientierung, von den Moderatoren so genannt), von 120 Mio. €, die wir in 2018 ansteuern wollten.

Den Abend verbrachten wir bei Pilsken – es war eine gute Stimmung und: Dr. Bertrand fing an mich zu Duzen: „Jupp, so lange arbeiten wir zusammen. Aber jetzt haben wir uns gemeinsam viel vorgenommen. Da brauchen wir kein ‚Sie' mehr, da müssen wir in die Hände spucken. Ich heiße Peter!" Das nach mehr als 10 Jahren …

Am nächsten Morgen, einige von uns waren doch vom Genever des Abends etwas „benommen" würde ich mal wohlwollend sagen, fragten uns die Moderatoren, was denn das Hauptproblem sein würde, dem wir uns stellen müssten, um 120 Mio. € Umsatz in 2018 vermarkten und produzieren zu können. Sie können sich schon vorstellen, wie Herr Balzer sofort loslegte: „Die Produktion massiv ausbauen." Ich sah ganz wohlwollend, dass Herr Reuter (Vertrieb) dagegen setzte: „Produktion ist ja sicher notwendig, aber was soll produzieren, wenn wir nichts verkauft bekommen! Darum geht es. Also: Wir müssen unsere vertrieblichen Anstrengungen erhöhen."

Mein neuer Freund Peter (Dr. Bertrand) wiegte seinen Kopf und meinte recht cool: „Alles schön und gut. Balzer, Sie haben natürlich recht. Reuter, Sie auch. Aber was wollen wir denn verkaufen und produzieren? Das, was wir heute schon haben? Unsere einzige Chance besteht doch darin, bessere, schickere, funktionalere – wie haben Sie es denn Herr Klein so schön bezeichnet ‚Spiegel mit Sex-Appeal‘, nein, Sie sagten, Statussymbole‘ für die Fahrer‘ zu entwickeln, dann zu vermarkten und zu produzieren. Und wenn ich mir unsere Entwicklungsabteilung anschaue, Herr Berg, Sie können bestimmt noch viel bessere Spiegel entwickeln, wenn wir etwas mehr Kompetenz in diesen Bereich stecken würden.

Für mich ist eindeutig der Ausbau des Entwicklungsbereichs, der ja partnerschaftlich mit unseren Kunden Spiegel entwickeln soll, das zu lösende Kernproblem. Und Sie wissen ja alle: Ingenieure gibt es nicht wie Sand am Meer. Die wirklich guten gehen lieber zu den Automobilherstellern, für uns fällt der Brosamen ab …"

Dr. Bertrand hatte recht, die Kapazität unseres Entwicklungsbereiches war unsere Achillesferse. „Aber wie lösen Sie das Problem?", fragten die Moderatoren.

Die Antwort war banal, aber alle wussten es: Dies kostet viel Kraft – und mir war klar: Es kostet viel Geld im Vorlauf, das musste verdient werden…

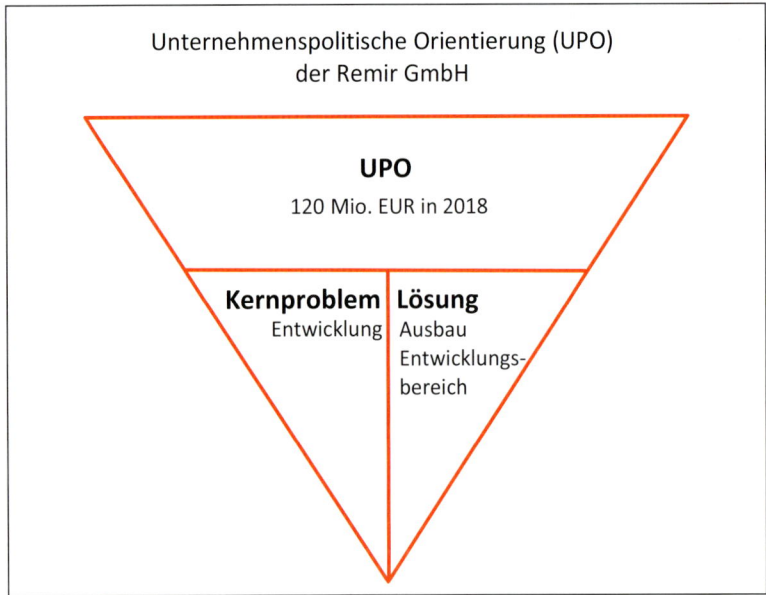

Abbildung 30: Orientierung

Diese Orientierung war natürlich zu konkretisieren. Glücklicherweise erwarteten die Moderatoren jetzt von uns keine Detailplanung bis 2018. Jedoch sollten wir ganz grob die notwendigen Schritte skizzieren: Auf Moderationskarten verzeichneten wir grob den Ablauf und diskutierten gemeinsam an der Metaplantafel, wann welche

Schritte erfolgen sollten. Natürlich, je weiter diese in der Zukunft lagen, umso ungenauer waren die Vorstellungen:

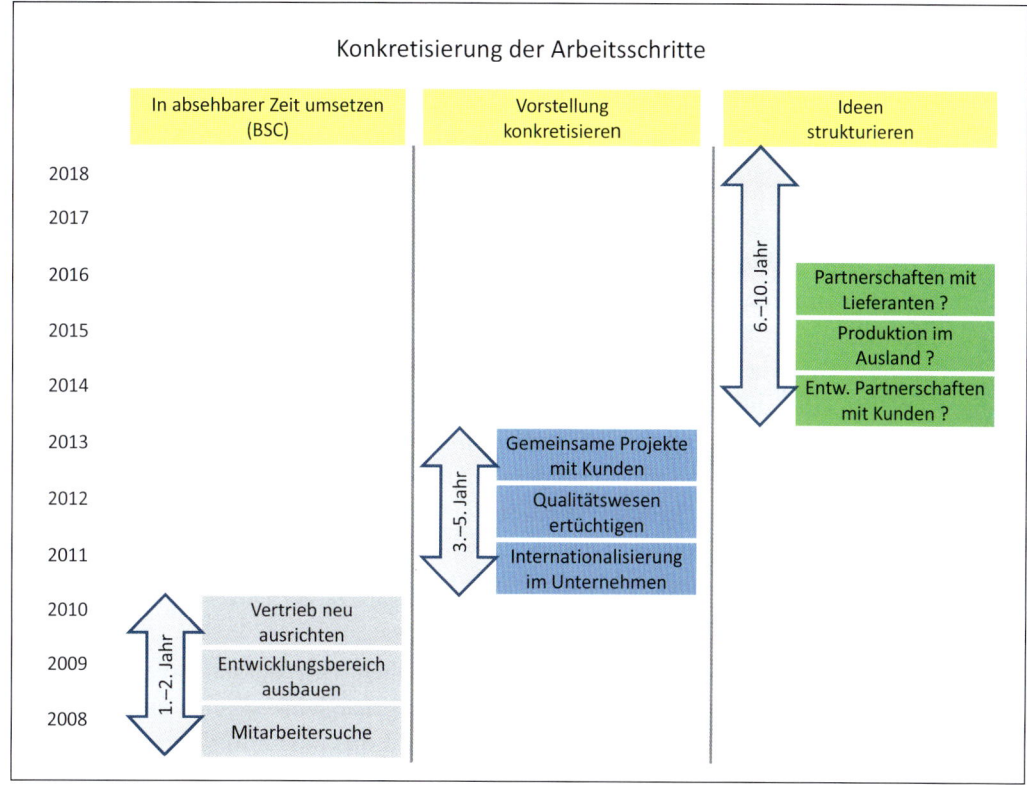

Abbildung 31: Konkretisierung

Es waren zweieinhalb interessante Tage an der in der Sonne fast türkis schimmernden See, von der wir aber nicht allzu viel gehabt hatten. Jedoch: Wir haben für uns ein gemeinsames Ziel herausgearbeitet. Und ich hatte für die nächsten Tage neben meinem Tagesgeschäft doch einige Aufgaben mitgenommen. Aber ich habe ja Jens, meinen Assistenten, der Feuer und Flamme war, weil der Workshop so gut gelaufen war – er hatte sich ein Lob verdient!

3.5 Was TUN – die Balanced Scorecard

Im Juli war es an der See zu teuer; also haben wir uns für die Burg Attendorn im Sauerland als Tagungsort entschieden. Anfangs lief es hinter den dicken Mauern etwas beklemmend, die weite Sicht der Nordsee fehlte, aber so langsam brachten uns die Moderatoren in Fahrt. „Was müssen wir denn bewahren, um unsere Zielstellung 120 Mio. € in 2018 erreichen zu können?" Das war überraschend, denn eigentlich wollten wir doch den Veränderungsprozess starten. Wir sammelten Diverses: Vorzugsweise im Unternehmen gelebte Werte wurden immer wieder als Ergebnis der Gruppenarbeiten genannt: Gemeinschaft, Vertrauen, Zusammenhalt, Tradition, an einem Strang ziehen, Engagement, aber auch Begeisterung für Innovation. Dann fanden die Moderatoren die Kurve zu notwendigen Veränderungen mit folgenden Aussagen: Transparenz, **einen** Fahrplan für alle, bessere Ressourcennutzung, Gestaltungsspielräume für Mitarbeiter schaffen, Veränderungsorientierung in der Führung (!) und Kunden wie Mitarbeitern Perspektiven bieten. Da bekamen Peter und ich ja bereits unser Fett weg – aber auch eine klare Erwartung an die Führung, an unsere Führung!

In der Pause fragte ich einen der Moderatoren, warum sie Argumente gegen Veränderung gesammelt hätten. „Etwas uns Wertvolles bewahren zu wollen, ist doch kein Argument gegen Veränderungen. Wo Bewahrenswertes bedroht ist, können Veränderung hilfreich sein. Aber Veränderungen ohne Beibehaltung des Bewährten führen schnell zu einer destruktiven Revolution", sagte er mir. „Und bei solch einer Revolution gibt es zu viele Verlierer. Wir wollen, nein wir müssen auf dem Bewährten aufbauen, damit wir konstruktiv verändern können und möglichst alle Menschen mitnehmen. Zu viel Veränderung verkraften die wenigsten. Verändern um zu Bewahren – das ist auch wieder so eine Balance, die uns beim Umsetzen einer Strategie helfen kann. Und ganz nebenbei: Vieles in Ihrem Unternehmen ist doch wirklich des Bewahrens wert, oder nicht?"

Schlag auf Schlag ging es dann weiter: „Wir glauben, dass Zukunft in Schritten gemanagt werden sollte. Nicht alles auf einmal. Wie viele Jahre können Sie einigermaßen sicher einschätzen? Klassischerweise entspricht dies einem Innovationszyklus. In der Forstindustrie sind das bis zu 30 Jahre, in der IT, insbesondere bei mobilen Anwendungen, mit denen wir in den nächsten Jahren rechnen müssen, vielleicht sechs bis 12 Monate." Mein Kollege Dr. Bertrand meinte: „Die Entwicklung für ca. 2 bis 3 Jahre könnte ich schon realistisch einschätzen; mehr sicher nicht." „Das können wir uns auch vorstellen. Das ist wie beim Wandern. Sie haben ein Ziel, wissen um die Etappen, um mögliche Schwierigkeiten. Aber beim Blick in die Karte interessieren Sie sich für die nächsten 500, vielleicht 1.000 Meter. Und wenn Sie diese geschafft haben, kommen die nächsten 500 Meter. Es wäre unrealistisch, alles bis zum Berggipfel en détail zu planen …"

„Nun gut, 2 bis 3 Jahre bedeutet 2010; wie wollen Sie als Remir GmbH bis 2010 gesehen werden? Was ist dann das wichtigste Ziel, das Sie bis 2010 umsetzen wollen, nein müssen, um so gesehen zu werden? Ein paar Schwerpunkte haben Sie ja im Zusammenhang mit der UPO bereits festgezurrt."

Nach erneuter Arbeitsgruppenarbeit und anschließenden Diskussionen verständigten wir uns auf: „Wir wollen im Markt als ein innovativer Entwickler wahrgenommen werden." Und dafür ist die schwierigste Aufgabe, gute Ingenieure für unser

Produkt Spiegel zu begeistern. Innovation beginnt bei uns mit der Leitkennzahl „Anzahl neu eingestellter F+E-Mitarbeiter", denn darum ging es in der ersten Etappe: Remir fit für die Entwicklung und am Markt als Entwickler bekannt zu machen.

Remir GmbH 2010		
Leitbild	Leitziel	*Kennzahl*
Remir wird als ein innovativer Entwickler wahrgenommen	Innovation beginnt bei uns	*neu eingestellte F+E-Mitarbeiter [#]*

Somit hatten wir das Dach eines strategischen Hauses bis 2010 erarbeitet:

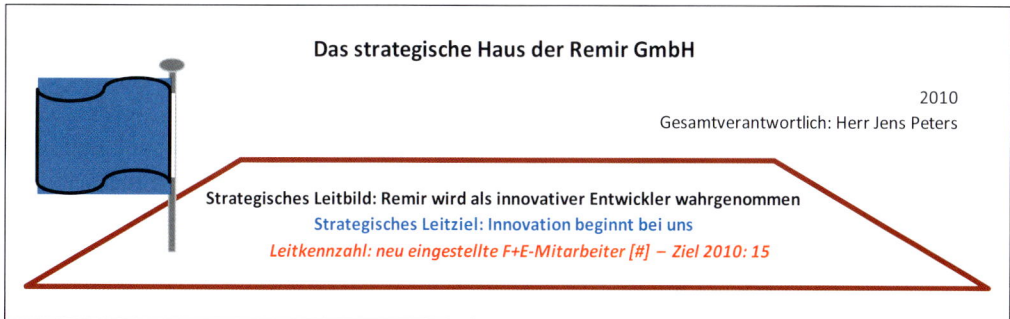

Das strategische Haus der Remir GmbH

2010
Gesamtverantwortlich: Herr Jens Peters

Strategisches Leitbild: Remir wird als innovativer Entwickler wahrgenommen
Strategisches Leitziel: Innovation beginnt bei uns
Leitkennzahl: neu eingestellte F+E-Mitarbeiter [#] – Ziel 2010: 15

Abbildung 32: Das Dach des strategischen Hauses der Remir GmbH

Wie Sie unschwer erkennen können, hatten sich mein Kollege Dr. Bertrand und ich vorab auf Herrn Peters, meinen Assistenten, als BSC-Beauftragten geeinigt – er war Feuer und Flamme!

Am Nachmittag beschäftigten wir uns mit den strategischen Themen, die wir in den nächsten Jahren erreichen wollten. „Diese müssen natürlich – wie auch später die Entwicklungsgebiete/Perspektiven das strategische Leitziel unterstützen."

Remir GmbH 2010		
Ziel	Strategisches Thema	*Kennzahl*
Verstärkung F+E	Mitarbeitersuche	*Bewerbergespräche [#]*
Kreativität stärken	Führung	*„Denktage" [#]*
Interessentengewinnung	Vertrieb orientieren	*Interessentenbesuche [#]*

Die ausgewählten strategischen Themen sollte ich kurz erläutern:

1. Als Kennzahl für die Suche und Einstellung neuer F+E-Mitarbeiter hatten wir anfangs auch an „Anzahl eingestellte Mitarbeiter", dann sogar an „Anzahl neue Mitarbeiter nach erfolgreich abgeschlossener Probezeit" gedacht. Dann machten

uns unsere Moderatoren darauf aufmerksam, dass es vielleicht auch frühere Indikatoren geben könnte. Und wir kamen auf „Anzahl Bewerbergespräche" – wahrlich ein früherer Indikator. Und ohne Gespräche gibt es keine Einstellungen! Ein noch früherer Indikator wäre „Beteiligung an Absolventenmessen an technischen Universitäten", aber das war uns dann doch eine zu lange Erklärungskette zu dem eigentlichen Ziel.

2. In den Diskussionen zeigte sich zudem, dass sich unser zu kleiner Entwicklungsbereich auch noch stark um Sonderaufträge der Kunden, um Kundenkontakte etc. kümmern muss und so keine Zeit findet, Neues anzudenken und zu entwickeln. „Wir müssen auch einmal abschalten und neu denken können", rief Herr Berg, unser Entwicklungschef der Geschäftsführung zu. Und da kamen wir auf „Denktage". Herr Reuter (Vertrieb) berichtete von einem anderen Unternehmen, in dem die gesamte Führungsmannschaft und alle Entwickler einen Tag im Monat Zeit für Kreatives bekommen – einzeln oder in Gruppen. In diesen Denktagen werden Ausstellungen, Messen und Branchen-Partner besucht, werden Kreativworkshops im Unternehmen oder bei Dritten abgehalten – um auf neue Gedanken zu kommen. Ich war zwar etwas skeptisch, aber fast alle anderen waren von dieser Aussicht begeistert. Denn es war nun eine Führungsaufgabe, Zeit für diese Denktage frei zu schaufeln.

Mal schauen …

3. Das Thema „Vertrieb orientieren" war schon etwas zukunftsorientierter: Wenn wir mehr Entwickler haben und auch hoffentlich neue, aufregende Ideen, dann muss das jemand, dann müssen das unsere Kunden (!), mitbekommen. Deswegen wollten wir dafür sorgen, dass uns alle relevanten Hersteller in unseren Zielmärkten kennenlernen und damit erst einmal die Chance bekommen, darüber nachzudenken, Entwicklungspartner von uns werden zu wollen.

Mit den Entwicklungsgebieten – „Wir wollen die Beziehung zu den relevanten Stakeholdern entwickeln", führten die Moderatoren aus – taten wir uns nicht schwer; diese waren schnell gefunden. Auch den Zusammenhang zwischen unserem Interesse (Leitziel) und dem der Stakeholder erkannten wir in allen Gruppen:

Remir GmbH 2010		
Ziel	**Entwicklungsgebiet**	*Kennzahl*
Kennenlernen	Kunden	*Messebesuche [#]*
Produktivität	Mitarbeiter	*Teilnahme Mitarbeiter an KVP-Zirkeln [#]*
Zusammenarbeit	Lieferanten	*A-Lieferanten [%]*
Kommunikation	Gesellschafter	*Kontakte [#]*

Als kaufmännischem Leiter lag mir insbesondere das Thema Produktivität am Herzen: Nur wenn sich alle Mitarbeiter für ihre Bereiche Gedanken machen, wie die Produktivität verbessert werden kann, ist es möglich, die neuen strategischen Aufwendungen auch zu bezahlen. Hierfür sind fest etablierte KVP-Zirkel für alle Mitarbeiter einzurichten und abzuhalten und den Mitarbeitern ist die Chance zu geben, selbstständig und eigenverantwortlich erfolgreich zu arbeiten.

Auf dem Entwicklungsgebiet Lieferanten wollten wir uns stärker fokussieren und besonders innovative Partner als A-Lieferanten qualifizieren.

Meine Aufgabe wird in Zusammenarbeit mit unserem Controllerservice sein, den Gesellschafter bei dieser Reise in die Zukunft mitzunehmen – durch regelmäßige Berichte und Treffen.

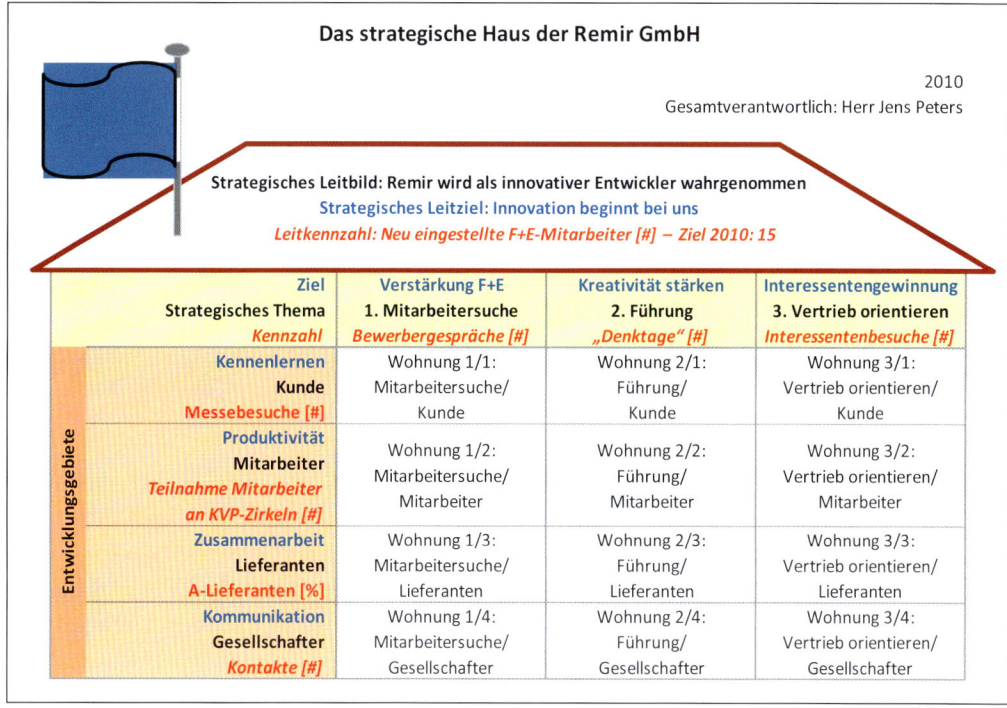

Abbildung 33: Remir - die Wohnungen sind definiert

Im nächsten Arbeitsschritt bekamen wir die Aufgabe, zielorientierte Aktionen mit dazugehörigen Kenngrößen zu erarbeiten. Schwer taten wir uns bei der Wohnung 2/4: Führung/Gesellschafter. Was sollten wir da tun? „Wenn es Ihnen schwer fällt, eine Wohnung mit konkreten Aktivitäten auszufüllen, ist es ein Zeichen, dass Sie noch nicht umfassend den Zusammenhang zwischen strategischem Thema und Entwicklungsgebiet erfasst haben. Worum geht es beim Gesellschafter? Dieser soll – so Ihr Ansinnen – besser informiert sein, soll die Strategie verstehen. Natürlich, um sie zu unterstützen. Das Thema „Führung" mit der Kennzahl „Denktage" dient der Unterstützung von Kreativität, führt zu mehr Eigenverantwortung, zu Engagement. Warum nicht auch bei Ihrem Gesellschafter? Warum soll dieser denn nicht z. B. an Workshops teilnehmen, warum nicht auch Engagement zugunsten der Remir GmbH einbringen?"

Mit diesem Hinweis kamen uns dann doch auch einige Ideen zu dieser Wohnung:

- Wohnung: Führung/Gesellschafter:
  Ziel   Gesellschafterideen aufgreifen
  Aktion   Gesellschafterbeteiligung an Workshops
  Kennzahl   Workshoptage mit Gesellschafterbeteiligung [#]
- Wohnung: Führung/Gesellschafter:
  Ziel   Den Gesellschafter beteiligen
  Aktion   Den Gesellschafter zu BSC-Terminen einladen
  Kennzahl   Sitzungen mit Gesellschafterteilnahme [%]
- Wohnung: Führung/Gesellschafter:
  Ziel   Interesse für Remir-Entwicklungen nutzen
  Aktion   Kamingespräche mit Interessenten und dem Gesellschafter
  Kennzahl   Gemeinsame Kamingespräche [#]
- Wohnung: Führung/Gesellschafter:
  Ziel   Remir-Entwicklungen unterstützen
  Aktion   Monatliche Präsentation neuer Produktideen im Beisein des Gesellschafters
  Kennzahl   Teilnahme des Gesellschafters [%]

Wollten wir wirklich Herrn Klarren mit ins Boot holen? Wir hatten doch durch den Umzug für etwas Abstand gesorgt. Und nun so? Beim abendlichen Pils – Kölsch gab es im Sauerland nicht – diskutierte ich dies mit Dr. Bertrand – das „Peter" kam mir immer noch nicht so richtig über die Lippen – und den Moderatoren. „Wir kennen den Firmengründer nicht. Jedoch kennt er sicher den Markt immer noch sehr gut und kann deshalb auch Hinweise dazu geben, wie man mit der gewählten Strategie erfolgreich werden kann. Und eines dürfen wir nicht vergessen: Bezahlen muss der Gesellschafter die Strategie. Sie können natürlich auch auf die Zusammenarbeit verzichten, sollten sich dann aber schon jetzt überlegen, was sie machen, wenn der gewählte strategische Ansatz nicht erfolgreich wird. Das ist das Schöne an Strategie, an Zukunft: Keiner beherrscht sie und deshalb wird der im Wettbewerb die Nase vorn haben, der sich besser auf die Ungewissheiten vorbereitet, besser mit ihnen umgehen kann – und wir können nur hoffen, dass 15 Führungskräfte mit durchschnittlich 15 Jahren Erfahrung im Nutzfahrzeugmarkt eine bessere Intuition haben als ein oder zwei Geschäftsführer. Unsere Erfahrung bestätigt dies, aber eine 100%ige

Sicherheit können wir nicht geben. Dazu kommt: Die Umsetzung obliegt Ihnen. Noch ein Wort zur Erfahrung: Wir haben festgestellt, dass eine gemeinsam erarbeitete und dann auch konsequent umgesetzte Strategie schon fast eine Erfolgsgarantie ist. Die Konsequenz in der Umsetzung, das ist das Erfolgsgeheimnis.

Aber zurück zu Ihrer Frage: Beteiligen Sie Herrn Klarren und sichern Sie sich dadurch etwas ab – auch das ist ein wichtiger Ansatz einer Strategie."

Am nächsten Morgen haben wir die mehr als 160 Ideen für konkretes strategisches TUN für die nächsten gut 2 Jahre zu Projektideen zusammengefasst und diese je einem Projektleiter aus unseren Reihen zur weiteren Bearbeitung überlassen. In kleinen Teams sollten die Projektleiter aus den geclusterten Projektideen Vorschläge für strategische Projekte erarbeiten und uns allen in acht Wochen, nach den Sommerferien präsentieren.

3.6   Loslegen mit strategischen Projekten

Das Arbeiten auf einer Burg hatte uns gefallen und so trafen wir uns für einen Tag auf der Burg Nideggen, um gemeinsam zu beraten, mit welchen Projekten wir unsere Reise in die Zukunft starten würden. Alle Projektleiter lieferten einen kurzen Abriss über die angedachten Arbeiten, die zu erwartenden Kosten, die Projektdauer und darüber, welche strategischen Implikationen das Projekt hätte. Auf Bitte der Moderatoren sollte auch über die zu erwartenden operativen Auswirkungen gesprochen werden – denn „natürlich nehmen wir uns strategische Arbeiten vor, um damit Geld zu verdienen, das dann wieder in das Unternehmen gesteckt werden kann."

Und noch eines betonten die Moderatoren, bevor wir zur Auswahl schritten:

„Nehmen Sie sich nicht zu viel vor. Lieber nur zwei oder drei Projekte richtig und mit dem vollen Engagement aller Beteiligten umgesetzt als viele halbherzig. Und sehen Sie bitte das Abstimmungsergebnis als Empfehlung an die Geschäftsführung, denn zum Schluss müssen die beiden Geschäftsführer entscheiden und dies gegenüber dem Gesellschafter vertreten."

Wir nahmen uns die Empfehlungen nur zum Teil zu Herzen. Es wurden vier Projekte, mit denen gestartet werden sollte:

Remir GmbH 2010		
Ziel	Projekt	*Kennzahl*
Engagement	Führung	*Teilnehmer an Infoveranstaltungen [%]*
Qualifikation	Belegschaft	*Schulungstage [#]*
Interesse	Zusammenarbeit	*Gespräche mit Kunden/ Lieferanten [%]*
Wachsen	Entwicklung	*Entwicklungsideen [#]*

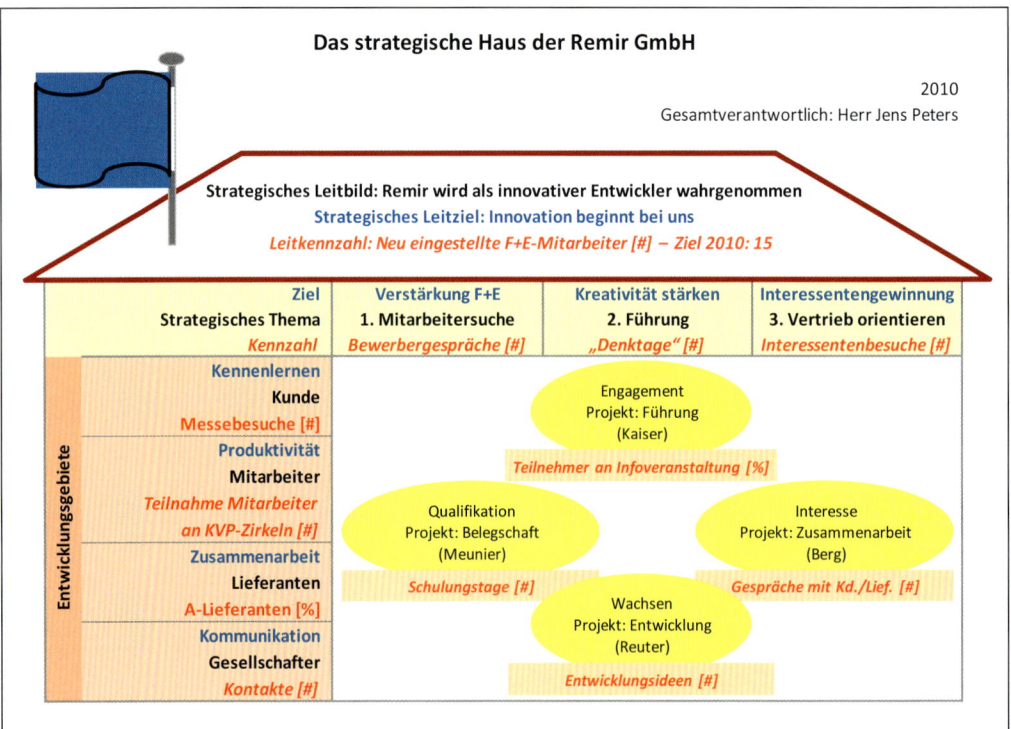

Abbildung 34: Strategisches Haus Remir mit Projekten

Die beginnende Projektarbeit löste zwei unerwartete Folgen aus:

1. Im Projekt Führung wurde auch der Vorschlag für regelmäßige Entwickler-Informationsveranstaltungen über neue Ideen, neue Kunden, neue Produktionsprozesse etc. aufgegriffen. Jede zweite Woche berichtete – immer abwechselnd – ein Team von neuesten Erkenntnissen. Ich war vorab recht skeptisch: Am Freitag um 14:00 (!) nahmen wir uns eine Stunde Zeit, danach war offiziell Ende der Arbeitszeit und ich dachte, alle sind mit dem Kopf schon im Wochenende. Mitnichten. Im Gegenteil! Die Diskussionen uferten üblicherweise aus, denn alle brachten ihre Anmerkungen zu den vorgestellten neuen Themen ein – und unser Entwicklungschef Herr Berg war überrascht, wie viel Know-how wir im Unternehmen hatten. Es gab einen richtigen Entwicklungsschub.

Als Folge dieser Treffen war auch die fachliche Einarbeitung unserer neuen Mitarbeiter viel leichter; diese bekamen schnell mit, woran im Unternehmen geforscht wurde und wer an innovativen Entwicklungen mitgearbeitet hatte.

Ursprünglich ging das die Entwicklertreffen organisierende Projektteam von 20 bis 30 teilnehmenden Mitarbeitern aus. Es waren nach kurzer Zeit aber regelmäßig 70 bis 100, also rund 30 % unserer Mitarbeiter. Auch unsere Werker brachten sich ein und waren stolz, dass ihre Ideen aufgegriffen wurden, verstanden auch so manches Mal, warum ein neuer Spiegel so und nicht anders konzipiert wurde.

Zusätzlich zu diesen Treffen wurden in allen Unternehmensbereichen KVP-Zirkel eingerichtet. Jeweils ein Mitarbeiter eines Teams wurde geschult um mit seinem Team fortwährend kleine Verbesserungsschritte in ihrem eigenen Bereich zu diskutieren und auch umzusetzen. Jedes Team bekam dafür vier Stunden und max. 1.000 € pro Monat eingeräumt – es war faszinierend, was die Mitarbeiter ohne unser Zutun auf die Beine stellten.

Die Produktivität – Voraussetzung dafür, sich mehr Entwicklung leisten und dementsprechend die Arbeitsplätze sichern zu können – wuchs, obwohl wir uns in allen folgenden Jahren einen erheblichen Aufbau unseres Entwicklungs- und Vertriebsbereiches geleistet haben. Nachdem jedoch nach 2010 die Produktivität, gemessen als Rohertrag pro Mitarbeiterkosten, wieder leicht absank, haben wir Ende 2011 die KVP-Schulungen erheblich ausgeweitet und hatten damit viel Erfolg: Obwohl die Mitarbeiterzahl erheblich zunahm – die Produktion wie die Produktivität wuchsen schneller!

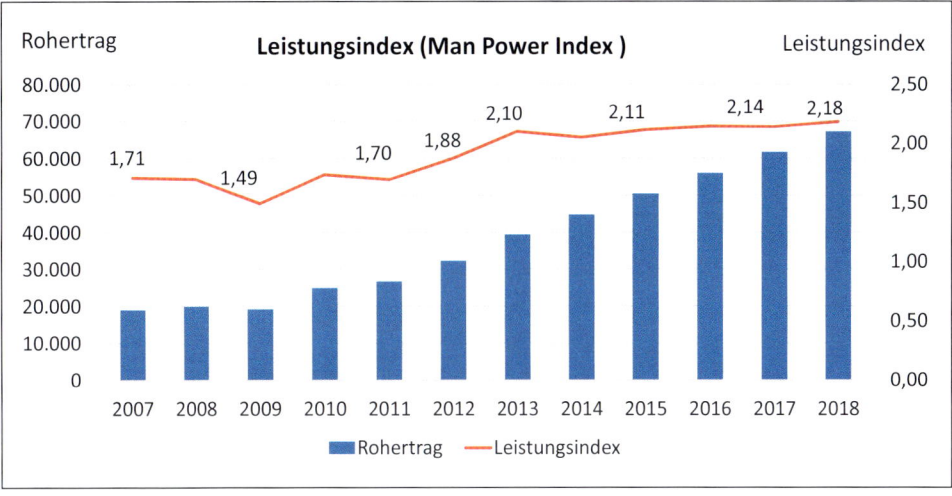

Abbildung 35: Leistungsindex Remir GmbH

Beides, die Entwickler-Informationsveranstaltungen wie die KVP-Treffen waren eine Erfolgsstory; wir waren uns vorher gar nicht bewusst, wie viel Wissen und Engagement bei unseren Mitarbeitern vorhanden war.

2. Die zweite, leider weniger erfreuliche Folge unserer Zukunftsarbeit mit der Balanced Scorecard war Zwist mit der Familie. Eigentlich war ich mir sicher: Unser Senior Herr Klarren hat eingesehen, dass nun sein Schwiegersohn das Unternehmen erfolgreich führt. Mitnichten. Er moserte auf der Quartals-Inhaberversammlung über die Einstellung von Mitarbeitern. „Wir brauchen Leute, die

arbeiten, nicht noch mehr Entwickler, die ihre Aufgabe darin sehen, noch mehr Schnickschnack in die Spiegel zu integrieren. Diese Leute sitzen auch nur rum und was soll ein ‚Denktag‘? Das ist doch irgend so ein Berater-Hirngespinst", regte er sich auf.

Auch die KVP-Idee fand nicht seine Zustimmung – mit der Folge, dass wir die KVP-Treffen später zwar einführten, dies aber taten, ohne großen Schulungsaufwand dafür zu betreiben.

Viele Stunden diskutierten wir beiden Geschäftsführer miteinander, auch mit dem Betriebsrat (!) und mit den BSC-Moderatoren, wie wir uns in dieser Situation verhalten sollten. Wir waren uns sicher: Wenn die strategischen Anstrengungen, die ja einigen finanziellen Aufwand bedeuteten, nicht recht kurzfristig operative Erfolge zeitigen würden, hätten wir ein großes Problem. Da der Senior nicht an den BSC-Workshops teilnehmen wollte (wir waren auch nicht von der diesbezüglichen Idee der Moderatoren begeistert) und die Diskussionen nicht mitgemacht hatte, verstand er auch unsere Ergebnisse nicht. Diese zu erläutern, hatten wir auch nicht die Zeit; er war zu ungeduldig. Rettung kam, als die Idee entstand, mit ihm gemeinsam die Berichts-Scorecard zu erstellen. Na ja, das „gemeinsam" kam dann recht kurz, aber die erarbeitete Berichts-Scorecard wurde, als sie fertig war, mit ihm durchgesprochen – und von ihm akzeptiert.

Ich wurde von meinem Geschäftsführerkollegen gebeten, die Unterrichtung der Familie über die jeweiligen Quartalszahlen zu übernehmen; er befürchtete, dass familiäre Animositäten einen Einfluss haben könnten – ich war neutraler.

Wohlwissend, dass wir uns keine negativen Entwicklungen im operativen Bereich erlauben dürften, starteten wir die BSC-Umsetzung anfangs dann auch recht zögerlich.

3.7 Der Einbruch – Ende aller Strategie?

„Starteten wir zögerlich" klingt noch recht positiv, denn im Oktober 2008 brach auch bei uns der Umsatz vollkommen ein. Die Märkte spielten verrückt. Eine Krisensitzung jagte die andere. Aber – aus heutiger Sicht glücklicherweise – es bekam mich einer der Moderatoren ans Telefon, bevor bittere Entscheidungen getroffen werden sollten: „Nutzen Sie die Situation strategisch", warnte er. „Keiner kann in die Zukunft schauen, aber wir möchten fast garantieren, dieser Spuk, so schlimm er im Augenblick auch ist, wird in Kürze vorbei sein. Dank der politischen Entscheidungen der Bundesregierung können Sie die auftragslose Zeit nutzen: Schicken Sie Ihre Mitarbeiter auf Fortbildung, organisieren Sie Workshops mit Kunden und Mitarbeitern, lassen Sie Ihre Entwickler kostenlos bei Ihren Kunden mitarbeiten, die Versandkollegen könnten Praktika bei den Wareneingängen der Empfängerwerke machen – lernen und dabei am besten Kundenbeziehungen aufbauen."

Es war eine schwierige Entscheidung: Mitarbeiter entlassen oder Kurzarbeit mit ungewissem Ausgang. „Wenn jetzt andere entlassen, haben Sie die Chance, sich als Arbeitgeber zu platzieren, der auch in Krisensituationen zu seinen Mitarbeitern hält. Also stellen Sie jetzt ein – und entlassen Sie nur die Mitarbeiter, die auch schon in der Vergangenheit eine wirkliche Belastung darstellten." Wir wagten es.

Herr Klarren tobte. Man muss Leute entlassen, die Kosten drücken, damit wenigstens noch ein Gewinn erzielt wird. „Was wollt Ihr machen, wenn diese Krise ein Jahr anhält?", fragte er drohend. Und er hatte recht! Dann hätten wir auf das falsche Pferd gesetzt und wären einer Pleite nahe – obwohl, als mittelständisch geprägtes Unternehmen können wir auch solche Zeiten überstehen, aber eben mit einem negativen Jahresergebnis. Herr Klarren war drauf und dran, uns vor die Tür zu setzen, aber so schnell findet man keine neuen Geschäftsführer – und seinen eigenen Schwiegersohn zu entlassen, damit die Familienbande zu zerstören, das Risiko war ihm dann doch zu groß!

Jedoch, wir hatten Glück. Schon am Ende des 1. Quartals 2009 kamen mehr Aufträge herein; ab dem dritten Quartal 2009 lief die Produktion wieder wie im Vergleichszeitraum des Vorjahres und in 2010 brachen wir alle Rekorde: 30 % Umsatzwachstum gegenüber 2009! In 2009 noch eine schwarze Null (man lernt schnell, diese zu erzeugen) und in 2010 ein super Ergebnis – so gut wie noch nie!

Die Empfehlung, in der Krisenzeit nicht zu entlassen, sondern einzustellen und die Leerzeiten mit sinnvollen Tätigkeiten zu nutzen, hat sich als goldrichtig herausgestellt. Dank der „Praktikantentätigkeit" bei den Kunden wusste unser Versand, was der Kunde wie geliefert bekommen wollte (besser als der dortige Einkauf) – und man hatte einen kurzen Draht, falls einmal etwas schiefgegangen sein sollte, ohne Chefs und direkt von Kollege zu Kollege. Die Entwickler kannten ihre Kollegen bei den Nutzfahrzeugherstellern und wurden nun viel besser in neue Konzepte einbezogen.

Und unsere Produktion hatte noch engagiertere Mitarbeiter, die nun insbesondere in 2010 zurückgaben, was wir Ihnen im Krisenjahr gegeben hatten: Gemeinschaft, in der alle an einem Strang ziehen. Es war aber an der Grenze des Zumutbaren, was wir von unseren Mitarbeitern insbesondere in der Produktion erwartet hatten. Wochenlang Mehrschichtbetrieb – und der Versuch, auf die Schnelle Produktionsmaschinen zu bekommen, war nicht von Erfolg gekrönt.

Ganz nebenbei – wir haben aus den beiden Jahren eine Konsequenz gezogen: Alle mittelfristigen Planungen gehen von drei Szenarien aus:

- Wie ist das Ergebnis im Normalfall?
- Wie ist es bei einer Produktionsverringerung von 15 % (Worst Case)?
- Wie ist es bei einer Auftragseingangssteigerung von 20 % (Best Case)?

Wir haben zukünftig die Pläne für gravierende Marktschwankungen in der Tasche …

In 2009, aber auch im 1. Halbjahr 2010 liefen unsere Balanced Scorecard-Projekte nicht auf Sparflamme. Dank der Krise hatten wir Zeit, um unsere Projekte Führung, Zusammenarbeit, Entwicklung und Belegschaft voranzubringen. Wir sind in der Krise zu einem Team zusammengewachsen, haben mit- und voneinander gelernt – und haben, zumindest mein Kollege und ich, einige graue Haare bekommen. Denn in dieser Kurzfassung klingt das alles viel leichter, als es in der Realität war, mit all den schlaflosen Nächten und den Zweifeln, ob wir das Richtige tun. Zum Schluss wurden wir für unseren Mut belohnt. Es hätte allerdings auch schiefgehen können – auch das ist Strategie.

3.8   Weiterentwicklung der Strategie

Ende 2010 machten wir einen Auffrischungsworkshop, um neue Ziele für 2011 und 2012 anzusteuern. Unsere strategischen Themen hatten sich gewandelt:

Remir GmbH 2012		
Ziel	Strategisches Thema	*Kennzahl*
voneinander lernen	gemeinsame Projekte mit Kunden	*Entwicklungsprojekte [#]*
Sprache lernen	Internationalisierung	*Kursteilnehmer [#]*
vorbereitet sein	Qualitätswesen	*Prävention in vorgelagerten Bereichen [#]*

Insbesondere beim Aufbau/Ausbau des Vertriebs hatten wir festgestellt, dass innovative Ideen allein nicht ausreichen. Wir müssen auch wissen, warum sie für unsere Kunden – und für „uns" – gut sind. Dafür ist es am besten, wir entwickeln gemeinsam mit den Kunden. Die Vorarbeiten dazu hatten wir in der Krise gemacht. Nun ernteten wir.

Aber schon im Vorlauf war uns klar: Es reicht nicht aus, Kunden im Ausland nur zu beliefern. Unsere Mitarbeiter, ob im Vertrieb, in der Entwicklung, aber auch im Rechnungswesen und in der Telefonzentrale, sollten des Englischen mächtig sein. Daher unser Thema Internationalisierung, wobei uns klar war, dass in dem Thema wesentlich mehr steckt als Sprachen zu lernen. Es war ein Anfang.

Sollten wir wirklich mit dieser Strategie erfolgreich sein, sollten wir wie erhofft viele Aufträge bekommen, musste auch unser Qualitätswesen ertüchtigt werden. Insbesondere das Thema Prävention sollte ausgebaut werden. „Fehler sollen dort abgestellt werden, wo sie auftreten, nicht erst dort, wo man sie feststellt", sagte Herr Jender, unser Qualitäter. Wir einigten uns diesmal auf drei Projekte:

Remir GmbH 2012		
Ziel	Projekt	*Kennzahl*
Kundenwünsche kennen	Entwicklungsprojekte	*evaluierte Projekte [#]*
Sprache und Kultur	Sprachkurse anbieten	*Teilnehmer [#]*
Fehlerverhütung statt -beseitigung	Prävention	*zertifizierte Mitarbeiter [#]*

Die ersten beiden Projekte waren in dieser Phase unserer Unternehmensentwicklung zu einem innovativen Entwickler von Nutzfahrzeug-Spiegelsystemen allen klar.

Das galt nicht für Projekt Nr. 3: Die angedachten Methoden zur Sicherung der Qualität basieren auf den frühen Phasen des Produktentstehungsprozesses. Daher sollte die Qualitätssicherung schon frühestmöglich den Entwicklungsprozess begleiten und zur Vermeidung von Fehlleistungen beitragen. Wir erwarteten uns davon

- einen erheblich verringerten Aufwand zur Fehlerbeseitigung,
- einen reduzierter Aufwand in der Erprobung neuer Spiegelsysteme,
- weniger Planungsfehler im späteren Herstellprozess sowie
- weniger Ausschuss und Nacharbeit,
- geringere Gewährleistungs- und Kulanzkosten sowie
- ein erhöhtes Image im Vergleich zu Mitbewerbern.

Wir wollten also möglichst früh, bereits während der Entwicklung, mögliche spätere Fehlerursachen abstellen: Wir strebten eine Optimierung der Konstruktion und eine fehlerfreie Gestaltung unserer Produktionsprozesse an.

Nicht, dass wir mit den Themen Qualifikation, Führung etc. aus der ersten BSC aufgehört hätten. Nein; diese Projekte gingen in das Tagesgeschäft ein – insbesondere für die Arbeit in den KVP-Zirkeln wurden die Teamleiter noch einmal, diesmal richtig, geschult. Der pauschale Investitionsbetrag pro Team konnte dank des hervorragenden Ergebnisses in 2010 für 2011 auf 5.000 € erhöht werden. Dies zahlte sich schnell aus: Noch einmal 9 % Wachstum verzeichneten wir in 2011, sogar 16 % in 2012. Da wir aber in der Produktion die Mitarbeiterzahl noch einmal ausgebaut haben, sank unser Leistungsindex leicht, um dann in 2012 erheblich anzusteigen.

Eines hatten wir 2008 falsch eingeschätzt: Wie schnell der Markt in China wachsen würde. Aber durch unsere guten Kontakte zu den Herstellern waren wir vorgewarnt und beschlossen in 2011, auch den chinesischen Markt in Angriff zu nehmen. Auch hier gab es Differenzen mit dem Senior, immer noch rüstig und streitlustig: „Keine Produktion in China", fauchte er uns an, als wir diesbezügliche Ideen mit ihm diskutieren wollten. Aber er gab sein O. K. zur Produktionsverlagerungen in die Slowakei oder nach Polen – wenigstens das!

3.9   Große Wachstumssprünge dank unserer Strategie

Im letzten Jahr haben wir dann unsere Scorecard noch einmal an die Entwicklung der Remir GmbH angepasst. Von rund 35 Mio. € haben wir unseren Umsatz auf knapp 70 Mio. € fast verdoppelt – in nur 6 Jahren! Wir erinnerten uns an den Anfang, an unsere erste Balanced Scorecard aus 2008 – wie weit lag das zurück:

Die Ideen aus 2008 „Produktion im Ausland" und „Partnerschaften mit Lieferanten" konnten, nein sie mussten nun aufgegriffen werden. Die angedachten „Entwicklungspartnerschaften mit Kunden" sind schon – vorzeitig – in 2012 eingegangen worden. Wir nahmen uns Ende 2013 etwas mehr Zeit und sprachen noch einmal alle strategischen Themen durch und entwickelten unsere Ziele für 2020. Wenn man das strategische Haus der Jahre 2008 mit dem des Jahres 2013 vergleicht, fallen doch einige Unterschiede auf:

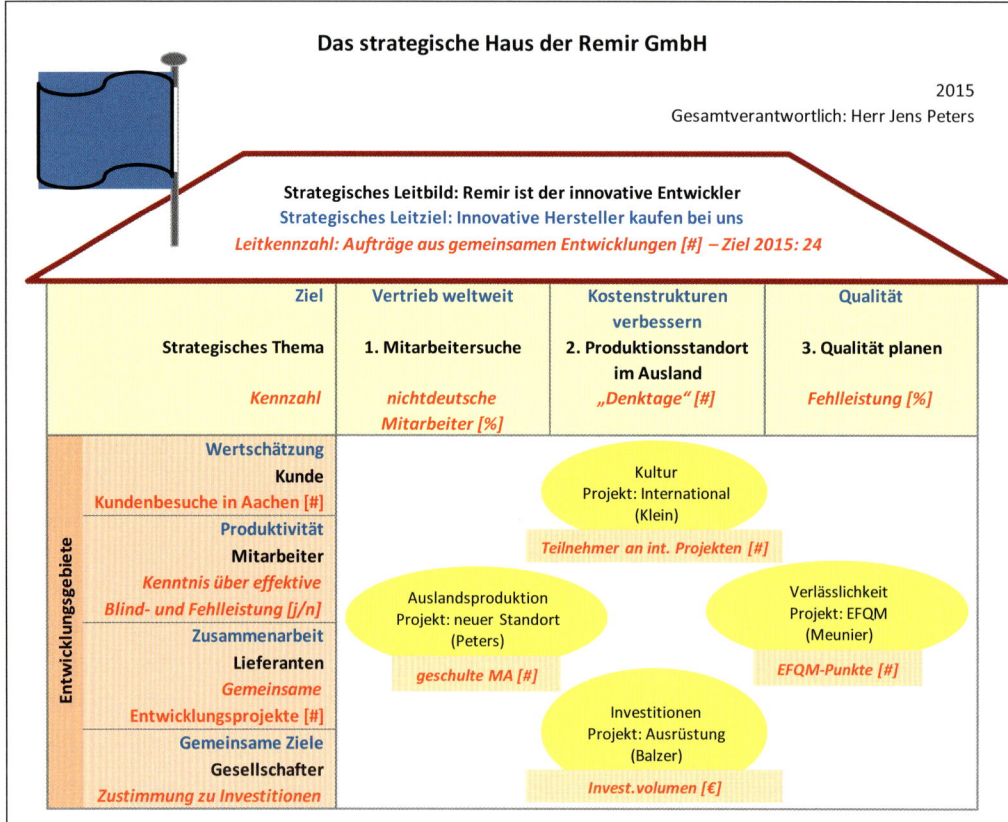

Abbildung 36: Remir-BSC 2014-2015

Was mich am meisten gefreut hat: Unser Azubi aus 2008, Herr Jörg Klein, ist nun Projektleiter für unser Kulturprojekt. Er hat dafür zu sorgen, dass möglichst viele

Mitarbeiter in den kommenden Jahren an Auslandsprojekten beteiligt sind. Denn keiner unserer deutschen Mitarbeiter wird Franzose, Italiener oder Chinese werden, aber einen Eindruck von der anderen Kultur sollten möglichst viele bekommen haben, um mit dem wachsenden Auslandsgeschäft auch kulturell umgehen zu können.

Die Zustimmung von Herrn Klarren zum Aufbau eines Produktionsstandortes in der Slowakei oder in Polen haben wir in der Geschäftsführung schnell genutzt und nun gibt es ein diesbezügliches Projekt: Ende 2015 soll es die Produktion aufnehmen, wobei ich jetzt (Mitte 2014) schon berichten kann, wir haben uns für ein Objekt nahe Posen entschieden. Mein Assistent, der das gesamte BSC-Projekt auch diesmal (noch) leitet, nimmt sich dieser Aufgabe an. Das kulturelle Moment ist auch gewährleistet: Er hat eine Polin aus der Region um Posen geheiratet – da fragt man sich manchmal doch, wie Investitionsentscheidungen zustandekommen …

Herr Balzer, unser Produktionsleiter, ist für das Projekt „Ausrüstung" zuständig. Er kann gut mit Herrn Klarren, hat jahrelang mit ihm zusammengearbeitet. Für die notwendige Ausweitung der Produktion wie für den Aufbau unseres polnischen Werkes muss viel in Anlagen/maschinelle Ausrüstung investiert werden. Die notwendigen Mittel soll er beim Senior loseisen und dafür sorgen, dass wir in 2016 die 100-Mio.-€-Umsatz-Marke durchstoßen können.

Etwas prinzipiell Neues haben wir uns vorgenommen, um die Produktivität zu verbessern, um noch zukunftsorientierter zu agieren. Wir wollen mit dem EFQM-Prozess[50] Verlässlichkeit organisieren und stellen uns darauf ein, in 2016 am Ludwig-Erhard-Preis[51] teilzunehmen. Dieses Projekt wird nicht von unserem Qualitätschef, Herr Jender, sondern von Frau Meunier, HR-Chefin geleitet – Riesenaufgabe! Aber sie wird es packen, da bin ich mir ganz sicher[52].

Vielleicht noch ein Blick auf die Entwicklungsgebiete unserer aktuellen Balanced Scorecard:

* Kunden:

  Wir haben inzwischen einen derart guten Ruf bei unseren Kunden, dass es als große Wertschätzung gilt, wenn deren Mitarbeiter zu uns nach Aachen kommen (dürfen). Wir haben ein „Welcome-Programm" aufgelegt, bei dem unsere Azubis die eher touristische Betreuung der Gäste übernehmen – das fachliche erfolgt natürlich mit den alten Hasen.

---

[50] EFQM = European Foundation for Quality Management
[51] Mehr dazu unter: https://ilep.de/
[52] Vgl. auch Abschnitt 3.10 Exkurs „Die BSC im Kontext der Umsetzung des Excellence-Ansatzes".

• Mitarbeiter:

Unsere Produktivität wächst und wächst, der Rohertrag bezogen auf den Personalkostenaufwand[53] liegt inzwischen bei 2,10. Eine sehr erfreuliche Entwicklung: Nicht zu hohe Löhne/Gehälter sind das Problem, sondern zu wenig Ertrag aus dem Personalaufwand!

Trotzdem haben wir festgestellt, dass wir viel Zeit und Energie verschenken. Der Anteil der produktiven, werterhöhenden Zeit (Nutzleistung), also der Zeit, die wir für bezahlte Aufträge unserer Kunden investieren, liegt nur bei knapp 50 %. Der Rest? Wir waren auf die Auswertung eines Consultants gespannt und erfuhren, dass wir den Rest für Stützleistungen (sinnvolle, aber nicht vom Kunden bezahlte Leistungen wie Wareneingang, Zwischenprüfungen, Vorrichtungs- und Werkzeugwechsel, Maschineneinrichtung, Verwaltungsaufwand), für Fehlleistungen (Aufwand für das Beseitigen von Fehlern wie Ausschuss, Nacharbeit, Fehllieferung, Maschinenausfall, Fehler- und Störungsfolgen, Garantie- und Reklamationsaufwendungen) und für Blindleistungen (Aufwand für nichts, z. B. warten) ausgeben:

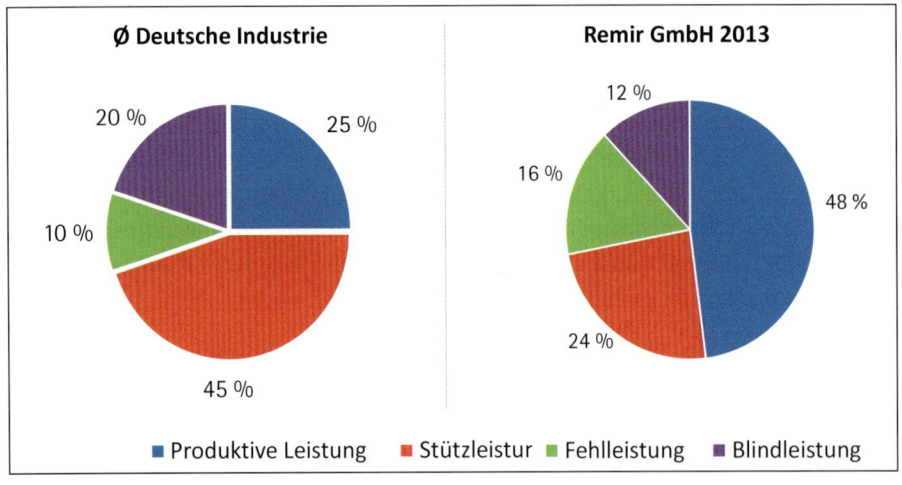

Abbildung 37: Leistungsstruktur

Mit diesen Werten sind wir zwar erheblich besser als der Durchschnitt der Industrie[54], aber was würde eine Verringerung z. B. der Fehlleistung um 10 % bedeuten: 20 % mehr Leistung bei gleichem Personalaufwand! Welche Reserven … (sofern wir die Mehrleistung vertrieblich am Markt unterbringen).

Im Projekt „Verlässlichkeit" wollen wir zuerst die drei nicht wertschöpfenden Leistungsarten beleuchten, um daraus Schlüsse für die weitere Arbeit ziehen zu können. Jeder Mitarbeiter sollte wissen, mit welcher Effizienz er arbeitet, und wir

---

[53] Siehe: http://www.controlling-wiki.com/de/index.php/Leistungs-Index
[54] Siehe: http://www.wirtschaftslexikon24.com/d/wirkungsgrad/wirkungsgrad.htm

erwarten von jedem Einzelnen Anregungen, wie wir die Gesamtleistung an seinem Arbeitsplatz und in unserem Unternehmen erhöhen können.

* Lieferanten:

  Unsere Fertigungstiefe ist zu hoch. Mehr Flexibilität durch die Einbindung von Lieferanten wollen wir aber nicht durch den Verlust von Know-how erreichen. Deshalb planen wir, mit unseren A-Lieferanten gemeinsame Entwicklungsprojekte zu starten; so bleiben wir Wissensträger.

* Gesellschafter:

  Unser Gesellschafter hat sich gewandelt: Nunmehr Urgroßvater – mein Geschäftsführerkollege Dr. Bertrand ist Großvater geworden – ist ihm die Fortführung des Familienunternehmens noch mehr ans Herz gewachsen. Er hat als Mehrheitsgesellschafter verfügt, dass 75 % aller Gewinne im Unternehmen bleiben und reinvestiert werden sollen. Dies natürlich verbunden mit der Bedingung, dass die geplanten Investitionen (auch ihm) Erfolg versprechen. Daher haben wir uns als Kennzahl „Zustimmung zu Investitions-Anträgen [T€]" überlegt. Wir wollen natürlich die uns gegebenen Möglichkeiten voll ausschöpfen.

3.10   Global oder international?

Das Jahr 2013 verlief grandios – unsere Mittelfristplanung bis 2016 sah das Erreichen der 100 Mio. € Umsatzgrenze vor – und wir hatten keinen Grund, daran zu zweifeln.

	2007	2008	2009	2010	2011	2012	2013	2014	2015	2016	2017	2018
in TEUR												
Umsatz	36.000	37.500	34.845	45.239	49.396	57.451	70.442	80.000	90.000	100.000	110.000	120.000
Umsatz/Mitarbeiter	159	160	139	167	171	188	217	218	231	242	248	261
Personalkosten	10.929	11.706	12.826	14.321	15.730	17.155	18.767	21.828	23.831	26.123	28.791	30.793
Pers.k./MA	48	50	51	53	54	56	58	59	61	63	65	67
Gewinn	1.311	1.419	66	2.418	2.052	4.676	8.001	7.772	9.469	10.877	11.909	12.407
Mitarbeiter gesamt	226	235	250	271	289	306	325	367	389	414	443	460

Abbildung 38: Unternehmensentwicklung 2007-2018

Die ersten Entwicklungsaufträge aus China lagen vor und das Werk in Polen schien Realität zu werden. Wir in Aachen mussten uns aber auch auf die geänderte Situation einstellen: Reicht es, zwei Geschäftsführer zu haben, konnten die alles im Griff haben? Müsste nicht die Ausrichtung auf neue Märkte durch neue Organisationsstrukturen unterfüttert werden? Unsere Mitarbeiter wollen wir durch das „Kultur"-Projekt darauf einstellen, andere Kulturen kennenzulernen, sie als andere Lebensform zumindest zu akzeptieren. Nun stellte sich die Frage: Sollte sich das Unternehmen insgesamt von einem weltweit verkaufenden zu einem global auftretenden Unternehmen entwickeln? Im ersten Fall geht es darum, auf allen relevanten Märkten zumindest vertreten zu sein: Vertriebsmitarbeiter und Servicekräfte vor Ort zu haben. Die Abwicklung unserer Geschäfte in allen relevanten Sprachen zu gewährleisten.

Als globales Unternehmen müssten wir uns mehr vornehmen: Nicht nur vor Ort agieren, verkaufen und Service/Entwicklungsarbeit leisten, sondern Mitarbeiter wie Führungskräfte (!) aus aller Herren Länder in allen Ländern beschäftigen. Aus einem deutschen ein globales Unternehmen machen. Wollten wir das?

Auf einem großen Treffen mit den wichtigsten Familienmitgliedern – es waren neben dem Senior Herr Klarren natürlich Dr. Bertrand, seine Frau und seine beiden Söhne sowie ein weiterer, mehr der Kunstszene nahestehender Bruder von Frau Bertrand dabei – haben wir diese Problematik diskutiert. Einmütig wurde die Variante Globalisierung verworfen. „Die Wurzeln zur Familie, zu Deutschland sollten wir nicht aufgeben", fasste einer der Klarrenschen Enkel die Diskussion zusammen. Und er deutete gleichzeitig an, dass er sich vorstellen könne, zukünftig im Unternehmen tätig zu werden.

In Folge dieser Globalisierungsdiskussion erweiterten wir die Geschäftsführung um die Herren Berg und Peters sowie um Frau Meunier; zusätzlich bekam jeder Geschäftsführer die Vertriebsverantwortlichkeit für eine Zielregion – damit die Bodenhaftung nicht verloren geht:

Abbildung 39: Organigramm Remir GmbH

Sie vermissen mich? Tja, ich habe mir überlegt, ich sollte zusammen mit meiner Frau auch noch ein paar Jahre ohne Stress genießen – die inzwischen grauen Haare werden weniger und ich sollte etwas mehr auf meine Gesundheit achten. Mein Assistent, Herr Peters, hat sich in den letzten Jahren ganz famos entwickelt und ist nun reif, meine Aufgaben zu übernehmen – und im Falle eines Falles: Ich bin ja nicht dauernd weg …

17 Jahre habe ich beim Auf- und Ausbau der Remir GmbH mitgewirkt, habe mit dem Managementinstrument Balanced Scorecard die Entwicklung vorangebracht und kann mich nun mit gutem Gewissen zurücklehnen: Es war eine schöne, eine gerade in den Jahren 2008 bis 2010 nervenzehrende, aber insgesamt tolle Zeit, in der wir, meine Mitarbeiter und ich, viel geleistet haben, um dem Familienunternehmen eine aussichtsreiche Zukunft zu ermöglichen. Was ich meinem Nachfolger, Herrn Peters mitgegeben habe:

„Junge, mach es einfach, aber bleibe dann konsequent dran!"

3.11 Exkurs: Die BSC im Kontext der Umsetzung des Excellence-Ansatzes[55]

Von André Moll[56], Geschäftsführendes Vorstandsmitglied der Initiative Ludwig-Erhard-Preis

Der Excellence-Ansatz der EFQM ist ein Konzept zur strategischen Entwicklung und Führung einer Organisation. Dabei liegt der Fokus des Excellence-Ansatzes stärker auf der Reflexion der Aktivitäten und Ergebnisse im Kontext der Erwartungen der Interessengruppen. In der Praxis hat sich gezeigt, dass die Balanced Scorecard bei der Umsetzung des Excellence-Ansatzes eine wichtige Treiberfunktion wahrnehmen kann und sich aufgrund analoger Grundüberlegungen synergetisch in ein ganzheitliches Unternehmenskonzept einfügt.

---

[55] Vgl. Excellence Handbuch – das Grundlagenwerk zum EFQM-Ansatz, http://www.symposion.de/ISBN978-3-86329-634-6.html; Excellence Leitfaden – mit wichtigen Hinweisen zur Umsetzung inkl. Fragebogen http://www.symposion.de/ISBN978-3-86329-627-8.html

[56] Zum Autor: Nach dem Studium der Chemie promovierte André Moll an der Universität Duisburg. Thema war die Erstellung keramischer Fasern. Anschließend arbeitete er als Leiter Produktentwicklung für ein mittelständisches Textilunternehmen. Dort befasste er sich mit der Einführung der EMAS 1. Nach dem Wechsel zur Deutschen Gesellschaft für Qualität konzipierte er Trainings zum Thema Qualitätsmanagement und Excellence und arbeitete im Ehrenamt als Assessor für den Ludwig-Erhard-Preis. In 2005 übernahm er die Leitung der Initiative Ludwig-Erhard-Preis. Als geschäftsführendes Vorstandsmitglied führte er die Initiative zur Anerkennung „Recognised for Excellence 5 Stars" und sie gewann bei Deutschlands Kundenchampion 2010. Als Mitglied des Core Teams der EFQM unterstützte er die Weiterentwicklung des Modells. Für die Deutsche Gesellschaft für Projektmanagement ist er seit 2012 ehrenamtliches Mitglied der Jury des Deutschen Project Excellence Awards. André Moll ist Herausgeber mehrerer Bücher und Publikationen (u. a. des Excellence-Handbuchs) und arbeitet zeitweilig als Lehrbeauftragter an verschiedenen Hochschulen.

Der Excellence-Ansatz

Die Grundidee des Excellence-Ansatzes ist die Annahme, dass der Unternehmenserfolg auf der adäquaten Berücksichtigung der Interessen aller relevanten Gruppen basiert. Das Unternehmen strebt im Sinne dieser Idee darauf hin, diese Interessen zu erfüllen oder im Einzelfall sogar überzuerfüllen. Daraus entsteht eine Differenzierung zu den Mitbewerbern, denen es weniger gelingt, die Interessengruppen zufriedenzustellen.

Dabei müssen immer wieder Kompromisse gefunden werden, um den teilweise widersprechenden Erwartungen der Interessengruppen mit einer konsistenten Umsetzungsstrategie zu begegnen. Die Bewertung mittels des Excellence-Modells zeigt die Reife des gewählten Managementsystems auf, welches der Organisation zum Erfolg verhelfen soll.

Dabei besteht das Modell der EFQM aus drei Teilen:

- den acht Grundkonzepten,
- dem Kriterienmodell und
- der RADAR-Logik.

1. Die Grundkonzepte geben dem Anwender eine Vorstellung, auf welcher Haltung dieses Modell basiert. Die Annahmen, die der Modellgestaltung zugrunde liegen, wurden in acht Aussagen formuliert.

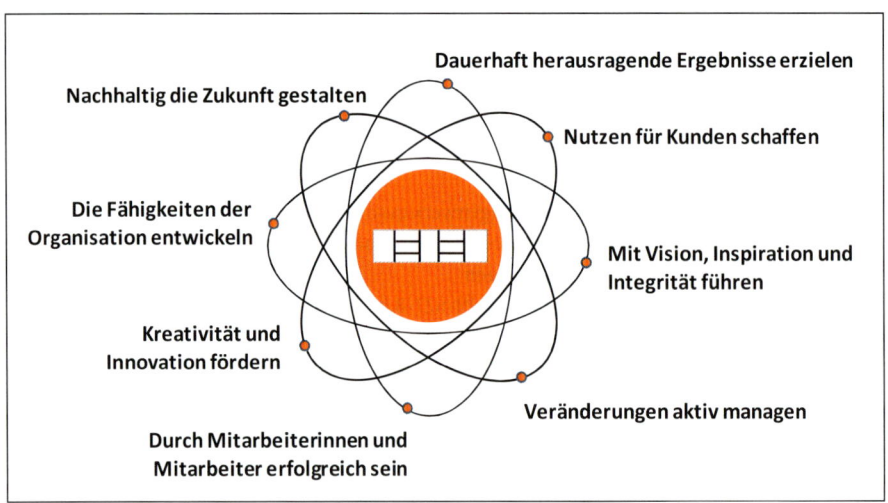

Abbildung 40: Grundkonzepte der Excellence

Die Abbildung 40 zeigt, dass die acht Konzepte keine Reihung besitzen, sondern möglichst redundanzfreie Aussagen bzgl. einer herausragend arbeitenden Organisation darstellen. Im Zentrum der Grafik steht das Kriterienmodell, dessen neun Kriterien durch 9 Kästchen (3 große und 6 kleine) angedeutet wird (siehe auch Abbildung 41). Darum „kreisen" die Konzepte als erste Kontaktpunkte bei der Berührung mit dem Modell.

Die Überlegung geht davon aus, dass jede Organisation einen Zweck verfolgt und dazu herausragende Ergebnisse (monetär oder leistungsbezogen) erreichen möchte. Kunden sollen den einzigartigen Nutzen, der von dieser Organisation ausgeht, deutlich wahrnehmen und diese Organisation bevorzugt hinsichtlich der angebotenen Leistung wählen. Führungskräfte setzen sich ein, um die Vision zu promoten und glaubwürdig und ehrlich die Organisation zu lenken. Dabei werden Prozesse genutzt, um die sich wiederholenden Aktivitäten effizient durchzuführen und geeignete Methoden, wie z. B. Projektmanagement, um die notwendigen Veränderungen rasch und wirkungsvoll umzusetzen. Es herrscht die Überzeugung, dass die Menschen in der Organisation der Erfolgsfaktor schlechthin sind. Ihre Kreativität will man mobilisieren, um innovative Vorgehensweisen realisieren zu können. Dabei ist stets die Frage zu klären, welches die wesentlichen Kernkompetenzen der Organisation sind, die sie vom Mitbewerb differenziert. Die Überlegung, was selbst getan werden soll und welche Wertschöpfungsanteile man Partnern übergibt, ist bewusst zu betreiben und immer wieder auf ihre Richtigkeit hin zu prüfen. Schließlich ist die Organisation darauf ausgerichtet, langfristig erfolgreich zu sein und Technologiesprünge und massive Veränderungen durch konsequentes Handeln und vorausschauende Planung zu überdauern.

2. Zur Reflexion, inwieweit diese Überlegungen bereits in der Organisation verankert sind, dient die Spiegelung der realen Aktivitäten am Kriterienmodell. Dieses besteht aus neun Haupt- und 32 Teilkriterien.

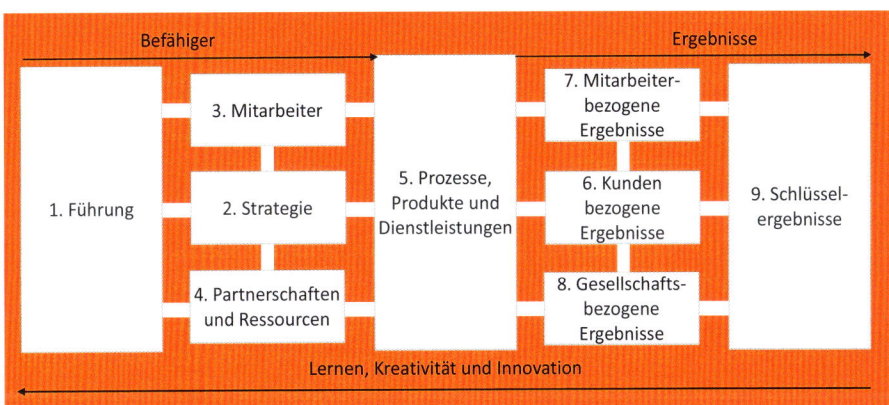

Abbildung 41: Das Kriterienmodell

Es werden Befähigerkriterien und Ergebniskriterien unterschieden. Die Befähigerkriterien dienen dazu, alle Aktivitäten einer Organisation zu betrachten, die Ergebniskriterien deren Resultate als skalierte oder attributive Größen. Der Betrachter erkennt hier leicht, dass die Struktur des Kriterienmodells eine Analogie zur Struktur der Balanced Scorecard aufweist. Dieses Raster wird für die Reflexion der Reife einer Organisation als Bezugsrahmen genutzt, der einerseits Vergleiche zu anderen Organisationen ermöglicht und andererseits die Komplexität der realen Abläufe – ähnlich den Koordinaten auf einer Landkarte – beherrschbar macht. Die Teilkriterien sind jeweils untergeordnete Themenfelder zu den Inhalten der einzelnen Hauptkriterien. Sie werden in der Modellbroschüre[57] durch Ansatzpunkte definiert.

3. Der letzte Teil des Modells ist die RADAR-Logik. Sie ist der Teil, welcher genutzt wird, um die Reife der Aktivitäten oder Ergebnisse zu bewerten, die den einzelnen Teilkriterien zugeordnet sind.

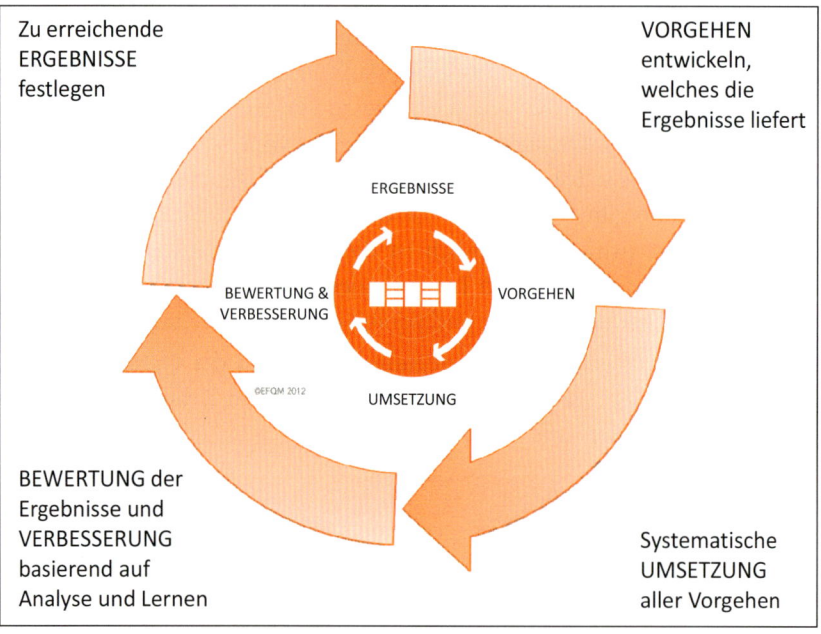

Abbildung 42: Die RADAR-Logik

Wenn man die Veränderung einer Organisation in den kleinschrittigen kontinuierlichen Verbesserungsprozess (KVP) und einen Changeprozess zergliedert, ist der Hauptzweck der RADAR-Logik, Changeprozesse an den wenigen hochrelevanten Stellen zu motivieren. Die RADAR-Logik ist aus der PDCA-Logik von Deming[58] abgeleitet, sieht aber deutlicher die Ergebnisse als Treiber der notwen-

---

57 EFQM Excellence Modell, ISBN 978-90-5236-671-5

58 Der PDCA-Kreis ist ein Regelkreis zur ständigen Verbesserung. Er gliedert Abläufe in vier Phasen, um den Fokus auf die ständige Verbesserung zu richten. Diese sind: Plan = die Planung des Ablaufs; Do = die Durchführung des Ablaufs; Check = das Messen/Hinterfragen des Ergebnisses; Act = Lernen aus dem Ergebnis und verbessern des Ablaufs. Siehe dazu auch Masing, W. (2007): Handbuch Qualitätsmanagement, Carl Hanser Verlag.

digen Handlungen. Es werden daher aus Zielen Handlungen geplant. Deren Durchführung wird über Messungen und Bewertungen betrachtet. Daraus werden wiederum Verbesserungsaktivitäten abgeleitet, um die Zielerreichung zu ermöglichen oder das Erreichen neuer, anspruchsvollerer Ziele vorzubereiten.

Aus der Anwendung der RADAR-Logik ergibt sich ein differenziertes Bild der Reife der Organisation bezogen auf die Kriterien, aber vor allem eine Einordnung in ein Liga-System, wodurch der Leitung der Organisation transparent wird, ob die eigene Organisation in der Champions-League oder in der Kreisklasse mitspielt.

Die Umsetzung des Ansatzes

Der Excellence-Ansatz sieht zwei Anwendungsszenarien vor:

* die Selbstbewertung und
* eine externe Bewertung.

Es ist üblich, das Modell zur **Selbstbewertung** zu nutzen. Dabei geht es darum, mit den Wahrnehmungen einer ausgesuchten Gruppe von Führungskräften (und Mitarbeitern), ein Bild der Lage der Organisation zu zeichnen.

Dabei gibt es eine ganze Reihe von Möglichkeiten, wie die Selbstbewertung durchgeführt werden kann. Die einfachste Art ist die Fragebogenmethode. Dabei wird eine größere Gruppe von Menschen, die in der Organisation mitwirken, hinsichtlich der vorher festgelegten Themenkreise nach ihrer Wahrnehmung zu diesen Punkten befragt. Diese Art der Befragung ist klar von einer klassischen Mitarbeiterbefragung dadurch differenziert, dass es nicht um das „Gefallen", sondern um die „Eignung" von Vorgehensweisen für den geplanten Zweck geht.

Man kann sich aber auch – ggf. extern moderiert – in einen Bewertungsworkshop setzen und die relevanten Themenfelder diskutieren, um so zu einer Bewertung zu gelangen.

Wenn eine interne Bewertung z. B. kulturell nicht möglich ist, bietet sich die **externe Bewertung** an. Dabei kommen ein bis sieben externe „Excellence-Assessoren" (qualifizierte Gutachter hinsichtlich des Excellence-Modells) in die Organisation und erarbeiten binnen ein bis fünf Tagen ein Feedback, das der Organisation Orientierung und Inspiration zu neuen Changeprojekten gibt. Je weiter die Organisation entwickelt ist, umso intensiver sollte die Betrachtung durchgeführt werden. Bei einer erstmaligen Betrachtung sind meist exponierte Verbesserungschancen so offensichtlich, dass eine aufwendige Betrachtung noch nicht notwendig ist. Je mehr Verbesserungszyklen schon durchlaufen sind, umso genauer müssen die Excellence-Assessoren schauen, um noch weitere Verbesserungen zu mobilisieren. Dabei endet dieser Verbesserungsweg nie, denn die sich ändernde Umgebung einer jeden Organisation erfordert immer wieder Anpassungen.

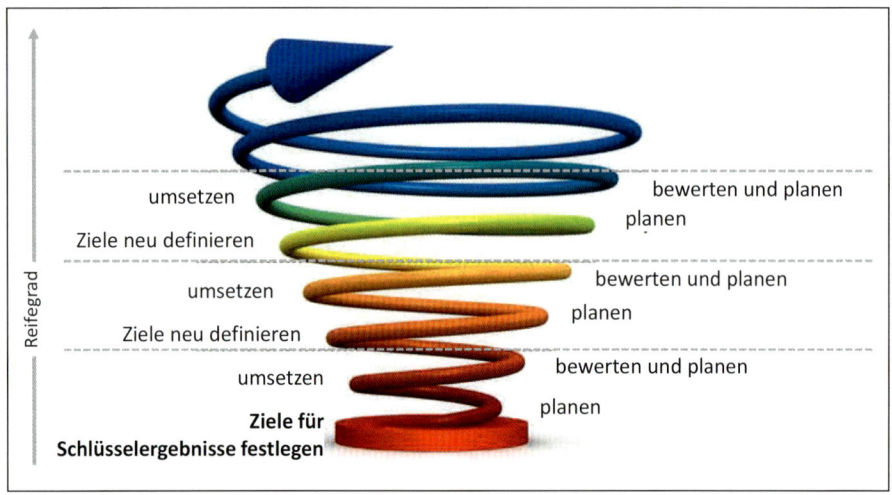

Abbildung 43: Kontinuierliche Verbesserung

Der Zusammenhang zwischen Excellence-Ansatz und Strategie

Der Excellence-Ansatz ist ein Führungsinstrument, welches üblicherweise in seiner Anwendung als Reflexion der Leistungsfähigkeit der Organisation dem Strategieprozess vorgelagert ist.

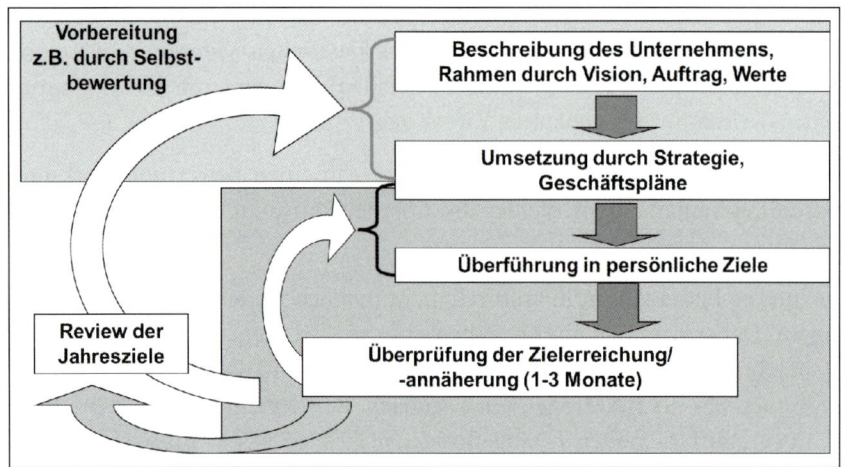

Abbildung 44: Einordnung der Selbstbewertung in den Strategieprozess[59]

Der Nutzen der vorgelagerten Reflexion mit dem Excellence-Ansatz liegt hauptsächlich in einer differenzierteren und von allen Führungskräften getragenen Sicht der Lage. Oft sind funktionsbezogen stark unterschiedliche Sichten zu den möglichen

---

[59] Zitat aus einem DGQ-RK-Vortrag zu EFQM; zitiert in Moll, A./Kohler, G.(Hrsg., 2013): Excellence-Handbuch, Symposion.

Handlungsoptionen vorhanden. Diese Diskrepanz in der Wahrnehmung durch einen Konsensprozess im Rahmen der Anwendung des Modells zu überwinden, erleichtert massiv die Strategiearbeit.

Die BSC als Instrument der Umsetzung

Der Excellence-Ansatz sieht die Balanced Scorecard als ein Umsetzungsinstrument, um die aus dem Erkenntnisgewinn abgeleiteten Maßnahmen und Zielstellungen lenkend zu managen. Dabei ist in diesem Punkt, je nachdem, wer befragt wird, eine große Range von Meinungen unter den Führungskräften deutscher Unternehmen wahrnehmbar. Der auf den Excellence-Ansatz fokussierte Manager wird den Lead auch genau dort wahrnehmen, während andere Manager die BSC als Lead interpretieren. Es gilt hier auch das Henne-Ei-Prinzip.

Aus einer Vielzahl von Kontakten mit Managern der Industrie und Dienstleistung ergibt sich dabei das Bild, dass viele die BSC als Ordnungsrahmen für ihr Kennzahlensystem erkannt haben und den fortgesetzten Nutzen der konzeptionellen Unterstützung der Strategieumsetzung nicht sehen.

Viele Unternehmen, die sich mit der Umsetzung der BSC befassen, unterschätzen den Ansatz. Es wird die offensichtliche Synergie der beiden Ansätze erkannt: Beide sehen den Kunden als wichtige Interessengruppe und betrachten die kundenbezogenen Ergebnisse. Beide sehen den Mitarbeiter als wichtigen Erfolgsfaktor und betrachten seine Kompetenz und Motivation. Seltener betrachten Unternehmen auch die Akzeptanz der Kultur des Unternehmens. Beide sehen die Finanzen als wichtige Erfolgsmessgröße und beide deuten die Prozesse als Erfolgstreiber für die finanziellen Größen.

Der Excellence-Ansatz als integrierter Ansatz

Ein Unternehmen wird nicht dadurch erfolgreich, dass einzelne Abläufe oder Instrumente aus Sicht der Kunden oder auch weiterer Interessengruppen gut funktionieren. Es muss ein Konzept für das Geschäftsmodell gestaltet worden sein, das alle Aktivitäten im Unternehmen im Kontext betrachtet. Dazu muss im ersten Schritt das Spannungsfeld der Erwartungen der Interessenpartner analysiert worden sein. Die entscheidende Erkenntnis liegt dabei in den Wechselwirkungen der Zielstellungen. Oft werden die Perspektiven der BSC sehr isoliert betrachtet. Der Excellence-Ansatz motiviert die Betrachtung der Auswirkung der Zielsetzungen einer Perspektive auf die jeweils anderen. Dadurch wird die Konsistenz der Zielsetzung sichergestellt. Nur mit einer schlüssigen Zielsetzung kann es gelingen, das Unternehmen langfristig aus Sicht aller Interessengruppen attraktiv erscheinen zu lassen.

Das Modell motiviert in seinen Ansatzpunkten dazu viele aktuelle Themen: Employer Branding, CSR, Corporate Governance und viele andere relevante Themen. Durch das Modell ist es weniger wahrscheinlich, Themenkreise grundsätzlich in der Planung zu vergessen.

Der Excellence-Ansatz als Reflexionsinstrument der BSC-Umsetzung

Es bietet sich daher an, den Excellence-Ansatz dazu zu nutzen, die Reife der Umsetzung zu reflektieren. Viele Organisationen hinterfragen nur, ob bestimmte Zielwerte angemessen sind. Mit dem Excellence-Ansatz stellt man sich auch die Frage, ob das Vorgehen, mit dem man die Zielwerte erarbeitet, an sich günstig und geeignet ist, die richtigen Werte festzulegen. Dieser zweite Level der Hinterfragung des eigenen Handelns wird oft unterlassen. Dadurch werden zwar ggf. einzelne Zielwerte korrigiert, der zugrunde liegende strukturelle Fehler (root cause) wird jedoch nicht bearbeitet.

Durch den Excellence-Ansatz kann es gelingen, solches Vorgehen nachhaltiger zu verbessern und die Organisation auf ein besseres Niveau zu entwickeln.

Konklusion

Eine Vielzahl von erfolgreichen Anwendungsbeispielen legt nahe, dass eine Verknüpfung von Excellence-Ansatz und Balanced Scorecard ein Erfolgstreiber für Unternehmen ist. Aus dem Ludwig-Erhard-Preis heraus gibt es diverse Beispiele von Organisationen unterschiedlicher Branchen und Größen (Arztpraxis bis Automobilunternehmen), die diese beiden Ansätze miteinander verknüpft haben. Es ergaben sich in den meisten Fällen deutliche Leistungssteigerungen oder Effizienzgewinne.

Die Erfahrung dieser Unternehmen zeigt jedoch auch, dass viele Anwender geneigt sind, die Komplexität der Anwendung zu unterschätzen. Daher empfiehlt es sich, durch Literatur, aber auch Vergleich mit geeigneten Unternehmen die Einführung zu begleiten. Die systematische und strukturierte Einführung spart aufwendige Lernzyklen, um eine hohe Leistungsfähigkeit des Systems kurzfristig zu erreichen.

4 BSC – einfach konsequent: Innovation – Ideen einfach umsetzen

Wir wollen Ihnen als drittes Fallbeispiel die Geschichte einer erstaunlichen jungen Frau erzählen: Anna Jakobb, 34, vielseitig interessiert, studierte in Berlin, Paris und Oxford Betriebswirtschaft und Philosophie, engagiert sich nebenbei als Pianistin in einer kammermusikalischen Gruppe (sie geben jedes Jahr mehrere kleine Konzerte), organisiert ein internationales Netzwerk junger Frauen, hat vor zwei Jahren ihren langjährigen Freund geheiratet und mit ihm eine kleine Tochter. Aber deswegen erzählen wir Ihnen diese Geschichte nicht. Wir lernten Anna Jakobb vor mehr als fünf Jahren kennen, weil sie ein schwerwiegendes Problem hatte.

4.1 Die Geschichte von Jonas Jakobb

Sie rief uns an. Es war Anfang September 2008. Noch waren die Tage angenehm – der Temperatursturz kam erst ein paar Tage später. Und so verabredeten wir uns in einem Gartenlokal am Schlachtensee im Südwesten von Berlin. Nach kurzem gegenseitigem Vorstellen erzählte sie uns ihre Geschichte – eigentlich war es die Geschichte ihres Vaters.

„Jonas Jakobb wurde unmittelbar nach Kriegsende im Mai 1945 in Berlin geboren. Seine Eltern waren während der Nazizeit immer auf Distanz zu den Braunen bedacht. In den letzten Jahren des Krieges gehörten die Eltern zu den Sympathisanten und Unterstützern des sogenannten ‚Goerdeler-Kreis‘ – der war ein geistiges Zentrum der zivilen Opposition gegen Hitler, aus Teilen der Beamtenschaft und des preußischen Adels bestehend. Deshalb wurden sie von den Alliierten frühzeitig in den Wiederaufbau Berlins einbezogen. Jonas wuchs so in einem gutbürgerlichen Umfeld auf, das von geistiger Offenheit, politischer Toleranz und festen bürgerlich-liberalen Werten geprägt war.

Jonas war, wie mein Opa sagte, ein ‚Tüftler vor dem Herrn‘. Schon als Kind hatte er gern experimentiert. Mit 12 begeisterte er sich für Chemie und baute sich im Haus seiner Eltern ein kleines Labor. Und so war es kein Wunder, dass er sich nach dem Abitur und einem Jahr als Praktikant im Britzer Werk eines ehemals bedeutenden Berliner Maschinenbauunternehmens 1965 als Student der Chemie an der Berliner Freien Universität einschrieb.

Das war eine bewegte Zeit. Zum einen der Aufbruch. Das physikalisch-chemische Institut war gerade vor vier Jahren gegründet worden und bot vielfältige Entwicklungsmöglichkeiten für interessierte Studenten. Gleichzeitig deuteten sich bereits die drei Jahre später offen ausbrechenden Studentenunruhen an. Auf der Immatrikulationsfeier konnte Jonas erleben, wie es zur ersten Konfrontationen zwischen FU-Rektor Lüers und dem damaligen AStA[60]-Vorsitzenden Wolfgang Lefèvre kam.

Aber Jonas Herz schlug schon damals vor allem für die Technik. Bald nach seiner Praktikantenzeit hatte er im Britzer Gewerbegebiet durch Vermittlung seines Chefs eine kleine Werkstatt gemietet. Dort konnte er experimentieren. Schon im dritten Semester hatte es ihm eine spezifische Form sogenannter Alumosilikate angetan, die Gruppe der Zeolithe[61]. Die kommen in der Natur vor, können aber auch synthetisch hergestellt werden. Durch ihre spezifische Struktur stabiler Kanäle und Hohlräume eignen sie sich für vielfältige Anwendungen. Ihnen eventuell bekannt sind die selbstkühlenden Bierfässer, bei denen Zeolithe zum Einsatz kommen.

Damals, Ende der 1960er-, Anfang der 1970er-Jahre, begann man gerade das Potenzial der Zeolithe zu entdecken. Jonas hatte für so etwas einen Riecher. Er entwickelte eine leicht nutzfähige Form kleiner Zeolithkügelchen, die sich hervorragend als Trockenmittel bewährten. Damit begann seine Karriere als Unternehmer. Auf dem Gelände eines väterlichen Freundes pachtete er noch etwas Fläche hinzu und erweiterte mithilfe eines elterlichen Darlehens seine Werkstatt um eine erste kleinere Produktionsanlage.

Das war der Anfang – sozusagen sein erstes Standbein. Nun folgte Kapitel 2. Wobei das chronologisch nicht ganz stimmt. Das zweite Kapitel begann schon vor dem ersten. Während eines Sommerpraktikums in den USA hatte Jonas Forscher kennengelernt, die an spezifischen Molekularsieben für die Trennung von langkettigen und verzweigten Kohlenwasserstoffen (sogenannten Alkanen) arbeiteten und den jungen Studenten einbezogen. Damals hatten Waschmaschinen ihren Einzug in die Haushalte der Industrienationen begonnen und mit ihnen der Masseneinsatz von Waschmitteln. Unbeabsichtigter, weil vorher nicht bekannter Nebeneffekt war die Verschäumung vieler Flüsse. Das lag daran, dass die waschaktiven Substanzen (Tenside) auch verzweigte Alkane enthielten, die biologisch schwer abbaubar sind und diese Schäumung hervorriefen. Im Gegensatz zu den verzweigten sind langkettige, unverzweigte Alkane sowohl als Tenside waschaktiv als auch zugleich biologisch leicht abbaubar. Durch die Trennung von verzweigten und unverzweigten Alkanen war das Problem der Verschäumung zu lösen. Jetzt ging es nur noch um die technische Umsetzung in einen wirtschaftlich machbaren Trennprozess; und es ging um geeignete Verfahren zur effizienten Erzeugung dafür einsetzbarer Molekularsiebe. An

---

[60] AStA = Allgemeiner Studierendenausschuss

[61] Die Bezeichnung Zeolith (von gr. zein=sieden und Litho..=Stein) wurde im Jahre 1756 von einem schwedischen Amateurmineralogen geprägt. Er hatte beobachtet, dass bestimmte Mineralien beim Erhitzen sehr viel Wasser abgaben und scheinbar siedeten. Er nannte sie daher Siedesteine. Der Name Zeolith wurde inzwischen zu einer Sammelbezeichnung für kristalline Metall-Alumo-Silikate. Quelle: http://www.wasser-wissen.de/abwasserlexikon/z/zeolith.htm

Letzterem war Jonas aktiv und mit eigenen Patenten beteiligt, was ihm nicht nur stabile persönliche Lizenzeinnahmen der Waschmittelindustrie[62] bescherte, sondern auch ein zweites Standbein seines Britzer Unternehmens.

Damit gab sich Jonas jedoch nicht zufrieden. Gemeinsam mit Freunden aus der Studentenzeit und einigen jungen Ingenieuren tüftelte er nach der Studienzeit an weiteren technischen Anwendungsfeldern rund um die spezifischen Fähigkeiten der Zeolithe, Substanzen zu trennen. So entstand eine spezielle Membrantechnologie, die auf molekularer Ebene ‚sieben' kann. Dabei werden keramische Membranen mit einer Schicht aus Zeolithen verbunden. Das erschließt Trennmöglichkeiten für Substanzen, die mit herkömmlicher Membrantechnik nicht realisierbar sind. So entstand das dritte Standbein.

Nun ging es in großen Schritten weiter. Jonas erweiterte sein Unternehmen und ging über die Produktion von Zeolithen hinaus. Im Zusammenhang mit der technischen Umsetzung effektiver Trennverfahren hatte er mit seinen Ingenieuren auch eine leistungsfähige instrumentelle Analytik entwickelt. Das baute er mit erheblichem Aufwand zum vierten Standbein seiner Gruppe aus. Die Jakobb-Gruppe produzierte und vermarktete nun auch spezifische Analysetechnik.

Damit war noch nicht Schluss. Jonas war Pionier. Er suchte immer wieder nach etwas Neuem; um die Konsolidierung des Geschaffenen kümmerte er sich nicht. So ‚tüftelte' er weiter und verknüpfte die Membran- und Analysetechnik zu einem eigenen Dienstleistungsangebot für die Reinigung von Flüssigkeiten, die durch normale Filtration nicht oder nur unter großem Aufwand gelingt. Damit war ein zwar kleines, aber sehr rentables fünftes Standbein im Entstehen.

Schließlich begann er nach der Jahrtausendwende, die Möglichkeiten eines kommerziellen Datenmanagements auszuloten. Erfahrungen aus der instrumentellen Analytik und der Dienstleistungssparte standen zur Verfügung. Er führte geeignete Spezialisten zusammen. So kam die Jakobb-Gruppe zu ihrem sechsten Standbein."

Plötzlich unterbrach Anna ihre Erzählung. „Hoffentlich langweile ich Sie nicht zu sehr mit meiner Schilderung." Sie hatte unseren zunehmend fragenden Ausdruck bemerkt. „Aber mir ist es wichtig, dass Sie verstehen, warum ich Sie um dieses Treffen gebeten habe. Denn die Geschichte meines Vaters endete abrupt. Am 23. August 2005 riss ihn ein Herzversagen aus dem Leben. Er war gerade 60 geworden und hatte noch so viele Pläne."

Anna stockte ein wenig. Sie war mit Jonas – wie sie es nannte – seelenverwandt. Sein Tod ging ihr auch drei Jahre später noch sehr nahe. Wir bestellten für jeden ein Eis

---

[62] Inzwischen wird ein weitaus größerer Teil der synthetischen Zeolithe als Phosphatersatz genutzt.

und Tee, beobachteten die vielen Spaziergänger am Schlachtensee und unterhielten uns über ein paar belanglose Dinge. Dann griff Anna den Gesprächsfaden wieder auf.

4.2   Quo vadis? – die Jakobb-Gruppe 2005

„Von einem Tag auf den anderen und völlig unvorbereitet wurde seine Geschichte zu meiner eigenen. Ich war kurz vor dem Abschluss meines Studiums. Mein Vater hatte mich zwar ab und an in seine Arbeit einbezogen. Aber einen Überblick über die Geschäfte hatte ich nicht. Und die Jakobb-Gruppe zu übernehmen, war mir nicht einmal in den Sinn gekommen. Vielleicht hat mein Vater so etwas im Stillen erhofft – gesprochen haben wir darüber nie.

Meine Mutter Johanna ist zwei Jahre älter als Jonas. Sie ist das Herz der Familie. Doch in die Leitung der Firma war sie nie involviert. Sie wurde nun auf einen Schlag die Hauptgesellschafterin. Allerdings hat auch sie keinen Moment an eine Führung der Jakobb-Gruppe gedacht. Das kam für sie nicht infrage.

Mein Bruder Marcus war noch mitten in seinem Jurastudium. Er träumte von einer internationalen Anwaltskarriere – inzwischen ist er erfolgreich in eine Stuttgarter Kanzlei eingestiegen. An der Firma hatte er anfangs wenig Interesse. Das änderte sich mit den Jahren.

Blieb noch meine Schwester Lisa, das Küken der Familie. Sie hatte gerade ihr Abitur abgeschlossen und bewarb sich an der Londoner Schauspielschule ‚Royal Central School of Speech and Drama‘. Der erste Anlauf ging schief. Aber sie hat Talent und Ehrgeiz, und inzwischen ist es ihr im zweiten Anlauf gelungen, an dieser Schauspielschule lernen zu können. Für sie ist das ein Gewinn; für die Firma leider nicht.

Das war die Situation im späten Sommer 2005. Jonas hatte wohl in einer Vorahnung noch ein Jahr zuvor, als Lisa gerade 18 geworden war, je 5 % seiner Anteile an meine Mutter, meine Geschwister und mich überschrieben. Welche Verantwortung damit auf uns zukommen könnte, war uns jedoch mit keiner Faser bewusst. Wir wussten zwar, dass die Jakobb-Gruppe ca. 2.200 Mitarbeiter beschäftigte. Ich wusste auch, dass Vater stolz darauf war, in all der Zeit nie einen Mitarbeiter aus betriebsbedingten Gründen gekündigt zu haben. Einige der leitenden Ingenieure waren uns teilweise über viele Jahre bekannt, weil Jonas sie ab und an mit nach Hause brachte. Das war es dann aber auch.

Johanna, also meine Mutter, hat dann kurzfristig entschieden, einen Geschäftsführer einzusetzen, den ihr ein guter Freund der Familie empfohlen hatte. Ende 2005 bekam ich vom neuen Geschäftsführer das erste Mal Einblick in die Zahlen und Strukturen des Unternehmens. Ich zeige Ihnen das mal.“

Anna hatte ein paar Blätter mitgebracht:

Jakobb-Gruppe 2005 Sparte	Umsatz [Mio €]	EBIT [Mio €]	Umsatz-Rendite [%]
Trockenmittel	64,0	− 0,5	− 0,8 %
Molekularsiebe	80,0	2,0	2,4 %
Membranen	70,4	0,9	1,3 %
Analysetechnik	83,2	− 5,7	− 6,8 %
analytische Dienstleistungen	12,8	2,2	17,0 %
Datenmanagement	9,6	1,4	14,4 %
Jakobb-Gruppe, gesamt	320,0	0,2	0,1 %

Abbildung 45: Eckzahlen der Jakobb-Gruppe 2005

Die Gruppe war in sechs weitgehend selbstständig agierende Sparten aufgeteilt. Außer der zentralen Buchhaltung sowie der Personal- und Rechtsabteilung gab es nur noch eine allgemeine Verwaltung. Mit einem Mitarbeiteranteil von 5,5 % und einem Kostensatz von 4,8 % erschien die Zentrale schlank aufgestellt. Doch die Zahlen täuschten. Viele Strukturkosten steckten in den Sparten. Es gab keine gemeinsame Entwicklung, kein gemeinsames Marketing, keinen gemeinsamen Einkauf, keine gemeinsame Logistik. Es gab aber auch keine kaufmännische Leitung, die über den gesetzlich notwendigen Rahmen für Buchhaltung und Finanzen hinausging.

„Die Sparten hatten sich einfach so entwickelt", erklärte Anna. „Jonas war zwar ein begnadeter Tüftler mit einem guten Riecher für Marktchancen und dem Mut des erfolgreichen Unternehmers. Aber Begriffe wie ,wirtschaftliche Konsolidierung' oder ,Effizienz' oder ,wirtschaftliche Exzellenz' waren ihm – wie ich schon erwähnt hatte – Fremdwörter. Er hatte mir ab und an mit einem Augenzwinkern zugeworfen: ,Wir sind erfolgreich, wozu müssen wir wirtschaftlich sein?' – das schien seine Devise.

Und wenn seine Experimente Geld kosteten, schoss er es einfach zu. Er hatte aus seinen eigenen Molekularsiebpatenten ausreichend hohe Lizenzeinnahmen, um sich das leisten zu können. In gewisser Weise war er immer ein Kind geblieben und die Jakobb-Gruppe war sein Spielzeug, sein Hobby und sein Leben. Dadurch hatte die Firma im Laufe der Jahre mehr als 15 Mio. € Gesellschafterdarlehen erhalten, an deren Rückzahlung nicht zu denken war. Die Mitarbeiter – ob Führungskräfte, Entwickler und Konstrukteure oder die Werker –, alle hatten sich daran gewöhnt.

Als ich einen der leitenden Ingenieure fragte, ob denn ein so geringer Gewinn für die Zukunft des Unternehmens bedenklich wäre, bekam ich zur Antwort: ,Wir haben schon schlechtere Jahre gehabt. Ihr Vater hat das eigentlich immer geregelt'. Das konnte ich schon vor drei Jahren nicht akzeptieren. Mutter und ich und dann auch

Marcus und Lisa gaben dem neuen Geschäftsführer als Aufgabe mit auf den Weg, diese Zustände zu ändern und die Jakobb-Gruppe auf wirtschaftlich solide Füße zu stellen.

In den vielen Gesprächen dieser Tage fragte meine Mutter auch, ob ich bereit wäre, Vaters Lebenswerk weiterzuführen. Eigentlich fragte sie nicht – es war mehr eine jener Bitten, die man nicht ablehnen kann. Doch ich fühlte mich noch nicht reif für eine solche Aufgabe. Schließlich willigte sie ein, dass ich zunächst praktische Erfahrungen sammeln sollte – und so begann ich einen Job als Assistentin des CFO in einem holländischen Maschinenbaubetrieb. Das hat mir sehr geholfen.

4.3   Einen neuen Anfang wagen

Leider haben sich die Hoffnungen in den neuen Geschäftsführer nicht erfüllt. Er hatte keinen ‚Stallgeruch‘ und kam mit den Ingenieuren nicht klar. Anstatt einen Wandlungsprozess zu moderieren und die Leistungsträger aktiv einzubinden, versuchte er Wirtschaftlichkeit zu ‚verordnen‘. Er zog alle Entscheidungen auf sich, griff in die Entwicklungsprojekte ein, arbeitete mit Umsatzvorgaben, die um ‚jeden Preis‘ zu erfüllen waren …“

Wieder stockte Anna. Sie sei ungerecht. Das wäre doch eine vertrackte Situation gewesen. Der Fehler hätte bei der Familie gelegen. Einen Fremden mit dieser Aufgabe betrauen – das musste schiefgehen. Wobei „musste“ eigentlich falsch sei … „Es ist eben schiefgegangen.“

Nach drei Verlustjahren, vielen besorgten Gesprächen und ersten frustrierten Kündigungen wichtiger Leistungsträger zog Johanna Jakobb Anfang 2008 die Notbremse. Der Vertrag mit dem Geschäftsführer wurde nicht verlängert. Die Gesellschafterversammlung berief Wolfgang Mahrendorff, einen engen Weggefährten des Vaters, zum neuen Chef der Jakobb-Gruppe. Und Anna übernahm den Job einer Controllerin. Sie kannte Wolfgang Mahrendorff schon seit ihrer Kindheit und wurde nun seine „rechte Hand“ für kaufmännische (besser: kauffrauische[63]?) Fragen. De facto setzte er sie als CFO ein, obwohl es offiziell diese Funktion noch nicht gab. Später, als eine Gruppenleitung entstand, wurde Anna auch de jure als CFO bestellt.

Bis dahin war Wolfgang Mahrendorff seit 1998 Leiter der Sparte analytische Dienstleistungen. Gleichzeitig hatte er 2001 gemeinsam mit Jonas Jakobb begonnen, die Sparte Datenmanagement aufzubauen und sie zum Erfolg geführt. Dafür genoss er hohe Anerkennung seiner Kollegen in der Gruppe. Nun aber stand er vor der He-

---

[63] Das ist mehr als ein Wortspiel. In den über 15 Jahren unserer Tätigkeit als Begleiter von Strategieprozessen haben sich ökonomische Probleme stark von Sachfragen hin zur Moderation einer effektiven Kooperation von Menschen entwickelt. Und wir haben Frauen erlebt, die das deutlich besser können als ihre männlichen Kollegen.

rausforderung, zusammen mit diesen einen neuen, unkonventionellen Weg der Lösung zu suchen, um die Jakobb-Gruppe auf nachhaltige Wirtschaftlichkeit auszurichten, ohne ihren innovativen Geist und ihre Tradition zu zerstören. Es sollte ein kooperativer Weg sein.

„Und deswegen sitze ich heute vor Ihnen und erzähle meine Geschichte. Wir brauchen eine Strategie der Zusammenarbeit. Dabei bin ich auf die Balanced Scorecard gestoßen, habe mir verschiedene Ansätze angesehen und bin bei Ihrem TaschenGuide[64] hängengeblieben. Den habe ich Wolfgang Mahrendorff als Lektüre empfohlen. Er ist noch ein bisschen skeptisch, aber meinte ‚sprich mit denen – wer weiß, wofür es gut ist'. Nun sind Sie am Zug."

Ein ungeschminkter Lagebericht

Die Jakobb-Gruppe war finanziell gesehen kein Sanierungsfall. In den nun fast 40 Jahren ihres Bestehens gab es auch viele ertragreiche Jahre; und Jonas hatte nie einen Pfennig oder Cent aus der Firma herausgezogen. Alle Investitionen wurden ohne Bankkredite realisiert. Wenn eine Finanzspritze erforderlich war, kam sie aus dem Jakobb'schen Vermögen.

Die Herausforderung lag in der Unternehmenskultur. Das merkten wir sehr schnell – wir werden darüber berichten.

Nach dem Gespräch mit Anna Jakobb vereinbarten wir ein Treffen mit Wolfgang Mahrendorff und kamen überein, einen „Schnupperworkshop" mit seiner Führungsmannschaft, dem Betriebsratsvorsitzenden Frank Schornemann und zwei von ihm ausgewählten Mitarbeitern sowie der Inhaberfamilie durchzuführen. Dort sollten „beide Seiten einander beschnuppern", um zu klären, ob sie es miteinander wagen wollten.

Am 20. Oktober 2008 war es so weit. Wir trafen uns in einem Hotel in Potsdam am Ufer des Griebnitzsees. Nach einem frischen Morgen wurde es ein angenehmer, recht sonniger Tag. Ein gutes Ambiente für ein schwieriges Unterfangen.

Zum Einstieg erläuterte Anna Jakobb die Lage:

---

[64] Friedag, H.R./Schmidt, W. (2004): Balanced Scorecard, Haufe

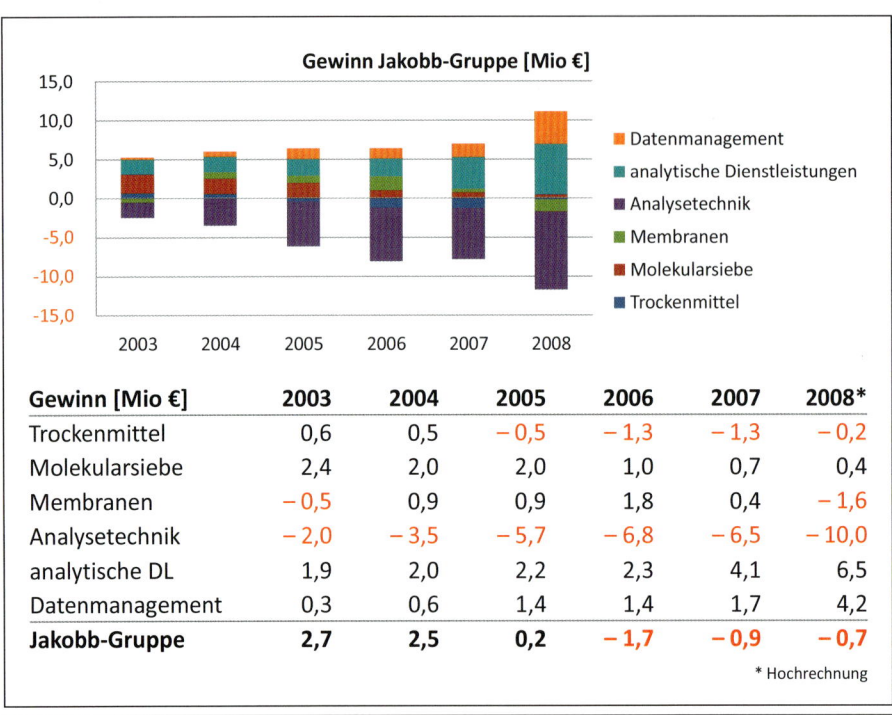

Gewinn [Mio €]	2003	2004	2005	2006	2007	2008*
Trockenmittel	0,6	0,5	− 0,5	− 1,3	− 1,3	− 0,2
Molekularsiebe	2,4	2,0	2,0	1,0	0,7	0,4
Membranen	− 0,5	0,9	0,9	1,8	0,4	− 1,6
Analysetechnik	− 2,0	− 3,5	− 5,7	− 6,8	− 6,5	− 10,0
analytische DL	1,9	2,0	2,2	2,3	4,1	6,5
Datenmanagement	0,3	0,6	1,4	1,4	1,7	4,2
Jakobb-Gruppe	**2,7**	**2,5**	**0,2**	**− 1,7**	**− 0,9**	**− 0,7**

* Hochrechnung

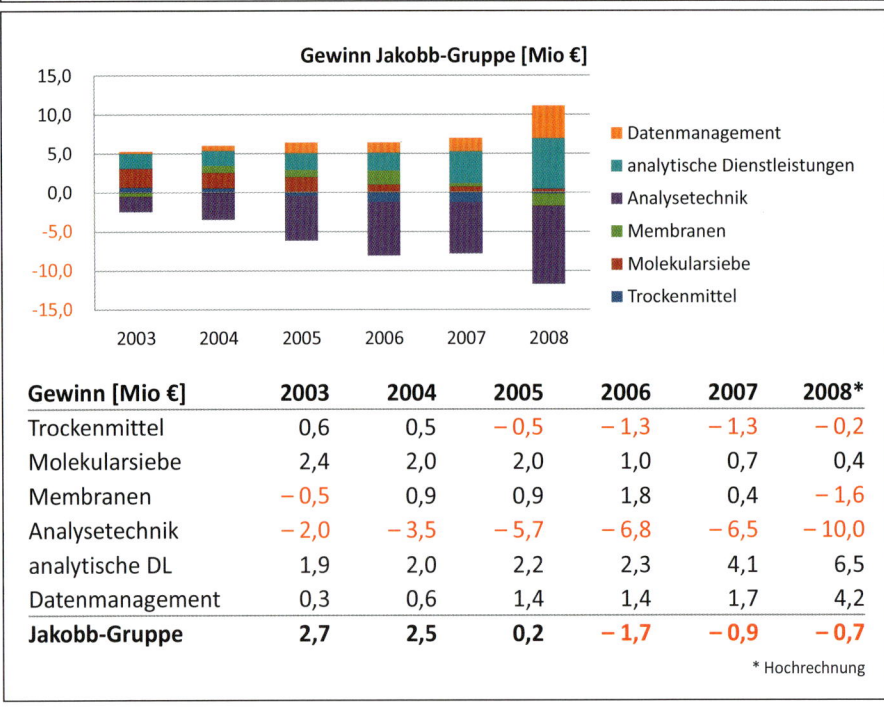

Gewinn [Mio €]	2003	2004	2005	2006	2007	2008*
Trockenmittel	0,6	0,5	− 0,5	− 1,3	− 1,3	− 0,2
Molekularsiebe	2,4	2,0	2,0	1,0	0,7	0,4
Membranen	− 0,5	0,9	0,9	1,8	0,4	− 1,6
Analysetechnik	− 2,0	− 3,5	− 5,7	− 6,8	− 6,5	− 10,0
analytische DL	1,9	2,0	2,2	2,3	4,1	6,5
Datenmanagement	0,3	0,6	1,4	1,4	1,7	4,2
Jakobb-Gruppe	**2,7**	**2,5**	**0,2**	**− 1,7**	**− 0,9**	**− 0,7**

* Hochrechnung

Abbildung 46: Entwicklung von Umsatz und Gewinn (EBIT) der Jakobb-Gruppe 2003-2008

„Unsere traditionellen Geschäftsfelder Trockenmittel, Molekularsiebe und Membranen haben in den letzten zwei Jahren deutlich an Umsatz verloren. Sie tragen nur noch wenig zum Erfolg der Jakobb-Gruppe bei bzw. sind in die roten Zahlen gerutscht.

Auch das geliebte Experimentierfeld meines Vaters, die Analysetechnik wird in diesem Jahr seine Umsatzentwicklung nicht halten können und unter das Niveau von 2004 absinken. Außerdem sind die Verluste dieser Sparte fast explodiert und gefährden inzwischen die gesamte Gruppe. Die Sparte Analysetechnik ist infolge der seit 2001 realisierten massiven Investitionen mit wachsenden Abschreibungen belastet. Andererseits ist mir klar, dass uns durch diese Investitionen und den Aufbau eines starken Entwicklerteams in diesem Bereich ein enormes Potenzial zur Verfügung steht. Wir müssen lernen – und zwar sehr schnell – dieses Potenzial in wirtschaftliche Erfolge umzusetzen.

Ich bin in den letzten Monaten mehrfach durch die Entwicklungslabore und die Fertigungshalle der Analysetechnik gegangen. Da steht Produktionstechnik für fast 30 Mio. €. Wenn wir weiterhin vorne mitspielen wollen, wie schnell muss man diese moderne Technik erneuern?' habe ich gefragt. ‚In 10 Jahren, in 15 Jahren, in 20 Jahren'? Ich wurde fast mitleidig angeschaut. ‚Frau Jakobb, wo denken Sie hin'? war die Antwort, die mir fast unisono gegeben wurde. ‚In der CAM-Technik sind 3 Jahre schon fast zu lang und auch die Fertigungstechnik sollte in ihren niveaubestimmenden Teilen nicht älter als fünf bis acht Jahre sein'. ‚Verstanden – dann sollte aber die Analysetechnik ausreichend Geld verdienen, wenn wir 30 Mio. € in etwa 5 Jahren erneuern wollen. Wo soll sonst das Geld herkommen'? An diesem Punkt stieß ich immer auf betretenes Schweigen.

Sicher, mein Vater hat die Analysetechnik zu Innovationen getrieben; er wollte etwas Besonderes kreieren – koste es was es wolle. Aber Innovationen tragen ihren Namen erst dann zu recht, wenn sie Geld verdienen. Wir müssen also erst noch lernen, wirklich innovativ zu sein. Das gilt nicht nur für die Analysetechnik, sondern für das ganze Unternehmen und es geht hier nicht um Unfähigkeit oder unzureichende Motivation – es geht um die Denkstrukturen, um unser Verständnis für Innovationen. Neues schaffen und Geschaffenes zu konsolidieren, gehören zusammen. Dahin müssen wir kommen und werden wir auch kommen, weil wir gemeinsam zu diesem Wandel fähig sind. Schließlich verfügen alle, auch die Analysetechnik über ein tolles Team. Allerdings haben uns in diesem Jahr bereits fünf unserer guten Entwickler verlassen. Das ist ein Warnsignal.

Wie es gehen kann, zeigen unsere beiden jüngsten Sparten, die analytischen Dienstleistungen und das Datenmanagement. In beiden Geschäftsfeldern konnten wir sowohl Umsatz als auch Gewinn deutlich steigern. Das liegt zum Teil auch daran, dass sie die in der Analysetechnik entwickelten Grundlagen nutzen konnten. Dafür müssten sie eigentlich interne ‚Lizenzgebühren' zahlen. Insofern ist die Gewinnverteilung nicht ganz fair. Das werden wir ändern.

Es ist aber nicht so einfach. Wir haben die Zahlen gemeinsam mit unseren Moderatoren weiteraufbereitet. Sie haben uns darauf aufmerksam gemacht, dass in der Automobilindustrie und im Maschinenbau eine Kennzahl genutzt wird, die auch uns in dieser Beziehung helfen könnte." Sie übergab den Moderatoren das Wort:

„Frau Jakobb meint die Analyse der **Leistungskraft**[65].

Dazu schauen wir uns an, wie hoch die eigene Leistung[66] z. B. einer Sparte ausgewiesen wird. Für diesen Zweck ziehen wir vom Umsatz die sogenannten Fremdleistungen ab – also alles, was von außen kommt: Material, Energie und bezogene Leistungen. Im Datenmanagement z. B. buchen Sie 10 % Fremdleistungen und bei den Membranen mehr als 50 %. Daher eignet sich für einen Vergleich der verschiedenen Geschäftsfelder die „eigene Leistung" besser als der „Umsatz", weil der technisch bedingte Unterschied hinsichtlich des Fremdbezugs dann keine Rolle mehr spielt. Gemessen am Umsatz erwirtschaften die Membransparte ca. 21 % der Jakobb-Gruppe und das Datenmanagement knapp 5 %. Gemessen an den eigenen Leistungen verändert sich das Bild: Hier liegt die Membransparte bei 17 % und das Datenmanagement bei 7 %.

Die Unterschiede werden aber noch klarer, wenn man die eigene Leistung einer Sparte auf deren Personalkosten bezieht. Damit berücksichtigen wir die unterschiedlichen Qualifikationen und Bonifikationen, soweit sie sich in den Lohn- und Gehaltsniveaus widerspiegeln. Auf diese Weise erfahren wir, welche Leistungskraft in einer Sparte realisiert wird. Die Leistungskraft sagt also bezogen auf 1 € Personalkosten aus, wie viel Euro an eigener Leistung an die Kunden verkauft werden kann. Oder plastischer ausgedrückt: Wer eine bessere Eigenleistung verkauft, kann sich höhere Personalkosten leisten.

Schauen wir uns wieder die beiden Sparten an. Im Datenmanagement bekommen die Mitarbeiter deutlich mehr Lohn und Gehalt als in der Membransparte. Aber die Datenmanager erwirtschaften nach der Hochrechnung für 2008 mit 3,80 € eigene Leistung pro 1 € Personalkosten deutlich mehr als die Membransparte, die nur 1,50 € erreicht.

Über alle Sparten ergibt sich folgendes Bild:

---

[65] In der Praxis wird diese Kennzahl auch als Man Power Index (MPI) bezeichnet.

[66] Die eigene Leistung wird in der Betriebswirtschaft auch als Eigenleistung oder Rohertrag abgerechnet; im Controlling finden wir zugleich die Bezeichnung „Deckungsbeitrag I".

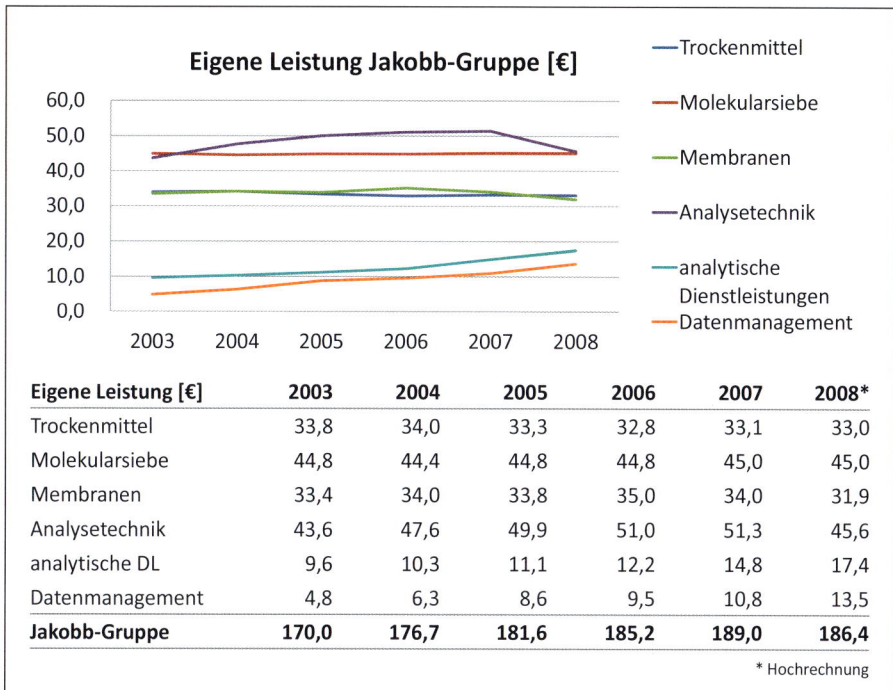

Eigene Leistung [€]	2003	2004	2005	2006	2007	2008*
Trockenmittel	33,8	34,0	33,3	32,8	33,1	33,0
Molekularsiebe	44,8	44,4	44,8	44,8	45,0	45,0
Membranen	33,4	34,0	33,8	35,0	34,0	31,9
Analysetechnik	43,6	47,6	49,9	51,0	51,3	45,6
analytische DL	9,6	10,3	11,1	12,2	14,8	17,4
Datenmanagement	4,8	6,3	8,6	9,5	10,8	13,5
Jakobb-Gruppe	**170,0**	**176,7**	**181,6**	**185,2**	**189,0**	**186,4**

* Hochrechnung

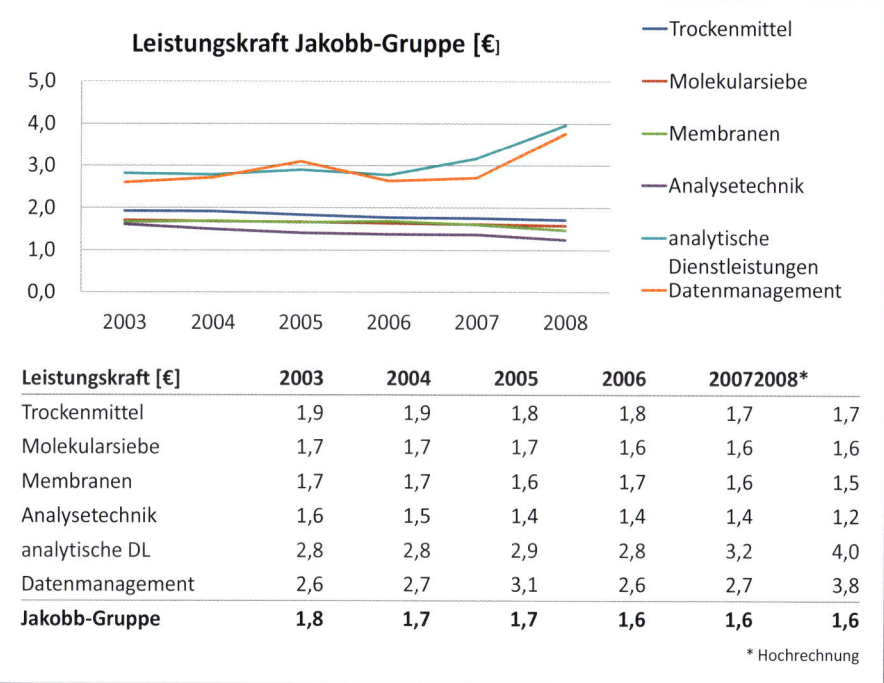

Leistungskraft [€]	2003	2004	2005	2006	2007	2008*
Trockenmittel	1,9	1,9	1,8	1,8	1,7	1,7
Molekularsiebe	1,7	1,7	1,7	1,6	1,6	1,6
Membranen	1,7	1,7	1,6	1,7	1,6	1,5
Analysetechnik	1,6	1,5	1,4	1,4	1,4	1,2
analytische DL	2,8	2,8	2,9	2,8	3,2	4,0
Datenmanagement	2,6	2,7	3,1	2,6	2,7	3,8
Jakobb-Gruppe	**1,8**	**1,7**	**1,7**	**1,6**	**1,6**	**1,6**

* Hochrechnung

Abbildung 47: Entwicklung von eigener Leistung und Leistungskraft der Jakobb-Gruppe 2003-2008

Die eigenen Leistungen ergeben eine Dreiteilung. Molekularsiebe und Analysetechnik liegen vorn; Trockenmittel und Membranen folgen in der Mitte; analytische Dienstleistungen und Datenmanagement folgen mit deutlichem Abstand. Doch schon dieses Bild zeigt, dass nur die letzten beiden Sparten ein Wachstum realisieren konnten.

Die tieferen Probleme verdeutlicht die Entwicklung der Leistungskraft. Sie zeigt, dass die traditionellen Sparten und die Analysetechnik es in den letzten sechs Jahren nicht ausreichend vermocht haben, die Qualifikation ihrer Mitarbeiter in innovative eigene Leistungen umzusetzen, die von den Kunden adäquat anerkannt werden. Das aber ist der Kern eines Unternehmertums, das zur Jakobb-Gruppe passt. Zumindest haben wir Ihre Geschichte so verstanden. Wenn Sie dabeibleiben wollen, liegt der Schlüssel für Ihren zukünftigen Erfolg genau da: Wie können Sie in allen Sparten die innovative Leistungskraft Ihrer Mitarbeiter erhöhen?"

„Natürlich sollte man bei Zahlen immer ein wenig vorsichtig sein", nahm Anna Jakobb den Faden wieder auf. „Für mich verkörpern Zahlen nie ‚die Wahrheit', sondern sie sind ein Diskussionsangebot. Also lassen Sie uns die Darstellung in aller Offenheit diskutieren; es geht nicht darum, wer ‚Schuld' ist, sondern was wir daraus für die Zukunft lernen können."

Stille.

Nach Annas Einstieg herrschte Totenstille. Natürlich hatten alle längst gespürt, dass die Lage nicht gut war. Den „Fremden" hatten sie nicht akzeptiert. Und nun?

Kooperation waren die Sparten nicht gewohnt. Unter Jonas Jakobb gab es kein Leitungsteam. Der „Fremde" hatte das nicht geändert. Jede Sparte stand für sich allein. Zum Teil ignorierte man sich nicht einmal. Mit den schlechter werdenden Jahren hatte sich zugleich ein hohes Konfliktpotenzial angestaut. Beim Schnupperworkshop saßen faktisch fünf „Lager" am Tisch. Insbesondere in der Sparte Analysetechnik war die Situation explosiv – der Betriebsrat hatte ein halbes Jahr vorher einen Führungswechsel gefordert, um die aufgewühlten Gemüter abzukühlen. Dem war der ehemalige Spartenleiter durch die Aufhebung seines Vertrages zuvorgekommen. Vera Kurbiczek, eine Physikerin, wurde im Juli 2008 kommissarische Spartenleiterin. Sie hatte vorher eines der Entwicklerteams geleitet und konnte die Lage zumindest emotional etwas beruhigen. Nun schwieg sie.

In die Stille hinein meldete sich Wolfgang Mahrendorff: „Die Vergangenheit können wir nicht mehr ändern. Ein anderer wird für uns die Kastanien nicht aus dem Feuer holen – das müssen wir schon selber tun. Aber es ist wichtig, sich das Vergangene ungeschminkt vor Augen zu führen, um zu lernen. Deshalb: Danke an Anna" – er duzte sie schon seit ihren Kindheitstagen.

„In den letzten drei Jahren haben wir viel Lehrgeld bezahlt, um unsere Lektion zu begreifen. Und wir sind ja nicht am Ende, im Gegenteil. Wir haben unglaubliches Potenzial, eine kreative Mannschaft und – wenn man es differenziert betrachtet – moderne Technologien. Und wir haben Gesellschafter, die noch Geduld mit uns haben, die ihre uns gegebenen Darlehen bislang nicht zurückgefordert haben. Deshalb kommen wir bisher ohne Bankkredite aus. Viele Unternehmen beneiden uns um diese Basis.

Was hemmt uns? Ist es Selbstgefälligkeit, Festhalten an alten Gewohnheiten, zu wenig Gespür für die Entwicklungen unserer Märkte oder mangelndes Selbstvertrauen? Wahrscheinlich gibt es viele Antworten, aber das alles ist überwindbar – wir dürfen nur nicht so weitermachen wie bisher. Wir müssen wieder an uns glauben. Auch ohne Jonas Jakobb – das sind wir ihm schuldig.

Dabei will ich mich ausdrücklich nicht auf die Erfolge der beiden bisher von mir geführten Sparten berufen. Die sind noch zu kurz im Geschäft und steuern gerade einmal 11 % zum Umsatz bei. Beide Sparten haben in ihren ersten Jahren stark von den anderen profitiert und geben das nun zurück. Außerdem müssen sie erst noch zeigen, dass sie weiterhin ertragreich wachsen können, um einmal tragfähige Standbeine für die Jakobb-Gruppe zu werden. Die Existenz der Gruppe beruht primär auf der Leistung der anderen vier Sparten. Deshalb können wir das Blatt nur gemeinsam wenden.“

Das Bewusstsein für Veränderung schaffen

An dieser Stelle schoben wir eine Gruppenarbeit ein. Je zwei Teams – dabei waren die Sparten immer gemischt – sollten zusammentragen, was in der Jakobb-Gruppe zu bewahren und was zu verändern ist. Kein Team sollte abwägen. Das würde die Resultate zu stark glätten: Zwei Teams sollten ausschließlich Argumente für das Bewahren zusammenstellen und die zwei anderen Teams ausschließlich Argumente für das Verändern. Nach 30 Minuten stellten die Gruppen vor, was sie erarbeitet hatten – zögernd zunächst, aber dann vehement, begann eine streitbare und offene Diskussion:

Was wollen wir bewahren?

- Kundennähe; langfristige Kundenbeziehung als Wert
- Hohe technische Kompetenz in den Kernprozessen der Sparten (Lösungen für komplexe Anforderungen)

  Hier kam der erste Widerspruch. Ist das wirklich noch so oder sind wir dabei, unsere Kompetenz zu verlieren? Wie sonst sind die Umsatzrückgänge zu erklären? Vera Kurbiczek berichtete von heftigen Diskussionen in der Analysetechnik, ob zur Kompetenz nicht auch die Kenntnis der konkreten Kundenprobleme gehört und das Wissen darum, wie die Kunden derzeit ihre Probleme bewältigen und wie viel sie bereit sind, für bessere Lösungen zu zahlen. „Wir müssen also lernen, technische Kompetenz mit Kundennähe zu verbinden."

- Anspruchsvolle Aufgaben werden mit hoher Qualität gelöst

  Auch hier gab es Einsprüche. Der neue Beauftragte für Qualitätsmanagement der Jakobb-Gruppe, Johannes Werning, verwies darauf, dass Qualität sich nicht allein an der Einhaltung vereinbarter Spezifikationen bemisst. „Gute Qualität spielt auch das Geld ein, das wir für sie aufwenden. Wenn das nicht oder nicht ausreichend der Fall ist, müssen wir über unsere Qualität nachdenken. Ich habe schon erste Termine mit den Qualitätsbeauftragten in den Sparten vereinbart. Da werden wir das besprechen. Vielleicht setzen wir uns auch einmal alle gemeinsam zusammen und laden dazu Anna Jakobb ein – was halten Sie davon"? Anna lächelte: „O. K., dann haben wir ja schon ein erstes Ergebnis dieses Workshops."

- Kundenspezifische Flexibilität
- „Jakobb" als Marke (innen und außen)

  „Ist Jakobb wirklich eine Marke?", fragte Annas Bruder Marcus. Die Runde konnte sich nicht einigen. Zumindest stand der Name auf allen Verpackungen, Rechnungen, Kopfbögen und prägte den Internetauftritt. Und in den relevanten Märkten war der Name auch bekannt. Nur, ist das schon eine Marke? Gibt es eine „Marken-Botschaft"? Wer sind die „Botschafter"? Die Fragen blieben offen.

- Marktbreite
- Qualifikation
- Familienunternehmen (es bewahrt uns Unabhängigkeit und Langfristigkeit im Denken)

  „Ihr Vertrauen ehrt uns", meldete sich Johanna Jakobb. „Allerdings kann auch die Familie Unabhängigkeit und Langfristigkeit im Denken nur dann bewahren, wenn die Jakobb-Gruppe genügend Geld verdient. Wie Sie wissen, hat mein Mann niemals Überschüsse aus der Firma abgezogen. Auch wir sind bereit, Gewinne im Unternehmen zu belassen. Darauf können Sie bauen. Wir kommen auch so klar als Familie. Aber in den letzten Jahren gab es keine Gewinne. Und auf Dauer kann die Familie Verluste nicht ausgleichen. Wir stehen zur Jakobb-Gruppe, aber wir bitten Sie, sich für die Wende einzusetzen." Dafür gab es Beifall.

- Soziale Verantwortung

Eine kontroverse Debatte lösten die letzten drei Moderationskarten der „Bewahren-Gruppen" aus:

- Hohe Identifikation und Motivation aufgrund persönlicher Gestaltungsmöglichkeiten und Erfolgspartizipation
- Positives Arbeitsklima
- Innovationen in Fragen Produkte und Dienstleistungen; „verrückte" Ideen

„Ich bekomme Bauchgrummeln, wenn ich da ‚hohe Identifikation‘ und ‚positives Arbeitsklima‘ lese", platzte es aus Frank Schornemann, dem Betriebsratsvorsitzenden heraus. In der Analysetechnik brodelt es. Motivation? Es haben aus allen Sparten Mitarbeiter, darunter einige hoch qualifizierte, gekündigt. Selbstverständlich, vor allem bei unseren traditionellen Sparten ist eine über die Jahre gewachsene Identifikation schon noch da. Nur kommentarlos möchte ich das nicht stehenlassen, damit wir die Gefahr nicht unterschätzen."

Die Entwicklungsleiterin der Sparte Molekularsiebe, Angelika Bauer, pflichtete ihm bei. „Wir dürfen uns aber auch nicht wegen der derzeitigen Situation jedes Selbstvertrauen nehmen. Wir haben unsere Werte. Die meisten bei uns, mit denen ich ja immer wieder einmal einen Plausch halte, identifizieren sich in der Tat mit der Jakobb-Gruppe und sie fühlen sich überwiegend wohl. Ja, es gibt Fragen und Verunsicherung. Aber zu Pessimismus gibt es – zumindest was die Stimmung in unserer Sparte betrifft – keinen Anlass. Lasst uns gemeinsam einen Weg in die Zukunft finden, der die Verunsicherung aufbrechen kann. Und lasst uns zu mehr echten Innovationen finden, damit wir mehr Geld verdienen. So einfach erscheint es mir. Ich weiß zwar, dass es keine ‚einfachen Lösungen‘ gibt. Aber lasst es uns wenigstens so einfach machen, wie möglich." Dem war nichts hinzuzufügen.

Was wollen wir verändern?

Die Diskussionsbereitschaft zum „Bewahren" überraschte alle Teilnehmer am Schnupperworkshop. Allerdings beeindruckte die danach folgende Darlegung über den Veränderungsbedarf noch mehr; das hatten sie so nicht erwartet. Im Grunde wurden bereits erste Ansätze für ein strategisches Programm entworfen, das im Laufe der Diskussion in fünf Aufgabenfelder gegliedert wurde:

1. Die Kultur im Unternehmen verändern

    – Bereitschaft zu gegenseitiger Verständigung entwickeln bzw. ausbauen

    – Verantwortung und Konsequenz nachhaltig einfordern

    – Schrittmacher- und Fehlerkultur entwickeln und leben

2. Eine Gruppenleitung aufbauen

    – die Gruppenleitung soll eine strategische Steuerungsfunktion haben

    – die Gruppenleitung hat Verantwortung als letzte Instanz in Entwicklungsfragen (Forschungsetat)

    – Kommunikationssteuerung über die Gruppenleitung

3. Mehr Effizienz wagen

    – Effizienz der Organisation vorantreiben

    – Entwicklungsabteilungen zusammenlegen (?)

    – Fertigungen zusammenlegen; teilweise nach außen vergeben (?)

4. Die Marke „Jakobb" bewusst aufbauen, nutzen und stärken

- Prozessorientierung für strikte Verlässlichkeit untereinander und gegenüber den Kunden

- die Potenziale der Gruppe besser nutzen und die Produktpalette entsprechend fokussieren (Synergie) (?)

- die gemeinsame Marketing- und Vertriebsstrategie nach außen tragen

5. Internationalisierung

- Internationalisierung des Unternehmens

- Vertriebsstrukturen weltweit aufsetzen und zusammenlegen (?)

Da störte es nicht, dass noch Vieles unausgegoren erschien und manche Fragezeichen gesetzt werden mussten. Ein Bewusstsein für erforderliche Veränderungen war offensichtlich da und erstaunlich konkret. Aber waren auch alle bereit, sich diese Veränderungen anzutun?

Wir gingen erst einmal in die Mittagspause. Es war lebhaft geworden. Die Diskussionen wirkten nach.

Strategisches und operatives Geschäft

Ein weiterer Diskussionsschwerpunkt entspannte sich, als wir (die Moderatoren des Workshops) den Unterschied bzw. das Zusammenspiel von operativem und strategischem Geschäft erläuterten:

„Im Alltag wird das strategische Geschäft oft als die langfristige und konzeptionelle Ausrichtung eines Unternehmens verstanden. Demgegenüber findet demnach das operative Geschäft im ‚Hier und Heute' statt und soll die Strategie umsetzen. Das ist zwar recht griffig und einfach, hilft aber in der Praxis nicht wirklich weiter.

Auch für das operative Geschäft kann es zweckmäßig sein, ein paar Jahre voraus zu planen und Szenarien zu durchdenken, um auf unerwartete Schwankungen der Märkte vorbereitet zu sein. Umgekehrt müssen wir mitunter strategisch sehr schnell ‚heute und hier' entscheiden und handeln, um unsere Marktpositionen zu behaupten oder plötzlich erkennbar werdende Chancen zu nutzen.

Ein erfolgreicher süddeutscher Unternehmer, Aloys Gälweiler[67], hat deshalb Mitte der 1970er-Jahre eine praktikablere Differenzierung vorgeschlagen und in seinem

---

[67] Aloys Gälweiler war Generalbevollmächtigter der Brown, Boveri & Cie. AG, Mannheim, und leitete bis zu seinem Tode 1984 die Unternehmensplanung; außerdem war er Vorsitzender des Vorstandes der AGPLAN-Arbeitsgemeinschaft Planung e.V., Frankfurt/Main, und lehrte an der Universitäten Köln und Gießen, der FH Ludwigshafen, der TA Wuppertal, der Hochschule St. Gallen und am Management Zentrum St. Gallen.

Unternehmen genutzt. Er betrachtete das strategische Geschäft als das effektive, also zielgerichtete Entwickeln und Bereitstellen von Potenzialen und das operative Geschäft als die effiziente Nutzung der verfügbaren Potenziale. Dabei entstehen Potenziale aus dem Zusammenbringen von Möglichkeiten (z. B. der Bereitschaft von Kunden, mit uns zu kooperieren und unsere Leistungen zu bezahlen) und Fähigkeiten (z. B. das Können der Mitarbeiter, Aufträge der Kunden in ausreichenden Maße zu akquirieren, sie spezifikations-, kosten- und zeitgerecht zu erfüllen und dabei mit allen Lieferanten und Partnern angemessen zu kooperieren).

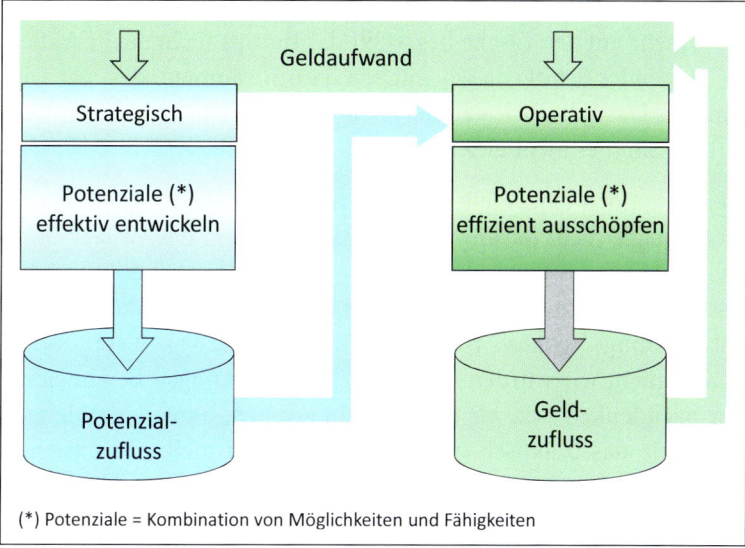

Abbildung 48: Zusammenspiel von strategischem und operativem Geschäft

Beide Geschäfte, das strategische wie das operative, kosten Geld. Deshalb müssen wir abwägen, wie wir unsere Kräfte verteilen. Wenn wir auf strategischer Ebene zu wenig verfügbare Potenziale entwickeln, verlieren auf Dauer unsere Produkte ihren Wettbewerbsvorteil, unsere Mitarbeiter ihr Know-how und unsere Finanzpartner ihre Geduld. Dann kommt das operative Geschäft ins Wanken. Wenn wir operativ nicht effizient genug die verfügbaren Potenziale nutzen, werden wir zu wenig Geld verdienen, um unsere Strategie finanzieren zu können. Es geht also um die dynamische Balance beider Geschäfte. Keines sollte unabhängig vom anderen oder gar auf Kosten des anderen betrieben werden. Diese Balance im Auge zu behalten und zu steuern, ist eine der Kernaufgaben jeder Balanced Scorecard."

„Was heißt das jetzt konkret für uns?", warf Anna Jakobb ein. „Wir verdienen derzeit kein Geld. Sollen wir deswegen auf Strategie verzichten?" Eine gute und leider häufig sehr aktuelle Frage. „Wenn das operative Geschäft zu wenig Geld verdient, wird es zu einer erstrangigen strategischen Aufgabe, das zu ändern", antwortete einer von uns Moderatoren. „Was bedeutet das für meine Entwicklungsteams?", wollte Vera Kurbiczek (Leiterin der Analysetechnik) wissen. „Die sind sehr skeptisch, was wir hier so treiben. Seit Herr Jakobb nicht mehr da ist, sind Zukunftsängste entstanden. Wer wird unsere Entwicklung finanzieren? Und wenn ich denen sage, dass wir uns erst einmal auf das Geldverdienen ausrichten, sehen die rot und ihre Felle davonschwimmen. Wer weiß, wer dann noch das sinkende Schiff verlässt."

„Das sehe ich anders", widersprach Angelika Bauer (Entwicklungsleiterin Molekularsiebe). „Dass wir uns die Aufgabe stellen wollen, die Sicherung unserer eigenen Zukunft wieder durch selbst verdientes Geld finanzieren zu können, kann ich nicht als negative Botschaft begreifen. Mein gerade erwachsen werdender Sohn ist stolz darauf, dass er mir nicht mehr auf der Tasche liegt. Gilt das für uns nicht auch? Außerdem, was heißt hier ‚sinkendes Schiff'? Ja wir müssen darum kämpfen, dass wir wieder Anschluss gewinnen. Das gilt auch gerade für uns ‚Molsieber'. Aber wenn ein Schiff an Tempo verliert, sinkt es nicht gleich."

Der Schlagabtausch wogte noch eine Weile hin und her. Schließlich sagte Anna Jakobb, dass es in der Strategie nicht darum geht, irgendjemandem das Wasser abzugraben. „Aber der Grundsatz, das Geld, das wir ausgeben wollen, selber zu verdienen, kann nicht falsch sein. Dass dieser Grundsatz nicht zulasten der Zukunftssicherung gehen darf, ist allerdings genauso richtig. Deswegen sollte von dieser Runde nicht die Botschaft ausgehen, wir würden die Entwicklungsleistungen beschneiden. Wir müssen darüber nachdenken, wie wir das eine tun können, ohne das andere zu lassen. Um zu klären, wie das praktisch gehen könnte, haben meine Familie und Wolfgang Mahrendorff diese Runde zusammengerufen. Wir wollen gemeinsam eine gangbare Lösung finden, an die alle glauben und an der alle mitwirken können."

Das war ein guter Abschluss für eine verdiente Kaffeepause.

Danach erläuterten wir (die Moderatoren) die methodischen Schritte – den „roten Faden" – bei der Entwicklung einer gemeinsamen Strategie:

„Wenn wir uns auf eine Zusammenarbeit einigen, begleiten wir Sie in drei Modulen auf Ihrem strategischen Weg.

1. Im ersten Modul geht es um das strategische Konzept und um die darauf aufbauende Strategieentwicklung. Wir werden dazu vier Instrumente einführen:

   a) die Geschäftsidee; mit ihr wollen wir ausdrücken, warum wir das alles tun,

   b) das Geschäftsmodell; es soll uns plausibel machen, wie wir mit unserer Idee Geld verdienen wollen,

   c) die geschäftliche Orientierung; sie hilft uns, die Dimensionen zu umreißen, in denen wir uns bewegen wollen (Agenda für die nächsten fünf ... sieben Jahre),

   d) die Konkretisierung der Strategie; damit wollen wir prüfen, ob wir Vorstellungen davon haben, wie wir die angestrebte Agenda praktisch gestalten können.

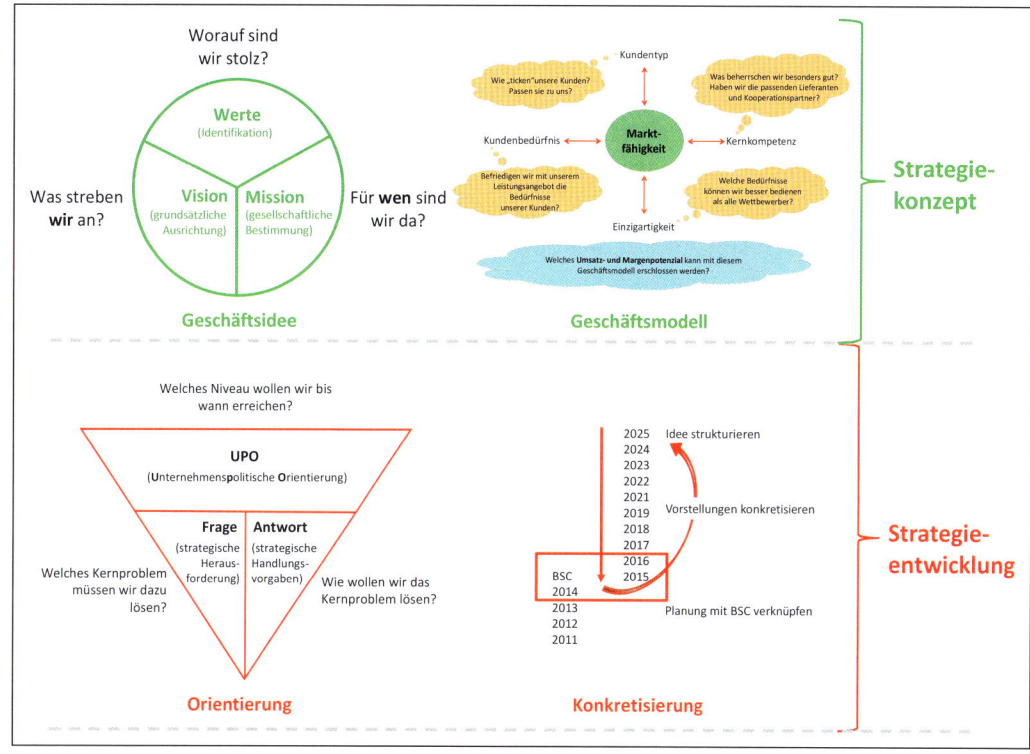

Abbildung 49: Modul 1 – Strategiekonzept und Strategieentwicklung

Dabei ist nicht alles gleichzeitig zu bewältigen. Wie in der Musik muss man ja auch erst einmal lernen, auf den Instrumenten zu spielen. Die Basis für die Geschäftsidee, das Geschäftsmodell und erste Ansätze für eine Agenda schaffen wir vielleicht im ersten Workshop. Das wird dann sicher auch noch nicht ‚in Stein gemeißelt sein‘. Aber es dient uns als Grundlage für das weitere Vorgehen. Die Konkretisierung der Strategie ist ein erst danach einsetzender Prozess, der einige Zeit benötigt. Während der Konkretisierung wird es auch zu Präzisierungen der anderen Instrumente kommen. Wie gesagt, Sie lernen Schritt für Schritt auf ihnen zu spielen. Und wenn es Ihnen Spaß macht, kann es eine ‚never ending story‘ werden.

2. Im zweiten Modul kommen wir zur Strategieumsetzung mithilfe der Balanced Scorecard. Dazu werden wir als Instrumente ein ‚strategisches Haus‘ und eine ‚Berichts-Scorecard‘ erarbeiten und beide in Ihre mittelfristige Planung einbinden.

   a) Das strategische Haus ist auf das strategische TUN, auf jene Potenziale, die wir **jetzt** entwickeln wollen, ausgerichtet. Wir werden auf Basis des ersten Workshops ein Leitbild, ein Leitziel und eine Leitkennzahl ableiten – das ‚Dach des Hauses‘. Wir werden ein paar wenige strategische Themen definieren, die wir für die Realisierung des Leitziels benötigen – die ‚Aufgänge des Hauses'. Und wir werden jene relevanten Interessengruppen identifizieren, die Sie mit im Boot brauchen – die ‚Etagen des Hauses'. Dann werden Sie die ‚Wohnungen' des strategischen Hauses ‚mit Aktionen füllen'. Das sind ganz konkrete Handlungsvorschläge, die Sie schließlich zu konkreten Projektideen verknüpfen. Das wird uns einen weiteren Workshop lang beschäftigen.

b) Die Berichts-Scorecard dient dazu, die erforderliche Balance zwischen strategischen und operativen Ziele zu gewährleisten. Wir haben am Vormittag darüber gesprochen. Die Berichts-Scorecard werden wir in einem kleinen Kreis erarbeiten, mit Wolfgang Mahrendorff abstimmen und dann der gesamten Mannschaft vorstellen.

c) Mit der Einbindung der strategischen Projekte und der Berichts-Scorecard in die mittelfristige Planung verleihen wir der Strategieumsetzung die nötige Verbindlichkeit. Sie wird dann Teil der kontinuierlichen Planungs- und Managementprozesse. Inwieweit daraus auch Veränderungen der mittelfristigen Planung entstehen, werden wir erst sehen.

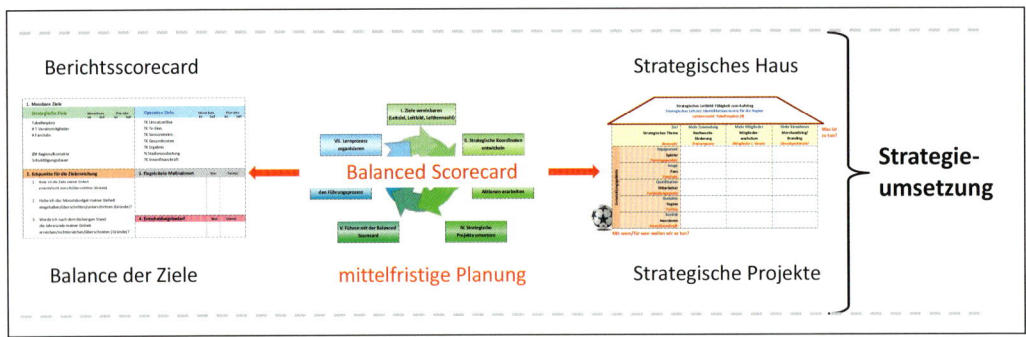

Abbildung 50: Modul 2 – Strategisches Haus, Berichts-Scorecard und mittelfristige Planung

3. Im dritten Modul geht es um die die praktische Anwendung der Strategie im Alltag der involvierten Menschen. Dabei werden die Instrumente ‚Preview', ‚strategisches Projektmanagement' und ‚Verbreitung im Unternehmen' eingesetzt.

a) Previews sind eintägige Workshops, auf denen über die strategische Arbeit berichtet wird und Vorschläge entstehen, wie es weitergeht. Strategisches Haus und Berichts-Scorecard werden auf ihre Zweckmäßigkeit hin geprüft und gegebenenfalls präzisiert. Previews finden je nach Bedarf zwei- bis viermal in einem Jahr statt. Manche Unternehmen verbinden Previews mit der vertieften Erörterung spezifischer strategischer Einzelfragen und deren Auswirkungen auf das strategische Gesamtkonzept.

b) Das Management der strategischen Projekte ist davon abhängig, über wie viel Projekterfahrung Sie in der Jakobb-Gruppe verfügen. Eventuell ergibt sich Schulungsbedarf. Darüber müssen Sie sich verständigen.

c) Über die Verbreitung in der gesamten Jakobb-Gruppe müssen wir uns gesondert verständigen. Das hängt von den kulturellen Besonderheiten des Unternehmens und den Erwartungen Ihrer Führungskräfte und Mitarbeiter ab. In jedem Fall geht es darum, möglichst vielen Mitarbeitern die Gelegenheit zu geben, einen eigenen Beitrag zur Strategieumsetzung zu leisten."

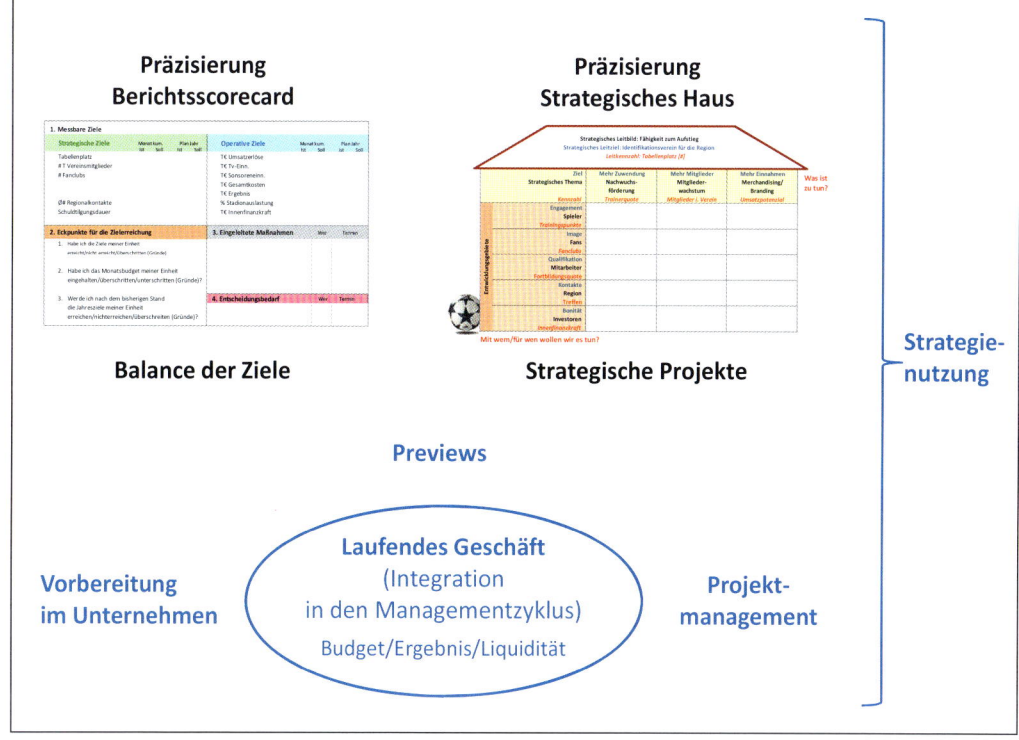

Abbildung 51: Modul 3 – Previews, Projektmanagement und Verbreitung im Unternehmen

Nach ein paar Fragen zum dargestellten „roten Faden" wurden „spielerisch" die Konturen des strategischen Hauses erarbeitet. In einer abschließenden Gruppenarbeit entstanden beispielhaft ein paar Aktionsideen (ZAKs[68]) für eine „Wohnung". Das war's.

Als Moderatoren wiesen wir noch darauf hin, dass es bei einer Balanced Scorecard nicht nur auf die Vereinbarung und Umsetzung gemeinsamer Ziele ankommt. Ge-

---

[68] ZAK = **Z**iel – **A**ktion – **K**ennzahl

nauso wichtig ist die Bereitschaft aller, sich die „Qualen der Umsetzung und Veränderung" auch anzutun.

„Das klappt nur, wenn alle wollen. Wie heißt es so schön: ‚Wo ein Wille ist, ist ein Weg. Wo kein Wille ist, gibt es Gründe'. Also prüfen Sie Ihr Innerstes: Sollten Sie eher nach Gründen suchen, warum es so schwierig ist, oder aus Ihrer Sicht jetzt doch ganz andere Dinge wichtig sind und eigentlich dafür gar keine Zeit ist – dann lassen Sie es sein. Wenn Sie aber den Willen verspüren, trotz aller Schwierigkeiten nach Wegen zu suchen, wie es gehen kann, und selbst Umwege nicht scheuen – dann könnten Sie es angehen. Und diesen Willen zur Veränderung werden Sie brauchen. Das kostet verdammt viel zusätzliche Arbeit – in der aufzubauenden Gruppenleitung, in allen Sparten, Bereichen und Abteilungen. Wenn Sie dazu bereit sind, sagen Sie ‚Ja'. Aber nur dann."

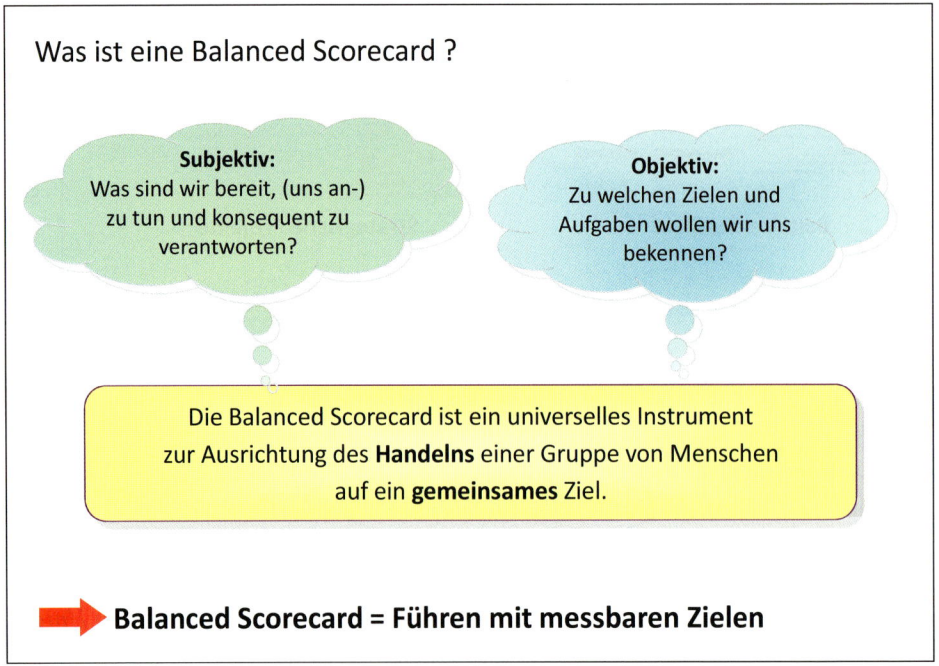

Abbildung 52: Ziele und Veränderungswille fundieren eine BSC

Im Anschluss berieten die Teilnehmer, ob sie in den Prozess einsteigen wollten, ob sie sich eine Balanced Scorecard „antun" wollten – und stimmten zu. Auch die Chemie zwischen uns und den beteiligten Mitarbeitern der Jakobb-Gruppe stimmte – und so nahm das Wagnis seinen Lauf.

4.4 Gemeinsam aufräumen und gemeinsam durchstarten

In der ersten Dezemberwoche 2008 trafen wir uns wieder. Anna Jakobb hatte im Auftrag von Wolfgang Mahrendorff bereits einige Vorarbeit geleistet. Dazu gehörten vor allem Gespräche mit den Sparten über deren Vorstellungen und Möglichkeiten, kurzfristige liquiditätsverbessernde Maßnahmen einzuleiten. Die ohnehin angespannte Lage der Jakobb-Gruppe verstärkte sich durch die rasant aufkommende Krise. Teilweise war sie mehr gefühlt als real, denn noch gaben die für das Unternehmen relevanten Märkte nicht nennenswert nach. Aber die Turbulenzen an den Finanzmärkten, der dramatische Auftritt von Bundeskanzlerin Merkel und Finanzminister Steinbrück vom 05. Oktober 2008 (Garantieerklärung für die Spareinlagen), die Einbrüche im Automobilbereich und bei seinen Zulieferern, das Zurückfahren der weltweiten Investitionen. All das erzeugte zusätzliche Unsicherheit über das kommende Wirtschaftsjahr 2009.

Zur Gewährleistung ausreichender Liquiditätsreserven beauftragte Wolfgang Mahrendorff die Leiterin des zentralen Rechnungswesens, Anita Bändrichs, gemeinsam mit Anna Jakobb – auch als Konsequenz aus den Diskussionen während des Schnupperworkshops – eine Arbeitsgruppe ins Leben zu rufen. Die Sparten sollten angemessen eingebunden werden. „Wolfgang Mahrendorff wollte nicht so lange warten", erklärte uns Anna, „und wir halten uns den Rücken frei für die angestrebte Strategieentwicklung." Das erwies sich zwar als Illusion, aber es bot ein praktikables Ventil, um die Diskussionen in eine konstruktive Richtung zu lenken.

Was wir sind und wo wir hin wollen – die Geschäftsidee

Auch wir Moderatoren waren nicht untätig geblieben. Wir hatten mit jedem der 16 Teilnehmer der kommenden BSC-Runde Interviews geführt, um deren Stimmungslage und Einschätzungen zu Veränderungsmöglichkeiten und -hindernissen aufzugreifen. Eingeladen waren

- die Leiter der „traditionellen" Sparten Trockenmittel (Hans-Werner Waldstein), Molekularsiebe (Adam Myrtl) und Membranen (Sylvia Sommerberg);
- die kommissarische Leiterin der Sparte Analysetechnik (Vera Kurbiczek);
- vier weitere leitende Angestellte: der Leiter Vertrieb Trockenmittel (Detlef Doblin), die Entwicklungsleiterin Molekularsiebe (Angelika Bauer), die Laborleiterin der analytischen Dienstleistungen (Monika Schmitzer) und die Leiterin des zentralen Rechnungswesens (Anita Bändrichs);
- der Qualitätsmanagementbeauftrage (Johannes Werning);
- der Betriebsratsvorsitzende (Frank Schornemann (BR) und zwei von ihm vorgeschlagene Werker – Jens Berger (Meister in der Fertigung Analysetechnik) und Harald Söler (Programmierer in der Sparte Datenmanagement);

- die Familie Jakobb mit Johanna, Anna und Marcus – Lisa war in London geblieben und
- Wolfgang Mahrendorff.

Nun ging es los. Eine kurze Einstimmung durch Wolfgang Mahrendorff. Ein unterstützendes Brainstorming für Anita Bändrichs Liquiditätsgruppe. Dann war der Weg frei für das langsame Hinwenden zur Strategie.

„In den Interviews kam immer wieder zum Ausdruck, dass Sie trotz aller Schwierigkeiten und Rückschläge der letzten Jahre stolz sind, bei der Jakobb-Gruppe zu arbeiten. Wenn Sie einem neuen Mitarbeiter erklären müssten, warum das so ist, was würden Sie ihm antworten?" Damit startete die erste Gruppenarbeit. Außerdem sollten die Gruppen auch noch definieren, wonach sie in der Jakobb-Gruppe streben („Gibt es eine ‚Idee‘, die Sie antreibt, inspiriert, die Sie reizvoll finden?"). Und sie sollten sagen, wofür und für wen die Jakobb-Gruppe steht („Wem würde etwas fehlen, wenn es Sie nicht gäbe?").

Nach 45 Minuten kamen die Gruppen wieder im Plenum zusammen und stellten ihre Ergebnisse vor.

Die Frage nach dem Stolz wurde sehr ähnlich beantwortet: Gemeinsamkeit, das Gefühl, zusammenzugehören, Teil zu sein der „Jakobb'schen Idee". Annas Augen leuchteten bei diesem doch recht emotionalen Bekenntnis der Mannschaft zu ihrem Vater. Er war auch noch dreieinhalb Jahre nach seinem Tod sehr lebendig. „Und was ist die ‚Jakobb'sche Idee'?", fragten wir. „Oh, das ist schwer zu beschreiben. Es ist mehr ein Gefühl, eine Haltung, ein …"

Dann sollte jeder Teilnehmer versuchen, ein Wort für seine Deutung der „Jakobb'schen Idee" auf eine Moderationskarte zu schreiben. „Was hat Jonas Jakobb Ihnen mitgegeben?" Es entspann sich eine lange, emotionale Diskussion, an deren Ende fünf Karten an der Pinnwand verblieben:

1. Teilhaberschaft,
2. Offenheit für Neues,
3. miteinander reden,
4. einander zuhören,
5. Verlässlichkeit.

Waren das nicht die Werte, die Jonas Jakobb in den Anfangsjahren so wichtig waren und die in den letzten Jahren scheinbar verloren gegangen sind? Aber eben nur scheinbar – offensichtlich wurden sie eher schmerzlich vermisst und wieder ins Bewusstsein gerufen als das Fundament eines Gemeinschaftsgefühls. Das war ja schon erst einmal ein guter Anfang!

Sylvia Sommerberg, die Leiterin der Sparte Membranen, erinnerte an den Schnupperworkshop. „Ich denke, hier gehört das hin. Wir wollten eine Gruppenleitung haben. Sie soll uns wenigstens ein bisschen von dem wiedergeben, was Jonas für uns war. Sie soll uns helfen, durch eine gemeinsame strategische Orientierung und Führung wieder mehr Verbundenheit zwischen den Sparten zu erreichen. Und sie soll mehr Verbindlichkeit und Konsequenz in der Umsetzung getroffener Absprachen und Vereinbarungen durchsetzen. Natürlich kann das keiner allein leisten, denn eine Gruppenleitung ist Teamwork. Und sie wird nur so gut sein, wie wir sie werden lassen. Und sie wird die gesamten Leitungs-Strukturen unseres Unternehmens verändern müssen. Dennoch – das sollten wir jetzt festhalten, als Empfehlung an die Familie Jakobb." Dem stimmten alle Anwesenden zu. Die Stimmung war dazu angetan. Unter weniger emotionalen Umständen wäre das wahrscheinlich nicht so ohne Weiteres möglich gewesen. Doch hier war die Gunst der Stunde das entscheidende Moment. Marcus Jakobb sagte zu, die Empfehlung zeitnah mit Wolfgang Mahrendorff zu besprechen und mit der Familie eine Entscheidung zu treffen – er hat seine Zusage am Wochenende nach dem Workshop eingelöst. Am Rande sei erwähnt, dass in diesem Workshop ein Wandel bei Annas Bruder zu bemerken war. Er begann, sich aktiv für die Jakobb-Gruppe zu engagieren. Anfangs nur in seiner Gesellschafterfunktion. Später wurde es noch mehr.

Weniger einheitlich waren die Antworten der Gruppen auf die beiden anderen Fragen. „Was streben wir an? Wenn Sie nach meiner Sparte fragen, wüsste ich schon eine Antwort", meinte Adam Myrtl, Spartenleiter Molekularsiebe. „Aber die ist ja jetzt nicht gefragt. Unsere Gruppe hat viel hin und her diskutiert. Gemeinsamkeit streben wir an. ‚Eine strategische Gemeinschaft sein, die nach Innovationen strebt', steht deshalb auf unserer Karte. Das klingt noch sehr allgemein-abstrakt."

Auch die anderen Gruppen waren nicht sehr glücklich über ihre Karten: „Wir haben nicht nur Ideen, wir können auch innovativ sein", „Gemeinsam mehr erreichen als jeder für sich" oder „Wir streben nach einer starken Marke."

Etwas Ratlosigkeit schwebte im Raum. „Brauchen wir diese Frage jetzt? Reicht es nicht, wenn jede Sparte weiß, was sie anstrebt?" Angelika Bauer, die Entwicklungsleiterin Molekularsiebe, brachte die Gefühle der meisten auf den Punkt. Der Betriebsratsvorsitzende Frank Schornemann aber widersprach ihr heftig – er war sehr häufig heftig, das gehörte sozusagen zu seinem Naturell und wurde in der Runde einfach akzeptiert. „Gerade haben wir euphorisch das Gemeinsame und die Jakobb'sche Idee beschworen. Und nun wollen wir uns nicht einmal darüber verständigen, was wir gemeinsam anstreben. Wir machen uns doch lächerlich!"

Das saß. Nach einem kleinen Schweigen begann eine lebhafte Diskussion. An deren Ende stand folgende Formulierung:

> Wir streben nach einer starken Marke „Jakobb" und organisieren das zentrale Marketing als gemeinsames Band.

Noch war nicht klar, was die starke Marke eigentlich aussagen und bewirken soll und wie man es anstellen wollte, dahin zu gelangen. Auch die Konturen für ein gemeinsames Marketing blieben völlig im Ungefähren – da war viel Spielraum für Wolfgang Mahrendorff und sein Gespür für das Machbare. Dennoch klang es für die meisten fast wie eine Vision.

Nun ging es noch um die Frage „Wofür und für wen steht die Jakobb-Gruppe?" Auch hier gab es diesen Hauch von Ratlosigkeit. Bis auf die letzte Gruppe. Ihr Sprecher war Jens Berger, der junge Meister aus der Fertigung der Sparte Analysetechnik. „Unsere Kunden bevorzugen ‚einfache Lösungen für komplexe Aufgaben'. Wir in der Fertigung übrigens auch. Ich glaube zugleich, dass wir da noch viele Reserven haben. Wir sind ja oft die besten Improvisatoren, wenn einmal wieder etwas geändert werden muss. Warum nicht aus der frustrierenden Hektik eine geile Sache machen. Heute kommen wir uns oft vor wie die Flickschuster und fühlen uns auch so behandelt. Herr Jakobb war doch ein Tüftler. Das können wir auch. Ihr müsst uns nur die Chance geben." Sagte es, setzte sich, Beifall.

> Wir stehen für einfache Lösungen komplexer Aufgaben und sind für Menschen da, die das brauchen und schätzen.

Das war sicher auch noch nicht der große Wurf – es war zunächst nicht mehr und nicht weniger als eine gemeinsame Plattform. Immerhin! Es gab nun zumindest einen Ansatz für die Geschäftsidee der Jakobb-Gruppe. Das konnte man später ja noch verfeinern:

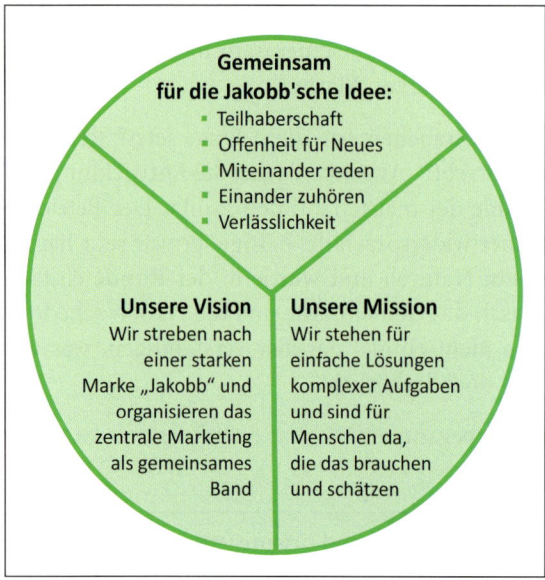

Abbildung 53: Geschäftsidee der Jakobb-Gruppe

Wie wir mit der Geschäftsidee Geld verdienen können – das Geschäftsmodell

Ein gemeinsames Geschäftsmodell der Gruppe zu finden, erwies sich als noch schwieriger. Normalerweise dient ein Geschäftsmodell dazu, die wirtschaftliche Tragfähigkeit einer Idee zu plausibilisieren.

Man stellt die Frage nach der Einzigartigkeit und den Kernkompetenzen des Unternehmens auf der einen Seite sowie dem Kundentyp und seinen Kernbedürfnissen auf der anderen Seite. Schließlich wird versucht, auf dieser Grundlage das Umsatz- und Margenpotenzial abzuschätzen, das sich aus den zwei Seiten ergibt. Das setzt allerdings eine ausreichend konkrete Geschäftsidee voraus.

Wenn es gelingen würde, die Botschaft der Marke „Jakobb" konkret zu fassen, könnte daraus die Einzigartigkeit abgeleitet werden. Allerding ergibt „würde" und „könnte" weder einen Hinweis auf die dazu erforderlichen Kernkompetenzen noch eine Grundlage für die Abschätzung von Umsatz- und Margenpotenzialen. Und auch der zunächst schön klingende Slogan von den „einfachen Lösungen komplexer Aufgaben" brachte uns nicht weiter. Er bot Raum für eine Plattform – allein, eine Plattform ist noch kein Geschäftsmodell. So liefen Gruppenarbeit und Diskussion ins Leere.

„Wir sollten hier nichts erzwingen", warf Wolfgang Mahrendorff schließlich ein. „Ich hatte anfangs gedacht, dass es einfach werden wird, ein gemeinsames Geschäftsmodell zu finden. Doch machen wir uns nichts vor. Es sind gerade einmal sechs Wochen vergangen, da saßen hier noch fünf getrennte Fraktionen am Tisch. Jetzt sind wir schon so weit, eine gemeinsame Gruppenidee zu diskutieren, wieder zu beleben und neu zu formulieren. Das ist mehr als ich erwartet habe. Wir müssen uns die Ausprägung unserer Marke und eines gemeinsamen Geschäftsmodells in unser Hausaufgabenbuch[69] schreiben. Zum heutigen Tag ist das, mit Verlaub gesagt, vertane Liebesmüh. Alle Theoretiker mögen mir verzeihen."

„Nehmen wir es in die Hausaufgaben" – dennoch, die Moderatoren waren skeptisch. „Die Zeit ist wahrscheinlich noch nicht reif. Wenn wir Sie richtig verstanden haben, hieß Ihre Gemeinsamkeit über fast 40 Jahre Jonas Jakobb. Seine Ideen, sein Charisma, sein Verhandlungsgeschick und sein Durchsetzungsvermögen prägten das Unternehmen. Sie müssen erst noch herausfinden, wie Sie seine Persönlichkeit durch Ihren Teamgeist ersetzen können. Da gibt es keine Theorie. Also suchen Sie nicht danach. Probieren Sie es aus."

---

[69] Hausaufgaben gehören zur „Methodenkiste" unserer Workshops. Sie werden aus den Diskussionen geboren und abschließend mit Verantwortung und Termin vereinbart oder gestrichen.

Orientierung, zentrale Herausforderung und strategische Antwort

Auf eine unternehmenspolitische Orientierung (UPO) im Sinne irgendeiner „Agenda 20xx" verzichteten wir ebenso. Ohne klares Geschäftsmodell fehlte dazu einfach die Basis. Die Workshopzeit war auch schon ziemlich weit fortgeschritten.

Es blieb noch eine Gruppenarbeit: „Welche praktischen Konsequenzen ergeben sich für Sie aus den bisherigen Ansätzen? Worin sehen Sie die zentrale Herausforderung, vor der die Jakobb-Gruppe derzeit steht, und welche strategische Antwort leiten Sie daraus ab?"

Das war noch einmal so ein Brocken. Wieder war der Gemeinschaftssinn gefordert. Wir hatten ja nicht nach den Sparten, sondern nach der Jakobb-Gruppe gefragt. Die zentrale Herausforderung? Von den Gruppen kamen Positionen wie „eine durchgängige, aufeinander abgestimmte Strategie schaffen", „eine gemeinsame Gruppenleitung aufbauen" oder „die fehlende Kommunikation in und zwischen den Bereichen bei der Entwicklung innovativer Lösungen." Das erschien allen als durchaus wichtige Aspekte der heutigen Probleme. Aber so richtig glücklich war keiner.

Als wir schon dabei waren, die Formulierung zur Kommunikation als eine Art vorläufige Kompromissformel festzuhalten, meldete sich der Youngster der Runde, Jens Berger zu Wort. Er wirkte ziemlich aufgeregt. „Ich habe hier sehr interessante Tage erlebt. Das werde ich auch meinen Kollegen vermitteln. Die Offenheit der Diskussion und die Art der Diskussionsführung haben mich begeistert. Alle konnten sich einbringen. Jede Idee war gefragt – auch wenn manches verworfen oder zurückgestellt wurde.

Diese Atmosphäre vermisse ich im Unternehmen. Wann werden wir denn schon gefragt? Wenn neue Produkte oder Kundenlösungen entwickelt werden? Wenn zum fünfhundertsiebenundachtzigsten Mal ‚die Kommunikation verbessert' werden soll? Wenn das Thema ‚Effizienz' einmal wieder Mode ist? Wir kriegen immer nur ‚etwas Fertiges' vorgesetzt mit dem lapidaren Kommentar: ‚Nun macht mal. Das ist schon durchdacht …' oder so ähnlich. Toll, als ob wir unfähig wären, etwas zur Lösung beizutragen. Wenn dann die Hütte brennt und wieder einmal irgendeine der verordneten Ideen nicht klappt, dann dürfen wir einspringen und die Kuh vom Eis holen. Zum Ausputzen sind wir gut. Zu mehr nicht. Das Vertrauen in die Mannschaft ist nicht da. Ob das schon unter Herrn Jakobb so war oder erst in den letzten Jahren so geworden ist, kann ich nicht sagen. Dafür bin ich nicht lange genug dabei. Dass wir aber das Potenzial von 2.000 Mitarbeitern brachliegen lassen, scheint mir ziemlich sicher.

Warum machen wir es im Unternehmen nicht wie hier? Warum beziehen wir nicht alle ein, selbst wenn – wie in dieser Runde auch – manche Idee verworfen oder zurückgestellt wird? Das macht doch nichts, wenn es in offener, transparenter Weise geschieht.

Und kommt mir keiner mit ‚VV[70]‘. Das ist doch bei uns viel zu bürokratisiert. Da schmeißt man seinen Zettel in die Box und es geschieht nichts. Irgendwann kommt dann ein ‚Bescheid‘ – als ob wir eine Behörde sind. Da ist in einem Formular angekreuzt, ob der Vorschlag abgelehnt, weitergeleitet oder angenommen wurde. Nichts sonst; ein Wisch. Keine Begründung, kein Hinweis, was nun weitergeschieht. Manchmal bekommt die Eine oder der Andere eine Prämie – selbst das erscheint als Willkür. Mitunter erfahren wir, dass ein Vorschlag tatsächlich umgesetzt wurde. Aber warum gerade der? Warum nicht ein anderer?

Also wenn wir eine zentrale Herausforderung haben, dann ist es für mich das Vertrauen in uns, die tatsächliche Einbeziehung der Mannschaft.

Hingehen, fragen, zuhören, machen lassen

Oder wie ich in dieser Runde gelernt habe: ‚Die Potenziale der Menschen freisetzen‘. Die Überschrift ist eh egal. Schlagwörter haben wir genug gehört. Wir müssen es TUN. Oder hat irgendjemand in der Runde Angst davor?"

Die Spannung war fast körperlich zu spüren. Frank Schornemann, der Betriebsratsvorsitzende gratulierte ihm zu seinem Mut. Anna Jakobb pflichtete ihm bei. Wolfgang Mahrendorff meinte nur: „Das triff's. Ja, das ist es. Wenn wir das packen, kommen wir raus aus unserem Tief." Die anderen schwiegen – sei es, weil sie sich betroffen oder beschämt fühlten oder aus anderen Gründen. Sie wehrten sich nicht gegen die Aussagen. So blieb die etwas sperrige Formulierung stehen:

> Unsere zentrale Herausforderung: Die Potenziale der Menschen freisetzen.

„Das müssen Sie aber noch in die Sprache der Menschen übersetzen", meinten wir Moderatoren. „Aber für den Moment lassen wir auch das erst einmal so stehen. Sie wissen ja, was gemeint ist."

Zum zweiten Teil der Ausgangsfrage, jener nach der „strategischen Antwort", kamen vier Orientierungen an die Pinnwand:

1. Das operative Geschäft wieder fit machen
2. Die Führungskultur verändern, die Unsicherheit nehmen, den Stolz auf das Unternehmen wieder stärken
3. Eine wirksame gemeinsame zentrale Leitung aufbauen
4. Die Marke zu einer Identifikationsbasis entwickeln

Hier waren sich schnell alle einig. Das wollte man so stehenlassen. War die Luft raus?

---

[70] Verbesserungs-Vorschläge

Wir nutzten die Pause zu einem kleinen Spaziergang an der kalten, frischen Luft. Noch einmal Kraft tanken. Dann traf sich die BSC-Runde für eine letzte Aufgabe: „Jetzt haben wir wichtige Überschriften erarbeitet. Strategie aber ist am Ende immer konkret. Wir müssen den Menschen sagen können, was wir ganz praktisch TUN wollen. Dann fügen sich die Überschriften leichter zu einem verständlichen Bild – und nur das zählt in der Kommunikation; dass sich die Menschen von der Strategie ein eigenes Bild machen können. Dann fällt es ihnen leichter, ihren eigenen Beitrag zur Umsetzung abzuleiten."

Im Plenum wurden an vier Flipcharts die vielen Ideen der letzten drei Tage den vier Orientierungen der strategischen Antwort zugeordnet – hier nur ein paar wenige Beispiele:

Das operative Geschäft wieder fit machen

- Liefertreue
- Produktionsablauf mit stärkerer Qualitätssicherung verbinden
- Kompetenzen der Führungskräfte kritisch prüfen (fachlich, persönlich)

Die Führungskultur verändern

- Verantwortung und Konsequenz nachhaltig einfordern
- Ergebnisse einfordern für gemeinsam vereinbarte, messbare Ziele
- lösungsorientiert führen ohne Schuldzuweisung/Rechthaberei

Eine wirksame gemeinsame zentrale Leitung (Gruppenleitung) aufbauen

- Verantwortung als letzte Instanz in Entwicklungsfragen (Forschungsetat)
- mehr Transparenz – bessere Entscheidungen im Zusammenwirken zwischen Geschäftsführung und Gesellschaftern
- gemeinsame Ressourcenplanung

Die Marke zu einer Identifikationsbasis entwickeln

- klare Verantwortlichkeiten schaffen
- eine mobilisierende Botschaft entwickeln
- die Mitarbeiter als Markenbotschafter befähigen und einsetzen

Damit war Schluss. Ein kurzes Resümee. Abstimmung der Hausaufgaben. Was sagen wir den Kollegen? Adieu.

Zum Abschluss des Workshops war die Stimmung besser als das nicht sehr fassbare Ergebnis. „Wir werden es gemeinsam packen!" – das klang fast wie ein Schwur. Hier war ein Teamgefühl (wieder) entstanden. „Das werden wir kommunizieren", meinte Wolfgang Mahrendorff. „Erzählt Euren Leuten vor allem, wie wir hier gearbeitet haben. Mit den ‚Was' werden wir schon noch weiterkommen, wenn wir es schaffen,

Was tun wir jetzt? Womit fangen wir an?

4

diesen Spirit in die Truppe zu tragen. Beim nächsten Treffen werden wir festlegen, was wir von den vielen Ideen konkret umsetzen wollen und womit wir beginnen." Er wünsche noch eine erfolgreiche Jahresend-Rallye und allen, die er nicht mehr sehen würde, ein besinnliches Weihnachtsfest und einen guten Jahreswechsel. „Im Januar treffen wir uns wieder."

4.5   Was tun wir jetzt? Womit fangen wir an?

Es war kalt geworden. Nach einer „grünen Weihnacht" hatte der Wind gedreht. Dann kam der Schnee und extremer Frost. Aber es war häufig sonnig. So auch am 14. Januar 2009, als wir uns am Ufer des Griebnitzsees wieder zusammenfanden: BSC-Workshop.

Am Anfang gaben Frank Schornemann und Jens Berger einen Stimmungsbericht. Er lässt sich mit drei Begriffen zusammenfassen: hoffnungsvolles Aufhorchen, Skepsis und distanziertes Abwarten hielten sich die Waage. Dann erläuterte Anna Jakobb einen ersten wirtschaftlichen Rückblick auf 2008. Ihre Hochrechnungen hatten sich leider bestätigt. Das war bitter. Dennoch freute sich die Runde nicht nur über den faszinierenden Blick auf die sonnige Winterlandschaft, sondern auch über ihr erneutes Zusammentreffen. Sie waren gewillt, die Wende anzugehen und den Blick nach vorn zu richten.

Hausaufgaben

Drei Gruppen berichteten über die Erledigung ihrer Hausaufgaben aus dem Strategieworkshop:

- Verbesserung der Rechnungslegung und des Umgangs mit offenen Forderungen

  Es hatte sich gezeigt, dass die Abstimmung zwischen den Sparten und dem zentralen Rechnungswesen an einigen Punkten ohne großen Aufwand verbessert werden konnte. Damit wurden Möglichkeiten aufgezeigt, sowohl die Zeitspanne zwischen Leistungserstellung und Rechnungslegung als auch das Volumen der offenen Posten deutlich zu reduzieren. Das würde zwar nur einen Einmaleffekt bringen. Aber immerhin wurden fast 3 Mio. € Liquiditätsentlastung angezeigt. Die Vorschläge wurden an Anita Bändrichs, Leiterin des zentralen Rechnungswesens, und an Anna Jakobb weitergereicht. Die Vorschläge haben beiden im Laufe des Jahres sehr geholfen.

- Untersuchung von Möglichkeiten, die operativen Prozessabläufe effizienter zu gestalten

  Johannes Werning (Qualitätsmanagementbeauftragter) hatte seine Arbeitsgruppe auf eine Methodik zur Effizienzanalyse von Prozessabläufen aufmerksam gemacht[71]. Dabei wird die bezahlte Arbeitszeit in Nutzleistung, Stützleistung, Blindleistung und Fehlleistung differenziert. Sie hatten zur Erläuterung eine kleine Grafik erstellt:

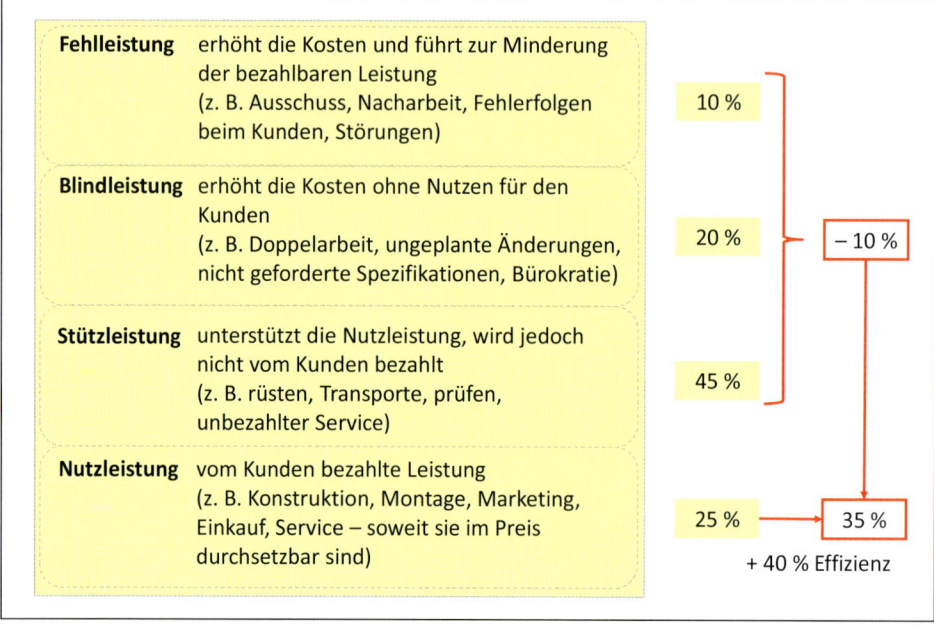

Abbildung 54: Effizienz der Arbeitsleistungen[72]

„Reale Zahlen müssten wir erst noch ermitteln", erläuterte Johannes Werning. „Sie sind hier nur geschätzt. Aber wenn es uns – wie in diesem Beispiel – gelingen würde, die Fehl-, Blind- und Stützleistungen zusammengenommen nur um 10 % zu senken und der Vertrieb die höhere Nutzleistung zusätzlich verkaufen könnte, steigt unsere operative Effizienz um 40 %. Das erscheint uns ein gewaltiges Potenzial zu sein. Wir sollten uns das in allen Sparten genauer anschauen."

Die Runde nahm das als eine wichtige Anregung in den Themenspeicher für den BSC-Workshop.

* Wie kann die Marke „Jakobb" von allen auf sichtbare Weise getragen werden?

   Das war eine Anregung von Frank Schornemann, dem Betriebsratsvorsitzenden. „Wenn wir uns schon alle zur ‚Jakobb'schen Idee' bekennen wollen, müssen wir das auch zeigen können." Deshalb hatte er über den Betriebsrat eine kleine

---

[71] Siehe dazu z. B. Simon, W. (2005): GABALs großer Methodenkoffer Managementtechniken, Jokers edition, S. 307; siehe auch Kamiske, G.F. (2010): Effizienz und Qualität: Systematisch zum Erfolg, Symposion, S. 47 ff.

[72] Nach einer im Fachkreis „Controlling und Qualität" des Internationalen Controller Vereins (ICV) von Frank Ahlrichs entwickelten Darstellung.

Was tun wir jetzt? Womit fangen wir an?

4

Gruppe gebildet und ihr die erarbeiteten Vorschläge der BSC-Runde vorgestellt. Sie reichten vom Aufbügeln des Logos „Jakobb" auf die Arbeitskleidung über Namensschilder mit Logo für alle Mitarbeiter mit Kundenkontakt bis hin zu einer Ehrennadel für Mitarbeiter mit mehr als 20-jähriger Betriebszugehörigkeit. Außerdem sollten die Werbeprospekte aller Sparten so in den Fluren und Hallen ausgestellt werden, dass alle Mitarbeiter Exemplare mit nach Hause nehmen konnten. Damit können sie ihren Angehörigen und Freunden zeigen, worauf sie stolz sind, nämlich auf das, was die Firma herstellt. Das ist eine Vermittlung der Geschäftsidee ohne große Worte. Einfach durch TUN.

Anna Jakobb und Frank Schornemann wurden gebeten, die Vorschläge auf ihre Machbarkeit hin zu prüfen und für Resonanz im Unternehmen zu sorgen. Die Idee mit den Werbeprospekten erwies sich später in doppelter Hinsicht als Renner. Zum einen wurden sie weit mehr als erwartet in Anspruch genommen. Damit wurden viele Mitarbeiter zu Markenbotschaftern, ohne dass eine besondere Ausbildung oder ein teures Marketingkonzept erforderlich war. Zum anderen zeigte sich sehr schnell, welche Prospekte ansprechend und welche eher langweilig gestaltet waren. Die Kosten für den Nachdruck und die Aufsteller erwiesen sich, gemessen an diesen Effekten, als äußerst gering.

Strategisches Haus

Nun ging es an den Bau des ersten „strategischen Hauses der Jakobb-Gruppe". „Es gab viele recht konkrete Ideen", führten die Moderatoren den nächsten Punkt ein. „Sowohl im Schnupper- als auch im Strategieworkshop. Wir haben sie alle noch einmal aufgehängt. Aber wir können nicht mit allem gleichzeitig beginnen. Das überfordert Ihre Kräfte und die verfügbaren Kapazitäten. Außerdem sind viele Ideen erst einmal gute Anregungen. Aber das Ziel ist noch nicht klar. Und dann haben wir auch keine Vorstellung, ob die finanziellen wie personellen Aufwendungen angemessen sind. Deshalb müssen wir uns auf wenige, machbare Aufgabenfelder konzentrieren. Dafür werden wir dann so konkret wie möglich Aktionen definieren und die Arbeit organisieren – alles im Rahmen dessen, was sie sich antun wollen und wofür die Kraft reicht. Also worauf konzentrieren wir uns **jetzt**?"

Wir mussten uns erst einmal darauf verständigen, was „jetzt" in diesem Fall bedeuten soll. Von den Missverständnissen, die entstehen, weil wir mit denselben Worten aneinander vorbeireden, gehören Zeitbestimmungen wohl zu den häufigsten. Um das zu demonstrieren, schoben wir eine kleine Übung ein. Alle sollten – ohne lange zu überlegen – auf eine Moderationskarte schreiben, was sie unter folgenden Zeitbegriffen konkret verstehen:

Begriff	Zeitspanne der Teilnehmer
jetzt	0 sec. => heute (?)
sofort	0 min. => 2 Stunden
gleich	< 5 min. => 1 Tag
bald	< 1 Tag => diese (?) Woche
dann	< 1 Woche => gar nicht

Schlagartig wurde allen klar, welches Konfliktpotenzial in ungenauen Formulierungen steckt, wenn wir etwas vereinbaren.

„Beim strategischen Haus geht es allerdings nicht um Sekunden oder ‚heute‘, wenn wir ‚jetzt‘ definieren. In diesem Kontext geht es um die aus heutiger Sicht überschaubare Zeitspanne, die wir strategisch gestalten wollen; für die wir dringend erforderliche Potenziale entwickeln wollen." Wir einigten uns auf 18 Monate – also einen Zeitraum bis Mitte 2010.

Leitbild, Leitziel und Leitkennzahl

* Wie wollen Sie gesehen werden bzw. sich selber sehen, wenn Sie Erfolg haben? [Leitbild]
* Was ist das wichtigste Potenzial, das Sie in diesem Zeitraum entwickeln, weiterentwickeln, erarbeiten oder schaffen wollen? [Leitziel]
* Woran wollen sie bemerken, dass Sie Erfolg haben? [Leitkennzahl]

Mit diesen drei Fragen ging es in die Gruppenarbeit. 45 Minuten später kamen die Gruppen nach intensiven Diskussionen zurück, um ihre Moderationskarten zu präsentieren.

Beim Leitbild waren die Unterschiede nicht allzu groß. Das Streben nach Gemeinsamkeit und Zusammenarbeit in der Jakobb-Gruppe bestimmte eindeutig die Vorstellungswelt. So kam es schnell zu einer Einigung.

Leitbild: Die Jakobb-Gruppe ist ein kooperativer Partner

Viele Gedanken, vor allem bezüglich der aufzubauenden Gruppenleitung und der Kundenbindung, wurden im Plenum noch einmal bekräftigt und im Themenspeicher „abgelegt" – d. h. entsprechende Moderationskarten wurden an eine extra Pinnwand geheftet, damit die Gedanken nicht verloren gehen.

Wesentlich schwieriger erwies sich die Konzentration auf ein gemeinsames Leitziel mit einer adäquaten Leitkennzahl. Das Leitziel erscheint vielen Menschen wesentlich enger mit ihren unmittelbaren Interessen verbunden als das Leitbild, das eher individuellen Interpretationen zugänglich ist. Zumal das Leitziel mit einer Kennzahl

Was tun wir jetzt? Womit fangen wir an?

4

gemessen werden soll. Das macht die Sache konkreter und damit weniger auslegbar. Und bei allen Schwüren zur Gemeinsamkeit – die Interessenlage war doch ziemlich differenziert.

Da waren zum einen die traditionellen Stützpfeiler der Gruppe, die Trockenmittel, Molekularsiebe und Membranen. Sie brachten rund zwei Drittel der Umsatzleistung und waren „nur wegen der Umlagen" in die roten Zahlen bzw. auf eine „schwarze Null" gekommen. Und bei den Trockenmitteln ging es ja schon wieder aufwärts. Und das schwierige Jahr 2008 bei den Membranen, das waren doch Sondereffekte. Das wiederholt sich nicht. Die Vorschläge dieser drei Sparten gingen in Richtung „Abgabe von Verwaltungsleistungen an die Gruppenleitung" bei gleichzeitiger Verschiebung der Bemessungsgrundlage für die Umlagen vom Umsatz auf die Eigenleistung (Rohertrag). Das taugt zwar nicht für ein gemeinsames Leitziel, spiegelt aber die eigenen Interessen wider.

Und da war die „immer schon" privilegierte, aber zugleich chronisch defizitäre Analysetechnik. In ihr wurden die meisten Entwicklungsleistungen der Jakobb-Gruppe konzentriert. Alle Sparten profitierten davon, mussten aber keinen Cent dafür abgeben. Die Ansprüche waren also klar: Die Anderen sollen bezahlen. „Aufbau ausgewogener Kooperationsbeziehungen innerhalb der Jakobb-Gruppe" war deshalb das von ihnen präferierte Leitziel.

Und dann gab es die „zwei Musterknaben", erfolgreich und selbstbewusst – die analytischen Dienstleistungen und das Datenmanagement. Wolfgang Mahrendorff hatte zwar Demut versprochen. Aber seine Mitstreiter aus den beiden Sparten wollten das anscheinend (noch) nicht verinnerlichen. „Wenn die Anderen ihre Leistungskraft und Struktureffizienz auf unser Niveau heben, ist die Jakobb-Gruppe ein sehr erfolgreiches Unternehmen." In diese Richtung gingen ihre Vorstellungen für das Leitziel.

Das war vertrackt. Die Diskussionen wurden zunehmend emotional und konfliktgeladen. Das muss nicht schlecht sein. Schließlich geht es um viel, wenn wir uns konzentrieren. Denn das Schwierige am Konzentrieren besteht ja nicht im Auswählen der Schwerpunkte, sondern im Weglassen oder Zurückstellen der anderen Aspekte. Das ist mit Umverteilung von Ressourcen und Bedeutungen verbunden. Da geht es um Pfründe, um Anerkennung, um „traditionelle" Rechte und Positionen der einzelnen Sparten – also um sehr viele und auch ganz persönliche Befindlichkeiten. Hinter dem sachlichen Streit versteckt sich der Kampf um persönliche Vorteile, um die Anteile an der Macht, um den Platz in der Hierarchie und manchmal ganz simpel auch um persönliche Eitelkeiten.

Am Abend hatten wir immer noch keine Einigung. Da schlug Wolfgang Mahrendorff vor, dass sich nur die Spartenleiter nach dem Abendessen zusammen mit der Familie Jakobb zu einem inhaltlich und auch zeitlich offenen moderierten Kamingespräch treffen. „Vielleicht gelingt es uns, den Gordischen Knoten zu zerschlagen[73], wenn wir unseren Konflikt auf die Ebene der Jakobb-Gruppe heben und uns auf ein **gemeinsames** Leitziel einigen." So wurde es dann auch umgesetzt. Es wurde eine lange Nacht.

Am nächsten Morgen stelle Wolfgang Mahrendorff das Ergebnis vor: „Wir haben die verschiedenen Standpunkte abgewogen und zwei Gemeinsamkeiten herausgearbeitet:

1. Wir müssen insgesamt mehr Geld verdienen, unabhängig davon, wie wir intern die Belastungen verteilen. An der Veränderung des Umlagesystems wollen wir ebenso arbeiten wie an einem internen Lizenzsystem. Doch selbst wenn wir alle Ungerechtigkeiten aus der Welt schaffen können – unterm Strich verdient die Jakobb-Gruppe derzeit kein Geld. Das wollen wir ändern. Da sind wir uns einig.

2. Wir sind uns auch einig, dass eine bessere Rentabilität nicht zulasten der Innovation gehen darf. Umgekehrt wird ein Schuh draus: mehr Rentabilität aus mehr Innovation und mehr Innovation aus mehr Rentabilität. Beides soll sich wechselseitig treiben. Dazu kann, nein muss jede Sparte etwas Eigenes beitragen.

So sind wir zu einem Ergebnis gekommen.

Leitziel: mit Innovation Geld verdienen

Leitkennzahl: Ertrag aus Innovationen*

[aus neu eingeführten Produkten, < 3 Jahre am Markt + Einsparungen aus Prozessverbesserungen]*

Innovation wurde von uns sehr breit gefasst: von Entwicklungsprojekten neuer Produkte bis zu kleinen qualitativen Veränderungen in den täglichen Abläufen. Wir wollen allen Mitarbeitern die Möglichkeit geben, sich mit eigenen Beiträgen an der Strategieumsetzung zu beteiligen. Außerdem soll deutlich werden: Wir wollen kein Sparprogramm um des Sparens willen. Und wir wollen keine Rentabilität ‚koste es was es wolle'. Wir wollen uns besser organisieren, Verschwendung den Kampf ansagen, von den Interessen der Stakeholdern her denken etc. Das ist es.

Als Leitkennzahl ist aber dieser Ertrag aus innovativen Maßnahmen zu schwammig – darauf haben uns die Moderatoren hingewiesen. Wir wollen daher einerseits unsere Buchungsdaten (Kostenträgerrechnung) von neu eingeführten Produkten, die weni-

---

[73] Der „Gordische Knoten" bezeichnet der Sage nach die unlösbare Kombination von Seilen, mit der die Deichsel des Streitwagens von König Gordios aus Phrygien mit dem Zugjoch verbunden war. Laut dem Orakel von Delphi sollte derjenige die Herrschaft über Asien erringen, der den Gordischen Knoten lösen könne. Alexander der Große meisterte 333 v. Chr. diese Aufgabe, indem er den Knoten mit seinem Schwert zerschlug. Danach begann sein Siegeszug durch Persien und weitere asiatische Reiche.

ger als drei Jahre am Markt sind, heranziehen. Und wir wollen ein Mitarbeiterprogramm auflegen – so wie es unser Youngster Jens Berger während des Strategieworkshops so vehement vorgeschlagen hat."

Es gab ein paar Nachfragen und eine kurze Diskussion. Als alle das Ergebnis bereits „abnicken" wollten, meldete sich Jens Berger. „Innovationen sind für alle ein auf die Zukunft ausgerichtetes Ziel. Das bewegt. Das ist gut intern zu verkaufen. Das wird sicher von allen Mitarbeitern als Aufbruchsignal verstanden. Aber die Messung ist zu kompliziert. Wer von den Mitarbeitern schaut sich Buchungszahlen an oder weiß, was eine Kostenträgerrechnung ist? Ein Mitarbeiterprogramm klingt auch sehr schön. Aber was ist das Ergebnis? Wenn wir wirklich allen Mitarbeitern die Möglichkeit für eigene Beiträge bieten wollen, dann messen wir doch einfach die ‚Anzahl der Innovationsbeiträge'. Das klingt immer noch ein bisschen sperrig, erscheint mir aber besser als das ökonomische Kauderwelsch, das nur die ‚Experten' verstehen. ‚Die Strategie in die Sprache der Menschen übersetzen', haben die Moderatoren gesagt. Wir sind in der überwiegenden Mehrzahl Facharbeiter, Meister, Ingenieure – nur die wenigsten haben eine betriebswirtschaftliche Ausbildung, geschweige denn ein BWL-Studium absolviert. ‚Anzahl der Innovationsbeiträge' kann jeder verstehen. Daraus kann man sogar einen Wettbewerb z. B. zwischen den Meisterbereichen entwickeln: Wer hat die meisten Beiträge in seinem eigenen Bereich umgesetzt? Das kann jeder nachvollziehen. Wenn wir davon überzeugt sind, das wir durch Innovationen besser werden, dann ist diese Kennzahl zielführend."

Der Vorschlag wurde von allen akzeptiert und die Leitkennzahl verändert:

Leitkennzahl: [#] Innovationsbeiträge

Offensichtlich war der Gordische Knoten nun tatsächlich zerschlagen. Denn die nächsten Aufgaben konnten recht zügig abgearbeitet werden:

Strategische Themen

Zunächst erarbeiteten neue Gruppen – die Kombination der Teilnehmer wurde immer wieder geändert, um die verschiedenen Sichten auf verschiedene Weise gelten zu lassen – die strategischen Themen. „Worauf will sich die Jakobb-Gruppe konzentrieren, um das Leitziel „Innovationen" zu realisieren? Was ist das Ziel dieser Themen? Und woran, also mithilfe welcher Kennzahl wollen Sie bemerken, dass Sie Erfolg haben?" Die Gruppenergebnisse wichen nicht stark voneinander ab. So konnte sich das Plenum schnell auf drei Themen verständigen:

Thema 1:   **Konsolidieren des operativen Geschäfts**

Ziel: Effiziente Prozesse gestalten (innerhalb und zwischen den Sparten)

Kennzahl: Anteil der Nutzleistungen an der bezahlten Arbeitszeit (%)

Mit diesem Thema wurde die Anregung vom „Qualitäter" Johannes Werning aus der zweiten Hausaufgabe aufgegriffen.

Thema 2:   **Marktfähigkeit**

Ziel: Ausschöpfen der Kundenpotenziale

Kennzahl: Auftragseingang (€)

Damit waren sowohl Aufträge von Bestandskunden als auch von neuen Kunden gemeint. Bei Bestandskunden sollten verlorene Marktanteile wiedergewonnen werden. Und neue Kunden sollten die Marktbasis insgesamt stärken. Es wäre noch eine weitere Fokussierung auf Bestands- oder neue Kunden möglich gewesen. Das aber hätte den unterschiedlichen Bedingungen der Sparten widersprochen. Also einigte man sich auf die breitere Kenngröße.

Thema 3:   **Interne Zusammenarbeit**

Ziel: Die Marktfähigkeit gemeinsam stärken

Kennzahl: # gemeinsamer Aktivitäten

Hier war die Kennzahl bewusst anspruchslos gehalten. Das Vorhaben, eine Gruppenleitung aufzubauen, stand ja noch ganz am Anfang. Die Gräben zwischen den Sparten waren viel zu groß. Die meisten Mitarbeiter wussten nicht einmal, was in der anderen Sparten vor sich ging. Einzig die analytischen Dienstleistungen und das Datenmanagement waren miteinander verflochten. Das lag aber daran, dass Wolfgang Mahrendorff beide Sparten aufgebaut und geleitet hatte. Ihm war der Kooperationsgedanke von Anfang an wichtig. Deshalb hat er ihn in seinem Einflussbereich aktiv gefördert. Das wollte er jetzt auf die anderen Sparten ausdehnen. Schritt für Schritt. Wolfgang Mahrendorff würde nichts übers Knie brechen. Er war ein Mann des Ausgleichs. Mit seinen knapp 60 Jahren hatte er dafür auch die erforderliche Gelassenheit. Und er war ein Meister des Moderierens.

Entwicklungsgebiete (Perspektiven der Stakeholder)

In einer weiteren Gruppenrunde wurde diskutiert, auf welche Interessengruppen (Stakeholder) sich die Jakobb-Gruppe in den kommenden 18 Monaten konzentrieren wollte, um mit ihnen gemeinsam an der Realisierung des Leitziels zu arbeiten. „Welche Stakeholder sind relevant? Warum sollten sie aus ihrer Perspektive bereit sein, mit Ihnen in ein gemeinsames Boot zu steigen? Welche gemeinsamen Interessen haben Sie mit diesen Stakeholdern bzw. können Sie gemeinsam entwickeln? Welches Ziel bringt diese gemeinsamen Interessen am besten zum Ausdruck? Und woran bzw. mit welcher Kennzahl wollen Sie bemerken, dass Sie Erfolg haben?"

Das war ein anspruchsvolles Programm. Doch inzwischen waren die Workshopteilnehmer geschult. Und die vielen bisherigen Ideen, die Moderationskarten im Themenspeicher und ein bisschen auch der entstandene Teamgeist halfen weiter. So

Was tun wir jetzt? Womit fangen wir an?

4

waren die Unterschiede zwischen den Gruppen wiederum nicht groß. Nach einer relativ kurzen Diskussion standen die Stakeholder an der Pinnwand, deren Perspektiven zu beachten waren und mit denen die Jakobb-Gruppe gemeinsame Interessen entwickeln wollte. So ergaben sich vier Entwicklungsgebiete:

EG 1:   **Kunden**

Ziel: Die Kooperation stärken

Kennzahl: # gemeinsamer Entwicklungen

Trotz aller Probleme bestand die Stärke von Jonas Jakobb immer in einer fairen Zusammenarbeit mit den Kunden. Das war auch in den letzten Jahren nicht verloren gegangen, obwohl sich bei einigen Kunden bereits erste Spannungen aufgetan hatten. Deshalb wollten alle Teilnehmer an dieser Tradition anknüpfen und den Kooperationsgedanken nicht nur wieder beleben, sondern auch verstärken.

EG 2:   **Entwickler**

Ziel: Teilhabe am Erfolg

Kennzahl: DB-Potenzial der Entwicklungen in der Pipeline

Das klang etwas abgehoben. Die Entwickler stärker an den Erfolg zu binden und sie zugleich daran teilhaben zu lassen, wurde von allen für wichtig und richtig befunden. Und sie wurden auch als ein relevanter Stakeholder akzeptiert, der im strategischen Haus explizit zu berücksichtigen ist. Für Innovationen, mit denen man Geld verdient, sind kreative und engagierte Entwickler eine unabdingbare Voraussetzung. Was aber um aller Welt ist ein „Deckungsbeitragspotenzial"? Angelika Bauer, die Entwicklungsleiterin der Molekularsiebe versuchte zu erklären:

„Wir arbeiten in der Entwicklung mit Lastenheften[74]. Die wollen wir in den kommenden 18 Monaten weiterentwickeln. Daraus soll eine Vereinbarung werden zwischen dem Vertrieb, der Fertigung und uns. Bisher werden nur die Spezifikationen und Termine für die Fertigstellung festgehalten. Das soll erweitert werden um Absprachen zu den Herstellkosten, den Preisen und den Abnahmemengen. Natürlich sind das nur Orientierungen für alle Beteiligten. Denn wer weiß schon, wie die Marktkonditionen der Zukunft sein werden. Dennoch wäre es sehr hilfreich, wenn wir diese Positionen im Sinne von Standardgrößen – d. h. von vereinbarten Orientierungsdaten – absprechen. Dann hat jeder eine vorläufige Kalkulationsgröße und kann sich besser auf das zukünftige Geschäft einstellen. Die Bestimmung des De-

---

[74] Ein Lastenheft beschreibt die Gesamtheit der Anforderungen des Auftraggebers an die Lieferungen und Leistungen eines Auftragnehmers. Der Auftragnehmer erstellt auf Grundlage des Lastenhefts ein Pflichtenheft, das in konkreterer Form beschreibt, wie er die Anforderungen im Lastenheft zu lösen gedenkt, (vgl. http://de.wikipedia.org/wiki/Lastenheft).

ckungsbeitrags ist dann nur eine Rechenaufgabe. Natürlich auch im Sinne einer Standardgröße. Daran kann man sich und wollen wir uns messen lassen."

Ob das allen verständlich war, sind wir nicht ganz sicher. Klar war aber, dass es sich um eine Kennzahl handelte, die auf mehr interne Kooperation zwischen Entwicklung, Vertrieb und Produktion ausgerichtet war. Dem stimmten alle zu.

EG 3:	Mitarbeiter
Ziel:	In die Strategie einbinden
Kennzahl:	# selbst umgesetzte Beiträge pro Team

Selbst umgesetzte Beiträge sind Ideen, die mit den eigenen Fähigkeiten und Ressourcen von dem jeweiligen Team vor Ort realisiert werden. Das war auf die Initiative des jungen Jens Berger zurückzuführen, der im Dezember diese fulminante Rede zum Schluss gehalten hatte. Die letztliche Formulierung der Leitkennzahl ging ja auch auf ihn zurück. Sein Wettbewerbsgedanke wurde hier wieder aufgegriffen. Später ist dann daraus die „M³-Bewegung" entstanden. Aber das erzählen wir an einer anderen Stelle.

EG 4:	Kompetenzpartner
Ziel:	Stärkung der gemeinsamen Fähigkeiten für Problemlösungen
Kennzahl:	# gemeinsamer Entwicklungen

An dieser Stelle entspann sich eine Diskussion, wie sinnvoll eine engere Zusammenarbeit mit Lieferanten sei. „Machen wir uns nicht zu abhängig, wenn wir unsere Kernkompetenzen mit anderen teilen? Wie sichern wir uns dagegen ab, dass unser Wissen an Wettbewerber weitergegeben wird? Befähigen wir auf diese Weise nicht unsere Lieferanten, direkt auf unsere Kunden zuzugehen und uns zu umgehen?" „Solche Fragen treten im strategischen Kontext immer wieder auf", gaben wir zu bedenken. „Das lässt sich nicht vermeiden, solange wir nicht alles alleine bewerkstelligen können. Und wer kann das schon in unserer arbeitsteiligen Welt.

Alle Fragen, die Sie aufgeworfen haben, sind berechtigt. Dabei helfen uns Vertrauen und aus langjähriger Zusammenarbeit gewachsene Freundschaften nur bedingt. Beides beruht auf persönlichen Bindungen. Beides kann von einem Tag zum anderen vergehen, wenn die Personen wechseln. Deshalb gelten in strategischen Fragen, die wir hier besprechen, am Ende nur Interessen.

Solange und soweit wir gemeinsame Interessen entwickeln können und diese Plattform stark genug bleibt, haben wir eine gute Basis für eine gegenseitig vorteilhafte Zusammenarbeit. Sobald sich die Interessen ändern – sei es aus persönlichen Gründen oder aufgrund veränderter Allianzen, wegen neuen Gesellschaftern oder irgendwelchen anderen Faktoren –, müssen wir prüfen, ob die gemeinsame Plattform Bestand hat.

Was tun wir jetzt? Womit fangen wir an?

4

Also nutzen Sie mögliche Plattformen, wenn Sie einen Vorteil daraus ziehen können. Aber behalten Sie immer die Interessenlage aller Beteiligten im Auge. Je früher Sie Veränderungen registrieren, umso besser können Sie reagieren. Besser noch: Stellen Sie sich vorausschauend auf einen ‚Plan B‘ ein. Davon dürfen Ihre Partner ruhig wissen – es müssen ja nicht die Details sein. Dann sind Sie in der Lage, selber zu agieren und müssen nicht reagieren.

Der bekannte Strategietheoretiker Michael Porter hat das einmal sinngemäß so formuliert: ‚Der Zweck einer Strategie besteht darin, eine solche Position zu erreichen, dass für alle anderen die beste Option darin besteht, mit uns zu kooperieren‘. Das mag zwar etwas sperrig klingen, bringt es aber auf den Punkt.

Vertrauen Sie nicht blauäugig auf irgendwelche Beziehungen. Bauen Sie Ihre Kooperationen auf eine Position der Stärke. Dann brauchen Sie Veränderungen bei Ihren Partnern nicht zu fürchten. Und bleiben Sie wachsam. Stärke will immer wieder neu errungen werden.“

Das war zwar wie eine kleine Vorlesung, passte aber an diese Stelle. Und von Wolfgang Mahrendorff wie von Anna Jakobb haben wir später noch oft gehört, dass Sie sich diese Ausführungen zu Eigen gemacht haben.

Ursprünglich war noch ein fünftes Entwicklungsgebiet vorgeschlagen worden: die Unternehmerfamilie. Doch Marcus Jakobb erklärte: „Sie wollen sich auf die wirklich dringenden Fragen konzentrieren. Dann lassen Sie uns außen vor. Wir haben ein gutes Verhältnis und tiefes Vertrauen zu Wolfgang Mahrendorff. Anna vertritt die Familie in der auszubauenden Gruppenleitung. Meine Mutter, Lisa und ich werden regelmäßig informiert. Wenn ich das Prinzip der Balanced Scorecard richtig verstanden habe, dann sollten nur solche Potenziale explizit berücksichtigt werden, deren Entwicklung jetzt – also in den kommenden 18 Monaten – oberste Priorität genießt. Dann konzentrieren Sie sich bitte auf die anderen Gebiete. Um unser Verhältnis zur Jakobb-Gruppe ist es gut bestellt.“

Dem hatte niemand etwas hinzuzufügen. Im Übrigen erklärte Marcus Jakobb bei dieser Gelegenheit, dass er sich zukünftig stärker als Gesellschafter für die Gruppe engagieren wolle. Seine Anwaltstätigkeit sei ihm zwar nach wie vor sehr wichtig. Aber das sei nicht alles. Deshalb wird er sich in Absprache mit der Familie vor allem um die Positionierung der Marke „Jakobb“ kümmern.

In der Mitte des zweiten Tages war das „strategische Haus der Jakobb-Gruppe“ errichtet:

Das strategische Haus der Jakobb-Gruppe

Zeitraum: 01/2009 – 06/2010
Verantwortlich: Anna Jakobb

Strategisches Leitbild: Wir sind kooperative Partner (intern und extern)
Strategisches Leitziel: Mit Innovation Geld verdienen
Leitkennzahl: Innovationsbeiträge [#]

Ziel	Effiziente Prozesse gestalten (innerhalb und zwischen den Sparten)	Ausschöpfen der Kundenpotenziale	Die Marktfähigkeit gemeinsam stärken
Strategisches Thema	1. Konsolidieren des operativen Geschäfts	2. Marktfähigkeit	3. Interne Zusammenarbeit
Kennzahl	Anteil der Nutzleistungen an der bezahlten Arbeitszeit [%]	Auftragseingang [€]	Gemeinsame Aktivitäten [#]

Entwicklungsgebiete				
	Die Kooperation stärken **Kunden** Gemeinsame Entwicklungen [#]			
	Teilhabe am Erfolg **Entwickler** DB-Potenzial der Entwicklungen in der Pipeline [€]			
	In die Strategie einbinden **Mitarbeiter** Selbst umgesetzte Beiträge pro Team [#]			
	Stärkung der gemeinsamen Fähigkeiten für Problemlösungen **Kompetenzpartner** Gemeinsame Entwicklungen [#]			

Abbildung 55: Das strategische Haus der Jakobb-Gruppe

Alle Teilnehmer wurden gebeten, sich noch einmal persönlich zum entstandenen Haus zu äußern. Die Zustimmung war einhellig. Gratulation! Mittagspause. Spaziergang in der kalten Sonne.

Ziel-Aktion-Kennzahlen: die ZAKs

Mit geröteten Wangen – wohl eher wegen der klirrenden Kälte als wegen des erreichten Arbeitsstandes – kamen alle gut gelaunt wieder zusammen. Nun ging es an die Entwicklung konkreter Aktions-Ideen. Das Prinzip war schnell erklärt. „Sie werden jetzt für jede ‚Wohnung' des strategischen Hauses Aktionen formulieren. Und wie Sie es inzwischen gewohnt sind, erwarten wir für jede Aktion ein Ziel und eine Kennzahl, an der Sie festmachen können, ob das Ziel erreicht wird. Als Besonderheit kommt diesmal hinzu, das jedes Ziel zugleich mit dem jeweiligen Thema und dem korrespondieren Entwicklungsgebiet verbunden sein muss. Das gewährleistet eine enge Anbindung an die durch Ihr Haus visualisierte Strategie. Wir nennen es das ‚ZAK-Prinzip', ‚Ziel-Aktion-Kennzahl'."

Was tun wir jetzt? Womit fangen wir an?

4

Nun ging es an die Arbeit. Bis zum späten Abend wurden mehr als 120 ZAKs geboren und davon ca. 110 von der Runde akzeptiert. Die übrigen passten entweder nicht zu den korrespondierenden Themen und Entwicklungsgebieten oder waren inhaltlich umstritten oder sie wurden direkt an einzelne Verantwortliche in der Runde gegeben, damit sie sofort umgesetzt werden können.

Ein paar besonders interessante Beispiele, die intensiv diskutiert wurden:

Thema 1 (effiziente Prozesse gestalten), EG Kunden (die Kooperation stärken)

Ziel: Spezifikationen der Top-10-Produkte anpassen

Aktion: Gemeinsam mit ausgewählten Kunden den Nutzen der verkaufstärksten Produkte identifizieren

Kennzahl: # geprüfter Spezifikationen

Diese ZAK-Karte erklärt sich von selbst. Gemeinsam mit Kunden sollte in kleinen Gruppen durchgesprochen werden, in welchem Maße die spezifizierten Merkmale von Produkten in der Anwendung praktischen Nutzen bringen. Dabei können auch Problemfelder identifiziert werden, die bisher nicht oder nicht genügend berücksichtigt sind. Ganz nach dem Motto: „Die Probleme des Kunden sind meine potenziellen Aufträge."

Die 10 Top-Produkte ließen sich aus der Fakturierung ermitteln. Mit den Kunden bestanden gute Beziehungen. Sie mussten nur angesprochen werden. Die gemeinsame Interessenlage war klar.

Thema 1 (effiziente Prozesse gestalten), EG Entwickler (Teilhabe am Erfolg)

Ziel: Höhere Effizienzpotenziale

Aktion: Prüfung der Spezifikationen wesentlicher Entwicklungsprojekte auf den Anteil der Nutzleistung im zukünftigen Fertigungsprozess

Kennzahl: Zusätzliches DB-Potenzial gegenüber Lastenheft

Diese ZAK-Karte war schon erheblich komplexer. Für alle Sparten musste erst einmal festgelegt werden, welches die wesentlichen Entwicklungsprojekte sind und ob die Kundenbedürfnisse für diese Entwicklungen schon klar definiert sind. Denn es gab ja noch nicht die neuen Lastenhefte. Die fehlenden Vereinbarungen zwischen den jeweiligen Bereichen und dem Vertrieb sowie der Fertigung waren erst noch zu treffen. Das war also eher ein Bündel von Aktionen als eine ZAK. Die Idee wurde aber allgemein begrüßt. So blieb diese Karte, trotz des Widerspruchs der Moderatoren an der Pinnwand. Sie war später Kern einer strategischen Projektidee (strategische Potenzialanalyse), die allerdings bisher zurückgestellt wurde.

Thema 1 (effiziente Prozesse gestalten), EG Mitarbeiter (in die Strategie einbinden)

Ziel: Fehl- und Blindleistungen identifizieren

Aktion: Kleine Gruppen bilden, die in jeder Sparte die Arbeitsabläufe der 10 wichtigsten Prozesse analysieren

Kennzahl: # arbeitsfähiger Teams

Anmerkung: Zunächst in jeder Sparte ein Pilotteam für jeweils einen Pilotprozess bilden, das Team schulen und die Methodik ausprobieren

Die Teilnehmer waren sich der Brisanz dieser Aktionsidee bewusst. Deshalb die Anmerkung. Aber insbesondere der Betriebsratsvorsitzende Frank Schornemann engagierte sich für diese Idee. „Die Kollegen kennen so viele kleine Quallen von Verschwendung. Da können wir in relativ kurzer Zeit eine ganze Menge bewegen."

Thema 1 (effiziente Prozesse gestalten), EG Kompetenzpartner (Stärkung der gemeinsamen Fähigkeiten für Problemlösungen)

Ziel: Gegenseitiges Prozessverständnis verbessern

Aktion: Mit zwei strategischen Lieferanten einen Workshop durchführen, um Möglichkeiten einer kurzfristig umsetzbaren gemeinsamen Effizienzsteigerung auszuloten

Kennzahl: Workshop durchgeführt (ja/nein)

Auch diese ZAK-Karte war sehr vorsichtig formuliert. Es zeigte sich, dass die konkreten Vorstellungen über die Strategieumsetzung in dieser „Wohnung" noch sehr ungenau waren. Hier wurde Neuland betreten. Das kam in der ZAK-Runde unübersehbar ans Tageslicht. In diesem Sinne bewährten sich die ZAKs auch als Plausibilitätsprüfung für das strategische Haus.

Thema 2 (Ausschöpfen der Kundenpotenziale), EG Kunden (die Kooperation stärken)

Ziel: Erfahrungen zur Ermittlung von Kundenanteilen[75] austauschen

Aktion: Gemeinsame Vertriebskonferenz der Jakobb-Gruppe

Kennzahl: % Sparten, die mit ihren wichtigsten drei Mitarbeitern vertreten sind

Das war – so schlimm es ist – ein absolutes Novum für die Jakobb-Gruppe. So eine Konferenz hatte es noch nie gegeben. Entsprechend skeptisch reagierten zunächst die Spartenleiter. Die inhaltlichen Besonderheiten der Geschäftsfelder seien doch zu groß. Dem wurde jedoch vehement widersprochen. Vor allem Detlef Doblin, der Vertriebsleiter aus der Sparte Trockenmittel, plädierte für diesen Vorschlag. „Die

---

[75] Darunter wird der Anteil des eigenen Unternehmens an der Bedarfsdeckung des Kunden mit entsprechenden Produkten und Leistungen verstanden.

Was tun wir jetzt? Womit fangen wir an?

4

Inhalte mögen verschieden sein. Aber hier geht es doch um die Methodik. Da können wir schon viel voneinander lernen." So wurde es denn beschlossen.

Die Karte blieb dennoch nicht an der Pinnwand. Sie wurde Detlef Doblin direkt übergeben. Er sollte diese Vertriebskonferenz zeitnah organisieren. Wolfgang Mahrendorff sagte seine Unterstützung zu. Auch Anna und Marcus Jakobb wollten sich beteiligen. Da konnten die anderen Spartenleiter nicht mehr danebenstehen. Sie sagten ebenfalls ihre Unterstützung zu. Die entstandene Dynamik hatte gar nichts anderes zugelassen.

Thema 2 (Ausschöpfen der Kundenpotenziale), EG Entwickler (Teilhabe am Erfolg)

Ziel:	Erweiterung der Kenntnisse über Trends hinsichtlich der Kundenbedürfnisse
Aktion:	Bildung einer gemeinsamen Marketinggruppe
Kennzahl:	# Treffen

Auch das war ein Novum. Der Gemeinschaftsgeist brach sich Bahn. Allerdings zeigte diese ZAK-Karte auch, dass es noch keine konkreten Vorstellungen gab, was da eigentlich zu tun wäre. Hier ging es erst einmal nur um erste Kontakte. Jede Entwicklung beginnt mit einem ersten Schritt.

Thema 2 (Ausschöpfen der Kundenpotenziale), EG Mitarbeiter (in die Strategie einbinden)

Ziel:	Erarbeitung fassbarer Kriterien für Marktfähigkeit[76]
Aktion:	Bildung von gemischten Arbeitsgruppen in jeder Sparte
Kennzahl:	# Teilnehmer

Die Marktfähigkeit der Produkte und Leistungen hat viele Mütter und Väter. Wenn sie an deren Verbesserung aktiv mitwirken sollen, müssen sie verstehen, welche Kriterien maßgeblich sind und wie diese beeinflusst werden können. Diese ZAK-Karte wurde einhellig begrüßt.

---

[76] Solche Kriterien sind z. B.
- die Passfähigkeit der Produkteigenschaften zu den Bedürfnissen der Kunden (Nutzleistungen),
- die Bekanntheit bei den Kunden,
- die Begehrlichkeit unserer Produkte für die Kunden,
- inwiefern bieten wir etwas Besonderes am Markt und wo bieten andere Firmen Vergleichbares
- die Angemessenheit des Preises (die „Gier" nach dem Produkt muss größer sein als der „Schmerz" über den zu zahlenden Preis).
- die Angemessenheit der Kosten (die Kosten inklusive Marketing, Know-how-Entwicklung und Prozessgestaltung dürfen nicht größer sein als das Umsatzvolumen, das sich aus Preis x Absatz ergibt), s. a. Abschnitt 1.3.2 Abb. 5.

Thema 2 (Ausschöpfen der Kundenpotenziale), EG Kompetenzpartner (Stärkung der gemeinsamen Fähigkeiten für Problemlösungen)

Ziel:	Identifikation strategischer Partner
Aktion:	Erarbeitung von Anforderungskriterien für strategische Partnerschaften
Kennzahl:	# akzeptierter Kriterien

Hier war der Widerstand nicht unerheblich. Das wollten sich einige sehr weit vorausdenkende Spartenleiter nicht aus der Hand nehmen lassen. Anna Jakobb nahm die Karte an sich zur Wiedervorlage in einem Jahr.

Thema 3 (Marktfähigkeit gemeinsam stärken), EG Kunden (Kooperation stärken)

Ziel:	Methodische Anleitung und Ertüchtigung des Vertriebs in den Sparten
Aktion:	Einen zentralen Vertriebsleiter einstellen
Kennzahl:	Einstellung erfolgt

Die Karte sprach für sich. Sie wurde sofort an Wolfgang Mahrendorff übergeben. Er sollte sich umschauen und den Gesellschaftern einen Vorschlag vorlegen.

Thema 3 (Marktfähigkeit gemeinsam stärken), EG Entwickler (Teilhabe am Erfolg)

Ziel:	Umsetzung der vorgeschlagenen Lastenheftmethodik
Aktion:	Erarbeitung eines Musters „neue Lastenhefte"
Kennzahl:	Bestätigtes Muster bis …

Die Idee war gut. Aber wer sollte es tun? Eine gemeinsame Entwicklungsgruppe oder eine zentrale Leitung gab es nicht. Das wollten die anwesenden Entwickler auch nicht. Schließlich einigte man sich darauf, dass „Qualitäter" Johannes Werning diese Aufgabe übernehmen könnte. Allerdings war nicht ganz klar, wie und mit wem die Arbeit organisiert werden soll. Schließlich landete die ZAK-Karte in den Hausaufgaben. Eine kleine Gruppe bekam die Aufgabe, bis zum nächsten Treffen die Rahmenbedingungen zu klären.

Thema 3 (Marktfähigkeit gemeinsam stärken), EG Mitarbeiter (in die Strategie einbinden)

Ziel:	Den BSC-Prozess zur Mobilisierung der Mitarbeiter nutzen
Aktion:	„M³ = Menschen machen's möglich" – In jedem Team die Strategie besprechen und eigene Aktionen ableiten, die direkt vor Ort mit eigenen Mitteln umsetzbar sind
Kennzahl:	# einbezogener Teams

Was tun wir jetzt? Womit fangen wir an?

4

Die Idee zur M³-Bewegung war geboren. Sie hat das ganze Unternehmen verändert. Das ahnte in diesem Moment allerdings niemand auch nur andeutungsweise.

Thema 3 (die Marktfähigkeit gemeinsam stärken), EG Kompetenzpartner (Stärkung der gemeinsamen Fähigkeiten für Problemlösungen)

Ziel: Organisation interner Kompetenzpartnerschaften

Aktion: Ausloten potenzieller Synergien

Kennzahl: # identifizierter Synergiefelder

So unkonkret die ZAK-Karte auch war, versprachen sich alle Teilnehmer sehr viel von ihr. Sie blieb an der Pinnwand. Später hat sie dann einiges Kopfzerbrechen bereitet. Niemand erinnerte sich noch, was damit eigentlich gemeint war. Aber die Karte hat Gespräche zwischen den Sparten angestoßen. Vorher hatte man eher übers als miteinander gesprochen. Mit den Jahren haben sich die Gespräche vertieft. Daraus sind etliche gemeinsame Ideen entstanden und umgesetzt worden. So sind zum Schluss in der Tat Synergiefelder identifiziert und erschlossen worden. Manchmal führen auch unkonkrete Initiativen zum Ziel.

Während der Diskussion kam Wolfgang Mahrendorff eine Idee: ein gemeinsamer „Kaffeeplausch". An jedem Freitagnachmittag werden Mitarbeiter aus allen Sparten in die Cafeteria eingeladen, um zu „klönen". Alle zwei Wochen gibt es dabei einen kurzen Informationsvortrag aus einer der Sparten. Die Idee ist schnell angenommen worden. Der Kaffeeplausch wird noch heute gut besucht. Er ist zu einem festen Bestandteil der Jakobb-Kultur geworden und hat nicht unwesentlich zum Zusammenwachsen in der Gruppe beigetragen.

Nach einem langen Abend waren alle geschafft. Zugleich waren alle wie euphorisiert ob der vielen konkreten strategischen Ideen. Das hatten sie sich selber nicht zugetraut. Bis in die Nacht hinein genossen sie diese Erfahrung. Die einen beim Bier, die anderen beim Wein. Es war eine ausgelassene Stimmung. Aber die Arbeit war noch nicht fertig.

Am frühen Morgen des nächsten Tages wurde die Gruppenarbeit zu den ZAKs fortgesetzt, um die noch verbliebenen „freien Wohnungen" zu füllen. Nach dem zweiten Frühstück war die Arbeit vollbracht. Es hingen schließlich 110 von allen akzeptierte Karten an den Pinnwänden.

Projektideen

Noch vor dem Mittagessen wurden die ZAKs zu Projektideen zusammengeführt. Es war ein spontaner, chaotischer Prozess. Jeder hatte die Möglichkeit, eine ZAK-Karte mit einer anderen zu kombinieren, wenn sie nach seiner Meinung zusammengehörten. Jeder konnte die Karten auch umhängen. Wenn mehr als drei Karten einander zugeordnet waren, schrieb einer der Teilnehmer einen provisorischen Projektnamen darüber.

Nach einer knappen Viertelstunde waren alle Karten strukturiert. Nun wurde jede Projektidee noch einmal in der Runde besprochen. Die meisten Zuordnungen blieben erhalten, einige Karten wurden umgehängt. Zwei Projektideen lösten sich auf. Eine neue entstand. Zum Schluss blieben sieben Projektideen stehen. Dann ging es zur Mittagspause.

Nach der Pause erläuterte einer der Moderatoren den weiteren Weg. Für jede Projektidee sollte in den kommenden Wochen ein Konzept erarbeitet werden. Aus der Runde wurden sieben Verantwortliche ausgewählt, um mit wenigen weiteren Mitarbeitern aus dem Unternehmen die Ideen zu bearbeiten. Dazu gehörten neben anderem die Bestimmung von Projektziel und Projektkennzahl, die Skizzierung der wesentlichen Meilensteine sowie der Vorstellungen über mögliche Ergebnisse und Aufwendungen.

Zum Schluss noch die Hausaufgaben. Ein kurzes Feedback aller Teilnehmer. Abschiedsworte von Johanna Jakobb und Wolfgang Mahrendorff. Ein gemeinsamer Abschiedstee. Dann war auch der zweite Workshop vorüber.

4.6   Konsequent die Umsetzung starten

Am 27. Februar 2009 traf sich die BSC-Runde wieder. Diesmal im Britzer Werk. In den Tagen zuvor war es etwas milder geworden. Die Zeit seit dem BSC-Workshop war von allen Projektteams und den Hausaufgabengruppen intensiv genutzt worden. Nun ging es um die Entscheidung, mit der Umsetzung welcher Projektideen sofort begonnen werden sollte.

Die Projektleiter hatten ihre Teams mitgebracht. So waren wir eine große Runde. Zunächst informierten die Hausaufgabengruppen über ihre Ergebnisse. Vor allem die Vorstellung von „Qualitäter" Johannes Werning, Leiter der Gruppe „Lastenheftmethodik", war von allen mit Spannung erwartet worden. Zunächst musste er die Runde enttäuschen. Ein konsensfähiges Muster für eine neue Lastenheftmethodik lag noch nicht vor. Dafür waren die Materie zu komplex und die sechs Wochen nicht ausreichend. Dennoch gab es schon einige Ansätze. Dazu zählte vor allem die gemeinsam getragene Empfehlung, die Position eines Gruppenkoordinators für Entwicklungsarbeiten zu schaffen. Er sollte die Sparten vor allem methodisch unterstützen und gemeinsame Aktivitäten fördern, wenn es für alle hilfreich sein könnte. Vor sechs Wochen wäre dieser Gedanke noch nicht akzeptiert worden. Nun war die Zeit reif. Wolfgang Mahrendorff hatte im Hintergrund geduldige Gespräche geführt und bestehende Ängste abgebaut.

Dann waren die Projektleiter an der Reihe. Jeder hatte 30 Minuten Zeit für die Vorstellung und Diskussion seines Projektkonzeptes. Es wurde ein lebhafter Vormittag.

Die Entscheidung würde schwierig sein. Enttäuschungen waren vorprogrammiert, obwohl alle darauf eingestimmt worden waren, dass nur drei oder vier Projekte in Angriff genommen werden sollten. Die anderen Projektideen würden aus Kapazitätsgründen wohl verschoben werden müssen.

Nach einem späten Mittagsimbiss kam es zum „Showdown". Die Runde fand erstaunlich schnell zu einer gemeinsamen Empfehlung. Von den sieben Projektideen wurden drei ausgewählt. Sie sollten noch im Frühjahr gestartet werden:

Projekt 1:   Finanzierung der Zukunft

Ziel: Mit dem operativen Geschäft wieder Geld verdienen

Kennzahl: Leistungskraft je Sparte

Verantwortlich: Angelika Bauer

Mit diesem Projekt wurde die strategische Bedeutung der Ertüchtigung des operativen Geschäfts unterstrichen. Dabei wurden einige Randbedingungen vereinbart. Es sollte keine betriebsbedingten Kündigungen geben. Die Innovationsbasis sollte nicht eingeschränkt werden. Dafür war der Betriebsrat bereit, über neue Schichtsysteme und andere Flexibilisierungsmaßnahmen zu verhandeln und diese nach Einigung aktiv gegenüber der Belegschaft zu vertreten. Die Entwickler hatten zugesagt, Kapazitäten für Effizienzanalysen freizuschaufeln, um kurzfristige Verbesserungen der Prozessabläufe einzuleiten. Die Spartenleiter einigten sich auf einen Termin für die angedachte Vertriebskonferenz, von der man sich Impulse für zusätzliche Umsätze versprach. Damit entstand ein erstes Fundament, auf dem das Projektteam bauen konnte. Angelika Bauer war als Entwicklungsleiterin der Sparte Molekularsiebe mit der Projektleitung betraut worden. Das erwies sich als ein guter Schachzug von Wolfgang Mahrendorff. So hatte er einen wichtigen Bereich mit im Boot.

Projekt 2:   Mitarbeiter einbeziehen

Ziel: M^3-Treffen strukturieren und vorbereiten

Kennzahl: # Pilot-Initiativen zu M^3

Verantwortlich: Jens Berger

Die M^3-Idee hatte schnell, insbesondere im Betriebsrat, Anhänger gefunden. Dieser hatte auch erste Anforderungen formuliert. Anna Jakobb steuerte gemeinsam mit Jens Berger eine Konzeptskizze bei. Die Spartenleiter blieben weiterhin distanziert bis zurückhaltend, obwohl sie zugestimmt hatten. Aber das war ja der Dynamik des BSC-Workshops geschuldet und nicht der inneren Überzeugung. Dem war das Projektteam mit dem Vorschlag entgegengekommen, zunächst nur ein paar Pilotinitiativen zu starten. So nahmen die Dinge ihren Lauf. Jens Berger wurde zum Projektleiter ernannt. Ihm dämmerte langsam, worauf er sich da eingelassen hatte. Er war stolz und unsicher zugleich. Doch seine Unsicherheit erwies sich als unbegründet.

Projekt 3:   **Gruppenleitung**

Ziel: Die Aufgaben der gemeinsamen Leitung abstimmen und in einer Satzung formulieren

Kennzahl: Zustimmung der Gesellschafter bis zum 15. September 2009

Verantwortlich: Sylvia Sommerberg

Die Bildung einer Gruppenleitung hatte eine hohe Priorität. Wolfgang Mahrendorff plädierte vehement dafür, so dass allen die strategische Relevanz bewusst war. Die bisher nur vagen Vorstellungen von den Aufgaben, den Kompetenzen und der Verantwortung dieser Leitung sollten nun konkretisiert werden. Einige Anregungen hatte es ja bereits gegeben. Nun war das Ganze abzurunden und in einen zustimmungsfähigen Satzungsentwurf zu übersetzen. Eine Mammutaufgabe. Sylvia Sommerberg, die Leiterin der Sparte Membrane, wurde Projektleiterin. Auch hier bewies Wolfgang Mahrendorff ein „goldenes Händchen". Sie verfügte über langjährige Beziehungen zur Familie Jakobb. Und sie verspürte nicht den Ehrgeiz, Wolfgang Mahrendorff die Position streitig zu machen.

Hier sei eine Anmerkung erlaubt: Die Veränderungen im Zuge der Umsetzung einer Strategie berühren fast immer auch Machtfragen. Meistens werden die damit verbundenen Konflikte nicht direkt ausgetragen, sondern hinter Sachfragen versteckt. Damit sollte immer gerechnet werden. Veränderungen verändern auch die Balancen persönlicher Interessen.

Für die Lösung derartiger Konflikte gibt es hilfreiche Methoden und Instrumente. Darin sollten sich Führungskräfte unbedingt schulen. Und man braucht loyale Mitstreiter. Denn allgemeingültige Lösungen gibt es nicht. Die muss jeder für seine spezifische Situation selber finden und durchsetzen.

Gelingt das nicht, können Machtfragen eine BSC vollkommen paralysieren. Dann ist manchmal eine „klärende Pause" (als Zwischenphase) hilfreich, um neue Bündnisse zu schmieden. Wenn sich danach die Beteiligten immer noch nicht zu einer Lösung verständigen, kann daran das ganze Projekt scheitern.

Der Entscheidungsworkshop war vorbei. Nun standen die „Mühen der Ebenen[77]" vor Wolfgang Mahrendorff und Anna Jakobb. Ihnen war die Last der Umsetzung auf die Schultern gelegt. Die Euphorie der Workshops ist ein dünnes Eis. Darauf kann man nicht laufen. Jetzt ging es um die Kärrnerarbeit[78]: Die Strategieumsetzung beginnt mit kleinen Schritten. Die Konturen der Strategie der Jakobb-Gruppe waren zwar

---

[77] Stammt aus dem Gedicht „Wahrnehmung" (1949) von Bertold Brecht (deutscher Dramatiker, 1898-1956): „Die Mühen der Berge haben wir hinter uns, vor uns liegen die Mühen der Ebenen." Brechts Worte werden zitiert, wenn ausgedrückt werden soll, dass ein Durchbruch zwar erreicht ist, die Praxis aber nun zur eigentlichen Bewährungsprobe wird.

[78] Harte [Klein-]Arbeit [ohne sofort sichtbaren Erfolg].

sichtbar geworden. Und ein Strategiekreis hatte sich gefunden. Es war so etwas wie eine kleine, verschworene Gemeinschaft entstanden. Das war ein erstes Pfund. Nun aber kam es darauf an, den Schwung zu nutzen und etwas Greifbares daraus zu machen. Wie überträgt man eine gute Idee von 18 Mitstreitern auf mehr als 2.000 Mitarbeiter?

Kommunikation

Mit dem strategischen Haus war eine Visualisierung entstanden, die nun für die Kommunikation der Strategie genutzt werden konnte:

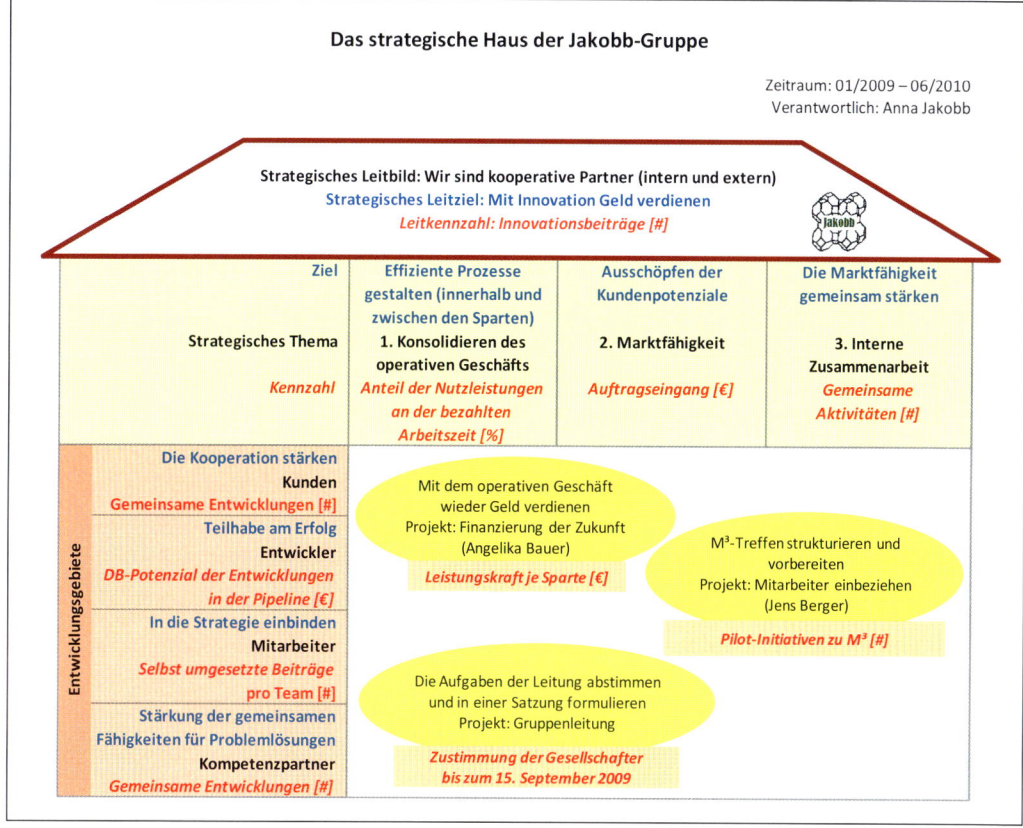

Abbildung 56: Die strategischen Projekte der Jakobb-Gruppe

Wolfgang Mahrendorff bat Anna Jakobb darum, dafür ein geeignetes Team zusammenzustellen und ein Kommunikationskonzept zu erarbeiten. Für diesen Zweck hatte sie bereits vor dem Entscheidungsworkshop den Betriebsrat sowie alle Sparten angesprochen, sich zu beteiligen. Das erste Treffen war für die dem Workshop folgende Woche vereinbart. So wurde keine Zeit verloren. „Wenn wir zügig informieren, vermindern wir das Entstehen von Gerüchten", hatte ihr Wolfgang Mahrendorff mit auf den Weg gegeben.

Beim ersten Treffen entwarf die Gruppe einen kurzen Beitrag für die unmittelbar darauf Anfang März 2009 erscheinende Ausgabe der Mitarbeiterzeitschrift „Siedesteine[79]". Darin versuchten sie unter der Überschrift „Wir bauen gemeinsam am Haus unserer Zukunft", den entstandenen Teamgeist und die beflügelnde Atmosphäre der drei Workshops darzustellen sowie die Eckpunkte der gefundenen Strategie zu erläutern. Auf diese Weise wurde das strategische Haus unternehmensweit bekannt.

Das Kommunikationsteam bat Frank Schornemann, zeitnah eine Betriebsversammlung zu organisieren und dort gemeinsam mit Wolfgang Mahrendorff das strategische Haus vorzustellen – auch das war im Vorfeld bereits abgesprochen worden. Die Versammlung wurde für den Schichtbeginn des 16. März 2009 angesetzt.

Außerdem erarbeitete die Gruppe eine kleine, 15-seitige Broschüre für alle Führungskräfte, in der die relevanten Prämissen und Schwerpunkte der verabschiedeten Strategie erklärt wurden – im Anhang: ein Glossar der wichtigsten Begriffe. Rechtzeitig vor der Betriebsversammlung lag die Broschüre vor.

Gleichzeitig wurde mit den Spartenleitern vereinbart, für alle Teams in der gesamten Jakobb-Gruppe kurze Zusammenkünfte anzusetzen, auf denen ebenfalls über die Strategie gesprochen werden konnte. Die Treffen sollten innerhalb von vier Wochen nach der Betriebsversammlung stattfinden. Anna Jakobb hatte in dieser Zeit zur Unterstützung der Führungskräfte einen wöchentlich zweistündigen „Jour fixe" angesetzt. Die Termine wurden zahlreich in Anspruch genommen. Dort konnten im Vorfeld der Teamtreffen Fragen gestellt werden, um den Sinn und den Inhalt dieser Kommunikationskampagne zu verstehen.

Bis zum 20. April 2009 – also innerhalb von sieben Wochen – gelang es auf diese Weise, ca. 80 % der Belegschaft auf die eine oder andere Weise über die Strategie zu informieren. „Das war ein voller Erfolg", gratulierte Wolfgang Mahrendorff. Heute weiß er inzwischen, was für ein zweischneidiges Schwert er da in Bewegung gesetzt hatte. Mit der Informationskampagne waren Erwartungen und Ansprüche geweckt worden, die weit über die realen Möglichkeiten der Strategieumsetzung hinausgingen. Das hat zu Enttäuschungen geführt, die bei manchen auch in Frustrationen umschlugen.

„Dennoch halte ich unsere damalige Informationskampagne selbst im kritischen Rückblick für richtig", resümierte Wolfgang Mahrendorff kürzlich in einem Gespräch. „Wenn wir nicht informiert hätten, wären Gerüchte hochgekocht. Die Kon-

---

[79] Das ist eine Anspielung auf die Entstehung des Namens „Zeolithe".

sequenz: noch mehr Probleme! Wahrscheinlich setzt sich keine Strategie ohne Verwerfungen durch. Ich gehöre zu den Typen, die so etwas lieber aktiv als passiv ‚erleiden‘. Außerdem war das der Startpunkt für ein professionelles Kommunikations-Management, das wir zwei Jahre später in Angriff genommen haben. Inzwischen sind wir deutlich besser geworden. Aber wie immer: Wenn man nicht anfängt, kann man auch nicht besser werden."

Projektarbeit

Parallel zur Informationskampagne wurde die Gestaltung der drei beschlossenen strategischen Projekte in Angriff genommen. Jetzt musste der Schritt aus dem „Ungefähren" zum Verbindlichen gegangen werden. Als Erstes stimmten die Projektleiter mit Anna Jakobb Projektaufträge ab, die von Wolfgang Mahrendorff zu bestätigen waren. Gleichzeitig wurde ein Projektcontrolling organisiert, um von Anfang an Klarheit und Transparenz über die eingeleiteten Maßnahmen, die gebundenen Ressourcen und die erwarteten bzw. eingetretenen Konsequenzen zu erhalten. Es handelte sich ja um keine gewöhnlichen Projekte. Die BSC-Projektteams hatten Mitarbeiter aus verschiedenen Sparten. Da galt es, Abstimmungswege zu finden, um die Zusammenarbeit auch dann zu ermöglichen, wenn das operative Geschäft eng wurde. Das kam schneller auf Anna Jakobb zu, als ihr lieb war, weil die Auswirkungen der globalen Schulden- und Finanzkrise auch die Jakobb-Gruppe erreicht hatten.

Hinzu kam die hausgemachte Krise. Das sorgte für genügend Zündstoff. Waren auf den Workshops am Ende noch alle mehr oder weniger begeistert von den Ideen und den avisierten Maßnahmen, so hatten wenige Wochen operativer Alltag genügt, um die meisten guten Vorsätze vergessen zu lassen. „Es ist ja toll, was ihr erarbeitet habt. Und es ist ja auch toll, dass Ihr uns so umfangreich informiert. Aber alles zu seiner Zeit. Im Moment steht uns das Wasser bis zum Hals. Da kann ich niemanden für strategische Spielchen abstellen", so oder so ähnlich hörte es Anna Jakobb mehrfach von betroffenen Bereichs- oder Abteilungsleitern der Sparten. Und die Spartenleiter konzentrierten sich auf ihre sich zuspitzenden operativen Probleme. Sie ließen die Dinge laufen. Dadurch kam es zu Zeitverzögerungen, weil bestimmte Arbeiten nicht erledigt oder Termine kurzfristig abgesagt wurden.

Wolfgang Mahrendorff suchte in dieser Situation nicht die Konfrontation. Er regte an, die Arbeiten am Projekt „Finanzierung der Zukunft" zunächst auf die Unterstützung der von Anna schon im Jahr 2008 gebildeten Liquiditätsgruppe zu konzentrieren. Dadurch gewann er die aktive Unterstützung der defizitären Sparten. Das empfanden sie als unmittelbare Hilfe für ihre alltäglichen Sorgen. Anna Jakobb sollte in diesem Kontext durch „homöopathische Dosierungen" – wie er das ausdrückte – weitergehende Maßnahmen zur Effizienzsteigerung unterbringen. Letzteres erwies sich durch die zunehmende Anspannung im operativen Geschäft zunächst als Illusion. Dennoch hatte er ein frühzeitiges, offenes Abblocken der Strategieumsetzung in diesem Punkt verhindert. Das wäre kein gutes Signal gewesen.

In einem weiteren, taktisch klugen Zug bot er den Leitern der beiden anderen Projekte an, die Arbeiten erst einmal auszusetzen – sofern sie das wollten. Hier hatte er die Interessenlage richtig eingeschätzt. Der Betriebsrat wollte das M³-Projekt unbedingt haben. Da ging es auch ein wenig darum, sich zu profilieren. Und die Spartenleiter waren sehr darauf bedacht, in die Bildung der Gruppenleitung involviert zu sein. Bei diesen beiden Projekten wurden deshalb keine Gründe gesucht, warum sie nicht machbar wären. Hier war der Wille zur Umsetzung da. Deshalb fanden sich auch die Wege und die Zeit, sie trotz der angespannten Lage zu realisieren.

Berichts-Scorecard

Ende April 2009 wandte sich Anna Jakobb der Berichts-Scorecard zu. „Die Idee ist ja ganz schön ", meinte Wolfgang Mahrendorff. „Auf einer Seite sehen zu können,

- ob das strategische Geschäft auf dem vereinbarten Weg ist,
- ob wir es ausreichend mit dem operativen Geschäft verzahnen,
- welche Probleme für die Zielerreichung sichtbar geworden sind,
- welche Maßnahmen eingeleitet wurden und wer sie bis wann umzusetzen hat,

und schließlich

- ob es Entscheidungen gibt, die von mir zu treffen sind.

So etwas wäre wirklich hilfreich. Geht das auch praktisch?"

Für diese Aufgabe kam Anna Jakobb zugute, dass sie seit ihrem Einstieg als Controllerin angefangen hatte, sich ein kleines Netzwerk von Mitarbeitern aller Sparten aufzubauen. Neues entsteht auf informellen Wegen oft besser als auf formalen. Im Rahmen des Netzwerkes wurde ein Workshop organisiert, bei der die Konturen einer Berichts-Scorecard besprochen und am Ende Wolfgang Mahrendorff vorgestellt wurden:

Berichts-Scorecard					Jakobb-Gruppe				
per: ... Qu. 09					Gesamtverantwortlich: Anna Jakobb				
1. Aktuelle Zahlen					**2. Erwartung**				
Produkte/Ergebnis	verantw.	Plan per ... Qu.	Ist per ... Qu.	Abweichungen zum Plan	Jahres-plan	Erwartung per ... Qu. 09	Erwartung restliche Zeit	Abweichungen zum Jahresplan	
				abs. in %				abs. in %	
Ertrag aus innovativen Maßnahmen									
a) Potenzial (geplant)									
b) realisiert (Abrechnung)									
Leistungskraft									
Auftragsbestandsquote									
Umsatz									
Gewinn (EBIT)									
# gemeinsamer Entwicklungen									
dav. mit Kunden									
dav. mit Kompetenzpartnern									
Kundenanteil (%)									
# Pilotinitiativen zu M³									
3. Probleme für die Zielerreichung					**4. Eingeleitete Maßnahmen**			zuständig	
					5. Entscheidungbedarf			zuständig	

Abbildung 57: Die Berichts-Scorecard der Jakobb-Gruppe (Grundgerüst)

Diese Berichts-Scorecard folgt dem Schema der von Albrecht Deyhle[80] begründeten „4-Felder-Matrix". Aber jedes Unternehmen sollte die ihm adäquate Form finden. Bei der Jakobb-Gruppe wurden ganz wenige strategische und operative Kennzahlen aufgeführt. Auch auf eine Unterscheidung in „strategisch" und „operativ" wurde verzichtet. Man kann jede Kennzahl sowohl in die eine als auch die andere Richtung nutzen. Wichtig war die Intention, die Berichts-Scorecard wie das strategische Haus so einfach wie möglich zu gestalten – und helfen mehr Kennzahlen, ein Unternehmen besser zu führen?

Das Grundgerüst war schnell erstellt. Mit einer Ausnahme: die Auftragsbestandsquote[81]. Sie basiert auf einer von Anna Jakobb angeregten rollierenden Vertriebsplanung über 12 Monate. Diese wiederum war eingebunden in die mittelfristige 3-Jahresplanung der Gruppe. Das Prozedere war noch in der Erprobung. Mit der Berichts-Scorecard wurde es sozusagen „offiziell". Damit entstand ein vor allem für Wolfgang Mahrendorff hilfreicher Benchmark für die Vertriebsaktivitäten der 6

---

[80] http://www.controlling-wiki.com/de/index.php/Deyhle,_Dr._Dr._h.c._Albrecht
[81] Die Auftragsbestandsquote bezieht sich auf einen Jahresumsatz (ABQ = AB/Umsatz). Das kann entweder der Planumsatz oder eine rollierende 12-Monatsvorschau sein.

Sparten. Insgesamt sollte der monatliche Bericht aus 7 Blättern bestehen – eines für die Jakobb-Gruppe insgesamt und je eines für die Sparten.

Als wesentlich schwieriger erwies es sich, die Kennzahlverantwortlichen festzulegen. Das war wieder so ein kleines Machtspiel und zog sich bis zum späten Frühjahr 2010 hin. Die Spartenleiter hatten es zunächst abgelehnt, sich das auch noch auf den Tisch zu ziehen. Dem hatte Wolfgang Mahrendorff zugestimmt, wenn sie im Gegenzug Mitarbeiter aus der „zweiten Reihe" für diese Rolle akzeptierten. So konnte Anna Jakobb sowohl einige Mitglieder ihres bestehenden Netzwerks als auch neue Mitstreiter als Verantwortliche positionieren und das Netzwerk erweitern. Auf diese Weise verstärkte Anna Jakobb ihre Verankerung in den Sparten.

Ganz aus der Einbindung konnten sich die Spartenleiter allerdings auch nicht davonstehlen. Sie wurden „Paten" für die Berichts-Scorecard ihres jeweiligen Geschäftsfeldes. Damit waren sie zwar nicht die „Macher", aber die „Kümmerer" – sie sollten immer informiert sein und eingreifen können. Das war eine spezifische Form von Verantwortung. In seinen quartalsweisen Auswertungsrunden hat Wolfgang Mahrendorff dem Nachdruck verliehen.

Inzwischen ist die Berichts-Scorecard ein integraler Bestandteil des Reportingsystems.

Die Gruppenleitung

Mit Nachdruck und in enger Abstimmung mit der Spartenleiterin Membrane Sylvia Sommerberg, die das Projekt „Gruppenleitung" leitete, trieb Wolfgang Mahrendorff das Konzept für den Aufbau der Gruppenleitung voran. Ausgangspunkt waren die Vorschläge aus den Workshops:

- Klare Verantwortlichkeiten schaffen,
- strategische Leitungsfunktion übernehmen,
- Entwicklung der Marke „Jakobb-Gruppe" und Durchsetzung einer gemeinsamen Markendisziplin inklusive einer adäquaten Kommunikationspolitik,
- Erarbeitung eines gemeinsamen Rahmens für die Produkt- und Leistungsentwicklung einschließlich der Prämissen für die Strukturierung des Investitions- und Entwicklungsbudgets,
- Aufbau/Entwicklung gemeinsamer Plattformen für die Zusammenarbeit zwischen den Sparten.

Das war natürlich ein mehrjähriges Programm. Im Projekt ging es zunächst nur um das Konzept, damit die Gruppenleitung im September von den Gesellschaftern berufen werden konnte.

Dafür wurden vier zentrale Leitungsbereiche konzipiert. Die ersten beiden waren im Kern faktisch schon vorhanden:

1. Sprecher der Jakobb-Gruppe (Wolfgang Mahrendorff)

   Ihm waren die Stabsbereiche

   - Markenführung (N. N. = noch unbesetzt),

   - Qualitätsmanagement (Johannes Werning),

   - Unternehmenskommunikation (in Kooperation mit einer Agentur) sowie

   - Recht und Compliance (Hans-Werner Tewens) zugeordnet.

2. Finanzen, Controlling und zentrale Dienste (Anna Jakobb)

   zu diesem Bereich gehörten neben dem

   - Finanz- und Rechnungswesen (Anita Bändrichs) und dem

   - Controllerservice (Anna Jakobb) auch der

   - Personalbereich (Jutta Schmidke)

Die anderen zwei Leitungsbereiche sollten neu aufgebaut werden:

3. Entwicklung (N. N.)

4. Logistik (N. N.)

Für die offenen Positionen musste Wolfgang Mahrendorff nach geeigneten Personen möglichst im eigenen Hause suchen. Besonders heikel war die Besetzung des Leiters Entwicklung. Einen Externen hätten die Sparten wohl nicht akzeptiert. Er diskutierte diese Frage ausführlich mit Sylvia Sommerberg, die wiederum über ihr Projektteam engen Kontakt zu den Spartenleitern wahrte. Schließlich fiel die Wahl auf Marcus Heide, einen relativ jungen Mann (39) aus dem Datenmanagement. Er hatte bereits mehrere Projekte erfolgreich geleitet. Außerdem war er in den anderen Sparten durch verschiedene Hilfsaktionen im Softwarebereich positiv in Erinnerung. Wolfgang Mahrendorff kannte ihn bereits mehrere Jahre. Ihm waren vor allem seine guten Moderationsfähigkeiten aufgefallen. Marcus Heide kam nicht ohne Blessuren durch den Job. Doch er ist an seinen Aufgaben gewachsen und hat die Innovationskraft der Jakobb-Gruppe deutlich gestärkt.

Nicht mehr sehr überraschend für alle übernahm Marcus Jakobb die Aufgabe der Markenführung. „Das hatte ich ja schon im Dezember angekündigt", meinte er. „Außerdem will ich auch einen Beitrag leisten. Und gerade die Marke liegt mir sehr am Herzen." Wolfgang Mahrendorff nahm diese Unterstützung aus der Familie gerne an, zumal er sich mit Marcus Jakobb schon viele Jahre gut verstand.

Die Leitung für Logistik wurde im Laufe des Jahres von außen besetzt. Das führte zunächst zu keinen Irritationen. Die Position hatte es vorher nicht gegeben. Sie wurden von keinem der etablierten Führungskräfte als Gefahr gesehen. Die Probleme kamen aus einer ganz anderen Richtung. Aber dazu später mehr.

Um die neue Gruppenleitung in das bisherige Machtgefüge der Jakobb-Gruppe besser einzufügen, unterbreitete Sylvia Sommerberg einen klugen taktischen Vorschlag: „Wir sollten neben der beratenden BSC-Runde einen Strategiekreis bilden aus den Leitern aller Sparten, den Leitern der Entwicklungsbereiche aller Sparten, den Mitgliedern der neuen Gruppenleitung und den Leitern ihrer Stabsbereiche sowie dem Vorsitzenden des Betriebsrats. Das wird mit mehr als 20 Teilnehmer zwar eine große Runde. Doch wenn wir es richtig anstellen, ist das gut investierte Zeit. Wir hängen die anderen nicht ab, bekommen rechtzeitiges Feedback und können Widerstände früher erkennen." Der Vorschlag wurde akzeptiert.

Anfang September 2009 lag das Konzept für die Gruppenleitung einschließlich eines Entwurfes für die Satzungsänderung vor. Da die Familie Jakobb in alle Phasen der Konzeptentstehung eingebunden war, konnte die Gesellschafterversammlung, wie im Projektauftrag vorgesehen, am 15. September 2009 entscheiden. Bis Ende des Jahres waren alle Mitglieder der Gruppenleitung berufen.

Der M³-Prozess: „Menschen machen's möglich"

Das Projekt von Jens Berger „Mitarbeiter einbeziehen" lief fast wie eine ungewollte „Undercoveraktion". Es war nicht wirklich klar, was da vor aller Augen passierte. Zunächst wurde gemeinsam mit den Betriebsrat ein Konzept für halbjährliche moderierte Teambesprechungen zur Umsetzung der Strategie entwickelt. Es entstand ein einheitliches Ablaufschema. „Im Zentrum des Prozesses stehen mithilfe geschulter Moderatoren vorbereitete Teambesprechungen", beschrieb es Jens Berger. „Der M³-Prozess wird von den Teams getragen. Er ermöglicht den Mitarbeitern, ihren eigenen Beitrag zur Strategieumsetzung zu leisten, ihre Leistungen selber einzuschätzen und darzulegen, was in der Jakobb-Gruppe besser laufen könnte. Dazu müssen die Teilnehmer vorher jeder für sich ‚Hausaufgaben' erledigen. Das sind drei Fragen:

a) Was lief in den letzten 12 Monaten in unserem Team gut, was lief schlecht?

b) Was sollte in den kommenden 12 Monaten in unserem Team verbessert werden und was können wir dazu beitragen?

c) Ideen, Anregungen: Was könnte besser laufen in der Jakobb-Gruppe?

Der Moderator erhält vor der Teambesprechung die schriftlichen Hausaufgaben und kann sie auswerten. Dann erläutert er – ausgehend von den Informationen z. B. in der Mitarbeiterzeitung ‚Siedesteine' – den aktuellen Stand der Strategie und der daraus abgeleiteten Ziele der Jakobb-Gruppe. Alle Aktionsideen werden auf die eigenen Möglichkeiten des Teams ausgerichtet. Die halbjährigen Teambesprechungen sollen sehr konzentriert ablaufen. Sie sind auf drei Stunden konzipiert.

Die Moderatoren werden aus den eigenen Reihen gestellt, kommen aber immer aus einer anderen Sparte – das hat einen starken Effekt auf den Erfahrungsaustausch. Sie werden geschult und auf ihren Einsatz vorbereitet. Alles soll so einfach wie möglich gestaltet sein":

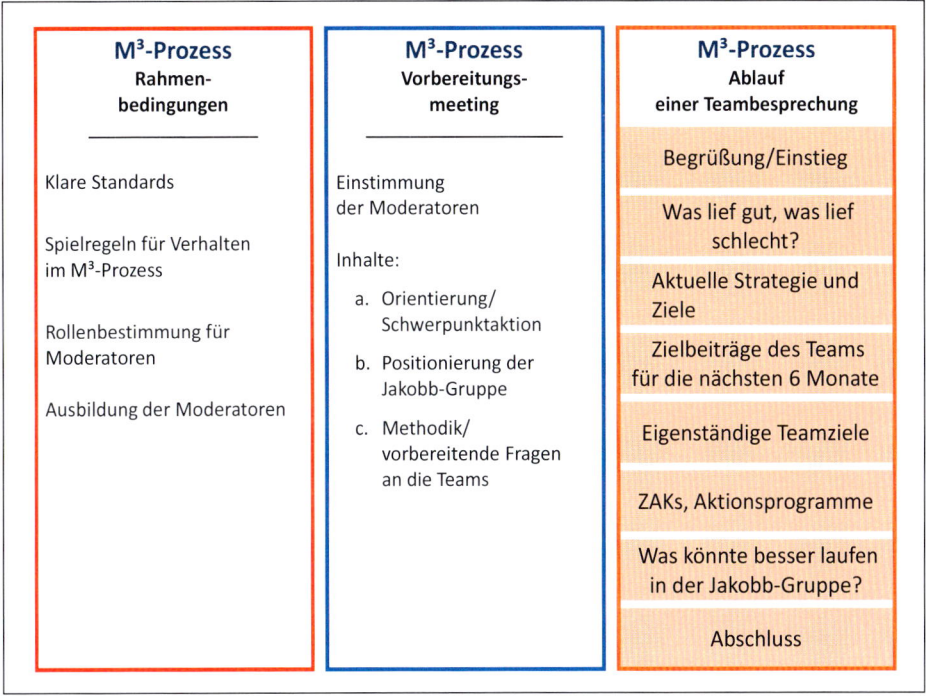

M³-Prozess Rahmen- bedingungen	M³-Prozess Vorbereitungs- meeting	M³-Prozess Ablauf einer Teambesprechung
Klare Standards	Einstimmung der Moderatoren	Begrüßung/Einstieg
		Was lief gut, was lief schlecht?
Spielregeln für Verhalten im M³-Prozess	Inhalte:	Aktuelle Strategie und Ziele
Rollenbestimmung für Moderatoren	a. Orientierung/ Schwerpunktaktion	Zielbeiträge des Teams für die nächsten 6 Monate
	b. Positionierung der Jakobb-Gruppe	Eigenständige Teamziele
Ausbildung der Moderatoren	c. Methodik/ vorbereitende Fragen an die Teams	ZAKs, Aktionsprogramme
		Was könnte besser laufen in der Jakobb-Gruppe?
		Abschluss

Abbildung 58: Der M³-Prozess: „Menschen machen's möglich"[82]

So der Plan. Im Herbst 2009 kam es zu ersten Beratungen ausgewählter Pilotteams. Sie waren ein voller Erfolg und riefen ein enormes Echo hervor. Die Teilnehmer berichteten auf der zweiten Strategiekreistagung im Dezember 2009. Jens Berger hatte sich vorher die Unterstützung von Wolfgang Mahrendorff und Anna Jakobb gesichert. Der Strategiekreis empfahl, den Prozess 2010 schrittweise und auf freiwilliger Basis zu erweitern. Kein Team sollte zur Teilnahme „verdonnert" werden.

Im Frühjahr 2010 begann die Ausbildung der ersten Moderatoren. Ein erstes Vorbereitungstreffen wurde von Anna Jakobb angesetzt. Weitere Teams führten ihre Besprechungen durch. Über die Mitarbeiterzeitschrift „Siedesteine" und den Betriebsrat wurde der M³-Prozess kommunikativ begleitet. Es entstand mit der Zeit eine Art „Sogwirkung". Bis Ende 2011 waren mehr als zwei Drittel der Belegschaft in den Prozess einbezogen. Außerdem entstand mit den M³-Moderatoren neben dem Controllingnetzwerk ein weiteres, von Anna Jakobb gestaltetes Netzwerk mit enormen Wirkungsmöglichkeiten.

---

[82] Die Ausgestaltung nutzt Ideen unserer Partner M. Smeryczanski und D. Windischbaur von „Good People Management", Wien.

Aus dem M³-Prozess entwickelte sich ein ungeplanter Nebeneffekt: Ein Team aus der Sparte Molekularsiebe hatte vorgeschlagen, einen interdisziplinären Arbeitskreis (Fertigung, Einkauf, Entwicklung, Vertrieb) zu bilden, der die Marktfähigkeit der Sparte durch unkonventionelle Ideen stärkt. Gemeinsame Messebesuche, Gespräche mit Trendscouts, Einladungen von Kundenmitarbeitern und die Organisation von Gegenbesuchen – das waren die ersten Initiativen dieses Arbeitskreises.

So war der M³-Prozess nicht geplant. Dennoch: Er wirkte wie eine Initialzündung. Schritt für Schritt wurden weitere Arbeitskreise auch in anderen Sparten gebildet; viele davon spartenübergreifend: Qualitätsgruppen, Tüftlerkreise, Forecast-Gruppen, Kommunikatorenteams. Jeder Arbeitskreis gibt sich selbst Ziel und Auftrag in Abstimmung mit den M³-Moderatoren. Die gruppenweite Koordination ist informell und erfolgt über den Kreis der M³-Moderatoren und damit in Abstimmung mit der CFO Anna Jakobb. Die Spontaneität und Selbstorganisation des Prozesses soll nicht gestört werden.

Inzwischen finden jährliche Treffen der M³-Moderatoren und der Arbeitskreisleiter statt. Da werden neue Ideen geboren, neue Verbindungen geknüpft, neue Arbeitskreise gegründet, teilweise bestehende Arbeitskreise aufgelöst (wenn Ziel und selbstgestellter Auftrag erfüllt sind). Der M³-Prozess erwies sich als ein „Jungbrunnen" für ständige Verbesserungen der Effizienz. Er war ein wesentliches Element, um die Krise zu überwinden. Heute ist der M³-Prozess allgemein akzeptiert und wird als Eckpfeiler für die Marktfähigkeit der Jakobb-Gruppe angesehen.

Verbreitung der BSC im Unternehmen

Parallel zur Bearbeitung der strategischen Projekte wurde die Verbreitung der BSC in der Jakobb-Gruppe vorangetrieben. Jede Sparte solle die Gruppenstrategie in „ihre Sprache" übersetzen. Basis war das gemeinsame Haus – es wurde in Absprache mit den Spartenleitern nicht verändert. Die Wohnungen sollten durch eigene ZAKs gefüllt und daraus sollten eigene spartengebundene Projektideen entwickelt werden. Das Ziel bestand nicht in der Erarbeitung eigenständiger Spartenstrategien, sondern in der Unterstützung der Sparten für die Gruppenstrategie. Das war inkonsequent. Mehr hatten die Spartenleiter zu dem Zeitpunkt nicht zugelassen.

Die Moderation übernahm Anna Jakobb gemeinsam mit je einem Verantwortlichen aus den Sparten. Die BSC-Gruppen der Sparten trafen sich zweimal pro Jahr. Es begann im Sommer 2010 ... und endete 2012. „Wir haben gemerkt, dass wir hier einen Prozess zu viel aus der Taufe gehoben hatten", resümierte Anna Jakobb die Entscheidung. „Zum einen gibt es auf der Ebene der Jakobb-Gruppe die Treffen der BSC-Runde, die Besprechungen der Berichts-Scorecard und die Tagungen des Strategiekreises. Die davon ausgehenden Orientierungen sind in den mittelfristigen Planungsprozess und die Forecast-Steuerung eingebunden. Zum anderen gibt es die breite Einbeziehung der Mitarbeiter über den M³-Prozess. Da waren die Sparten-

BSC ein Element zu viel. Wir wollen einfache Strukturen und Lösungen. Manchmal tut man des Guten zu viel. Dann muss man sich auch korrigieren können."

Die Krise meistern und noch einmal starten

Aber zurück ins Jahr 2009. Die globale Krise hatte sich zugespitzt und auch die Jakobb-Gruppe erreicht. Anna Jakobb hatte zum Glück schon früh damit begonnen, die Liquiditätsprobleme anzugehen. Das kam ihnen jetzt zugute. Im Oktober 2009 organisierte sie gemeinsam mit Angelika Bauer ein spezielles Treffen der BSC-Runde zum strategischen Thema „Das operative Geschäft konsolidieren" und dem strategischen Projekt „Finanzierung der Zukunft". Die Teilnehmer verständigten sich darauf, die gesamte strategische Kraft der Jakobb-Gruppe auf dieses Thema zu konzentrieren und der neu geschaffenen Gruppenleitung entsprechende Empfehlungen zu geben.

- Es wurden neue ZAKs erarbeitet und zu Teilprojektideen geclustert.
- Auf Bitten von Angelika Bauer übernahmen die bereits berufenen Mitglieder der neuen Gruppenleitung Patenschaften für einzelne Teilprojekte.
- Die erste Strategiekreistagung Anfang November 2009 wurde schwerpunktmäßig diesem Thema gewidmet. Jeder Teilnehmer übernahm eine konkrete Aufgabe. Angelika Bauer hatte dazu alle bisherigen Ideen aufbereitet und konkrete Unterstützungsmöglichkeiten skizziert. Wolfgang Mahrendorff hatte nach dem Gesellschafterbeschluss zur Berufung der Gruppenleitung und der Schaffung eines Strategiekreises mit allen Mitgliedern dieses Strategiekreises im Laufe des Oktobers vorbereitende Gespräche geführt. Darin hatte er seine Erwartungen und die der Gesellschafter thematisiert und bereits darauf verwiesen, dass alle Teilnehmer spezielle Aufgaben zur Krisenbewältigung übernehmen sollten. Dadurch konnten sich alle darauf einstellen. Und im Beisein von Johanna Jakobb – sie eröffnete die erste Strategiekreistagung – wollte sich keiner eine Blöße geben.
- In Abstimmung mit Jens Berger und dem Betriebsratsvorsitzenden Frank Schornemann hatte Anna Jakobb den Start des M³-Prozesses schwerpunktmäßig auf die Erschließung von Möglichkeiten zur Liquiditätsverbesserung ausgerichtet. Bereits die Pilotveranstaltungen brachten dazu erste Initiativen. Durch deren Auswertung auf der zweiten Strategiekreistagung stand das Thema Mitte Dezember 2009 wieder auf der Agenda. Die Ausweitung des M³-Prozesses war im gesamten Jahr 2010 auf diesen Schwerpunkt ausgerichtet.

Auf diese Weise wurde die gesamte BSC auf die Krisenbewältigung ausgerichtet. „Unser operatives Geschäft hatte immer weniger Geld verdient. Wir konnten die Strategie nicht mehr bezahlen", beschreibt Anna Jakobb heute die damalige Situation. „Wir schrieben Verluste. Aufgrund der hohen Abschreibungen gab es zwar noch einen positiven Cashflow. Das verleitete einige, die Situation zu schönen: ‚Es ist doch Geld da. Dramatisiert nicht immer alles. Wir tun schon, was wir können'. Aber wir verbrannten Tag für Tag die Grundlagen unserer Zukunft. Wir lebten von der

Substanz. Und keine Substanz reicht ewig. Das musste in die Köpfe und Herzen der Menschen eingebrannt werden. Deshalb haben wir die Ertüchtigung des operativen Geschäfts in das Zentrum unserer Strategie gerückt und so viele Menschen wie möglich in die Lösung eingebunden. Die Theorie hatte für uns ganz praktische Relevanz gewonnen."

Die Anstrengungen haben sich gelohnt. Allmählich besserte sich die Lage. Auch die Konjunktur hatte wieder angezogen. Deshalb plädierte Anna Jakobb für einen Neustart der BSC. Seit 2009 war am strategischen Haus und der Berichts-Scorecard nicht gearbeitet worden. Die drei gestarteten strategischen Projekte waren zwar ein Erfolg, aber die vielen anderen Ideen blieben auf der Strecke. Das hatte zu manchen Enttäuschungen geführt. Auch weil die erste Kommunikationskampagne viele Erwartungen und Illusionen geweckt hatte.

Außerdem war ein weiteres Problem aufgetaucht:

Ein „Kollateralschaden": Gefahren für etablierte Führungsstrukturen

Im September 2009 bestätigten Johanna Jakobb und die anderen Gesellschafter die neue Satzung sowie die **A**ufgaben, **V**erantwortlichkeiten und **K**ompetenzen (AVK) der Gruppenleitung. Dadurch kamen neue Führungskräfte ins Spiel. Johannes Werning hatte den BSC-Prozess noch miterlebt. Marcus Heide war zwar nicht unmittelbar dabei, kannte aber die Vorgehensweise aus den Berichten verschiedener Teilnehmer – er kam ja aus dem eigenen Stall. Der Leiter Logistik, Karl-Walter Hornstein, war dagegen gar nicht involviert. Aufgrund der operativen Turbulenzen wurde es auch versäumt, ihn in den Prozess und seine Ergebnisse einzubinden.

Außerdem entstand mit den M³-Moderatoren und den spontan gewählten Arbeitskreisleitern (sie wechselten auch immer einmal wieder) eine neue, informelle Führungsschicht. Schließlich war mit dem Controllingnetzwerk von Anna Jakobb ein weiterer, eher informeller Einflussfaktor zur Geltung gekommen. Das haben nicht alle Führungskräfte mit getragen.

Zwei Spartenleiter, Hans-Werner Waldstein (Trockenmittel) und Adam Myrtl (Molekularsiebe), gingen Ende 2010 vorzeitig in den Ruhestand. Für beide fanden sich mit Detlef Doblin und Monika Schmitzer Nachfolger aus den eigenen Reihen. Die Leitungen der Sparten analytische Dienstleistungen und Datenmanagement, die zuvor noch Wolfgang Mahrendorff in Personalunion wahrgenommen hatte, wurden im Frühjahr 2010 von Katja Jurowitzsch und Hans-Rainer Aalbach übernommen. Bereits Ende 2009 hatte Wolfgang Mahrendorff in Abstimmung mit Johanna Jakobb die kommissarische Leiterin der Sparte Analysetechnik, Vera Kurbiczek, in ihrer Funktion bestätigt. Damit war aus dem alten Kreis der Spartenleiter nur noch Sylvia Sommerberg (Membranen) verblieben.

Für den Anfang 2011 wieder aufgesetzten BSC-Prozess ergab sich eine weitgehend veränderte Ausgangslage. Zum einen hatten, bis auf die Analysetechnik, alle Sparten und unterm Strich auch die Jakobb-Gruppe das Jahr 2010 mit einem positiven Ergebnis abschließen können. Auch die Analysetechnik befand sich im Aufwärtstrend – für 2011 wurde eine „schwarze Null" avisiert. Zum anderen waren alle wesentlichen Leitungsfunktionen inzwischen mit Menschen besetzt, die zwar loyal zu Wolfgang Mahrendorff standen, aber nur teilweise den BSC-Prozess kannten. Das waren Vorteil und Nachteil zugleich. Nun war der Zeitpunkt gekommen, die Strategie neu zu justieren.

Nicht mehr streng getrennt nach Sparten

Am 29. August 2011 fand sich die BSC-Runde – mit zum Teil neuen Gesichtern – wieder in Babelsberg am Griebnitzsee zusammen. Im Vorfeld hatte Anna Jakobb die neuen Teilnehmer an die in der Jakobb-Gruppe praktizierte Methodik der Balanced Scorecard, die Eckpunkte der 2009 erarbeiteten Strategie und die am eigenen Leib erfahrenen Probleme ihrer Umsetzung herangeführt. Manche Probleme waren auch dadurch entstanden, dass einige der neuen Führungskräfte das ganze Herangehen nicht verstanden und ihm daher reichlich reserviert gegenüberstanden. Der Tag im Vorfeld war daher nicht umsonst investiert. Die meisten Unstimmigkeiten konnten aus der Welt geräumt und die Bereitschaft, sich aktiv einzubringen, gewonnen werden.

Zum Beginn der BSC-Runde wurden die drei Leiter der strategischen Projekte von 2009 sowohl von Johanna Jakobb als auch Wolfgang Mahrendorff für ihre Leistungen gewürdigt. Sie hatten wesentlich dazu beigetragen, die Situation der Jakobb-Gruppe so spürbar zu verbessern.

Dann bekamen alle Teilnehmer die Möglichkeit, über ihre bisherigen Erfahrungen und ihre Erwartungen an den Neustart zu sprechen. Dadurch wurden verdrängte Frustrationen und Missverständnisse offen- und abgelegt. Somit standen sie der weiteren Arbeit nicht mehr im Wege. Das Ergebnis dieser ersten Diskussion: Die „alten Hasen" freuten sich schließlich, dass es wieder losging; die Neuen harrten eher der Dinge, die da kamen.

Alle Elemente der Strategie wurden einer Prüfung unterzogen. Bei der Geschäftsidee ergaben sich keine Präzisierungen. Aber bereits in dieser Diskussion wurden die kulturellen Veränderungen spürbar. Die strategischen Aktivitäten der vergangenen 20 Monate hatten ihre Spuren hinterlassen. Der M³-Prozess und die Praxis der Arbeitskreise trugen erste Früchte. Die Gräben zwischen den Sparten waren zwar noch da, aber nicht mehr so tief. In der Diskussion zeigten sich erste Konturen für ein gemeinsames Geschäftsmodell der Jakobb-Gruppe. In einer Gruppenarbeit wurden zwei Felder für ein Bündeln der Kompetenzen mehrerer Sparten aufgezeigt:

a) Systemlösungen für Kundengeschäftsprozesse als Gemeinschaftsprojekt (inklusive Beratung); dafür soll die Kooperation von Datenmanagement und analytischer Dienstleistung mit den anderen Sparten entwickelt werden;

b) methodische Effizienzberatungsteams für alle Sparten; dafür werden sowohl intern als auch extern Möglichkeiten gesehen (Gestaltung Gestaltung der Lebenszyklen von Investitionen mithilfe von „Total-Cost-of-Ownership[83]"-Methoden); dabei ging es vor allem um den Aufbau von Kooperationen für eine produkt- bzw. leistungsbezogene Anwenderberatung.

Auf dieser Basis bemühte sich die Runde um eine provisorische Definition:

Kundentyp:	Nutzer von Zeolithen für Trocken- und Trennprozesse
Kernbedürfnis der Kunden:	Effizienzsteigerung der Geschäftsprozesse über alle Stufen der Wertschöpfungskette
Kernkompetenz von Jakobb:	Systemlösungen mit Effizienzberatung für Prozesse, die über ihren gesamten Lebenszyklus Zeolithe nutzen
Unsere Einzigartigkeit:	kooperative Steuerung zeolithgebundener Trocken- und Trennprozesse

Eine Abschätzung des Umsatz- und Margenpotenzials selbst in grober Form erschien schwierig. Deshalb schoben die Moderatoren eine Einzelarbeit ein, d. h., jeder Teilnehmer bekam einzeln die folgende Aufgabe gestellt: „Sie kennen sich in Ihrem Markt gut aus und haben mit dem eigenen Effizienzmanagement Erfahrungen sammeln können. Bitte schreiben Sie auf zwei Moderationskarten, welches Umsatz- und

---

[83] „Total Cost of Ownership" (TCO) bezeichnet ein Konzept der erweiterten Kostenbetrachtung in Bezug auf eingekaufte Güter. Es wurde ansatzweise bereits in den Zwanzigerjahren des vorigen Jahrhunderts entwickelt (Schmalenbach, Borsodi, Harriman, später auch Gutenberg) und ist verwandt mit dem Begriff der Lebenszyklus-Kosten (Life Cycle Cost – LCC). Der Grundgedanke besteht dabei darin, nicht nur die Anschaffungskosten einer Investition oder einer Beschaffung ganz allgemein zu betrachten, sondern alle Aufwendungen, die über die gesamte Anwendungszeit mit der Nutzung der betreffenden Produkte und Leistungen bei allen Beteiligten verbunden sind. Dazu zählen z. B. Kosten für

- Transaktion (z. B. Zinsen, Avalgebühren oder Währungsabsicherungen) und Abwicklung (ggf. Honorare für Beratung und Vermittlung, Zwischen- und Umlagerung, Transport, Versicherungen);
- Infrastruktur und Logistik,
- Handling [u.a. das Einpassen in das eigene Umfeld (bei Produkten kann das Tätigkeiten wie Auspacken, Montage, Anpassungen an die Infrastruktur, Justieren und Anfahren oder Sicherungsmaßnahmen umfassen; bei Leistungen betrifft es meist eigene Zuarbeiten wie Erklären der Zusammenhänge, Koordination mit anderen Tätigkeiten oder Aufwendungen zur Adaption der Ergebnisse), Schulungsleistungen und der Bedienungsaufwand (Wie viele Handgriffe und Wege sind erforderlich? Welchen Zeitaufwand bindet die Steuerung bzw. Programmierung? Wie schnell kann etwa in einem Handbuch oder einem Contentmanagement eine gesuchte Angabe gefunden werden? – hier gibt es unzählige Detailfragen so wie es unzählige Produkte und Leistungen gibt],
- Erhaltung und Ersatz (z. B. Wartung, Reparatur sowie den Bezug von Ersatzteilen),
- Abwärme, Abfall, Umweltbelastungen,
- verdeckte Folgen (z. B. Reputation).

Margenpotenzial Sie für möglich halten und was Sie sich zutrauen. Es geht dabei nicht um irgendwelche Berechnungen, sondern um Ihr ,begründetes Bauchgefühl'."

Die Angaben schwankten zwischen 20 und 50 Mio. € beim Umsatzpotenzial und zwischen 3 % und 10 % beim Margenpotenzial. Das nahm man als erste Orientierung. Für den Anfang.

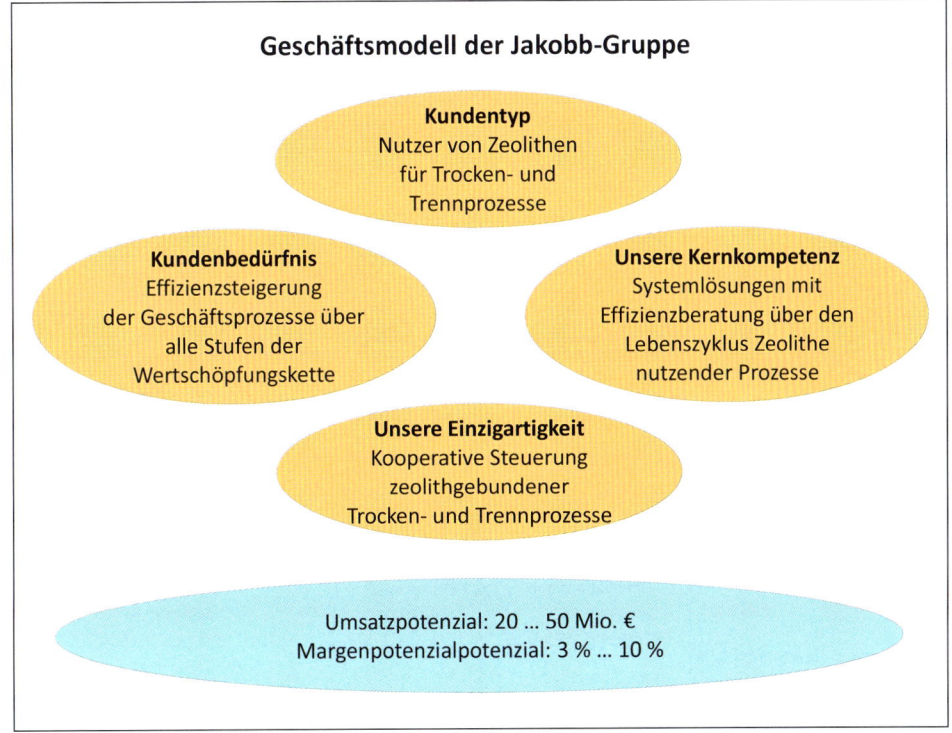

Geschäftsmodell der Jakobb-Gruppe

Kundentyp
Nutzer von Zeolithen
für Trocken- und
Trennprozesse

Kundenbedürfnis
Effizienzsteigerung
der Geschäftsprozesse über
alle Stufen der
Wertschöpfungskette

Unsere Kernkompetenz
Systemlösungen mit
Effizienzberatung über den
Lebenszyklus Zeolithe
nutzender Prozesse

Unsere Einzigartigkeit
Kooperative Steuerung
zeolithgebundener
Trocken- und Trennprozesse

Umsatzpotenzial: 20 … 50 Mio. €
Margenpotenzialpotenzial: 3 % … 10 %

Abbildung 59: Erste Skizze eines gemeinsamen Geschäftsmodells der Jakobb-Gruppe

Natürlich war das nicht mehr als die Skizze eines Geschäftsmodells. Aber sie nahmen es als einen weiteren Schritt zur engeren Verflechtung der innovativen Fähigkeiten der Jakobb-Gruppe. Und sie waren froh über den Anfang. Weitere Ideen würden folgen. Die Runde hatte die Linie ihrer ersten BSC wieder aufgenommen. Denn das Leitbild des strategischen Hauses hatte sich schon 2009 dahin orientiert: „Wir sind kooperative Partner (intern und extern)."

Die Innovationsfähigkeit wieder ins Zentrum stellen

Anschließend ging es an die Präzisierung der strategischen Hauses. Das Leitbild wollten die Teilnehmer nicht ändern. Auch Leitziel und Leitkennzahl wurden beibehalten. Eigentlich hatten sie sich in den letzten zwei Jahren vorwiegend auf das strategische Thema „Konsolidieren des operativen Geschäfts" konzentriert. Dabei war die Weiterentwicklung der Innovationsfähigkeit etwas aus dem Auge geraten. Deshalb sahen sie es nach wie vor als ihre wichtigste strategische Aufgabe für die kommenden zwei Jahre – eben als das Leitziel.

Aufgrund der Erfolge im operativen Geschäft konnte das Konsolidierungsthema abgehakt werden. An seine Stelle kam als neues strategisches Thema „kooperative Innovationskraft" mit dem Ziel „Effizienzmanagement von Geschäftsprozessen als gemeinsames Geschäftsfeld etablieren" und der Kennzahl „Anfragen potenzieller Kunden [#]". Das zarte Pflänzchen eines gemeinsamen Geschäftsmodells sollte gesetzt und behutsam gefördert werden. Für die anderen beiden strategischen Themen und die Entwicklungsgebiete wurde kein Änderungsbedarf gesehen. Das war nach wie vor aktuell. Damit hatte das strategische Haus für den Zeitraum 09/2011-08/2013 folgende Gestalt angenommen:

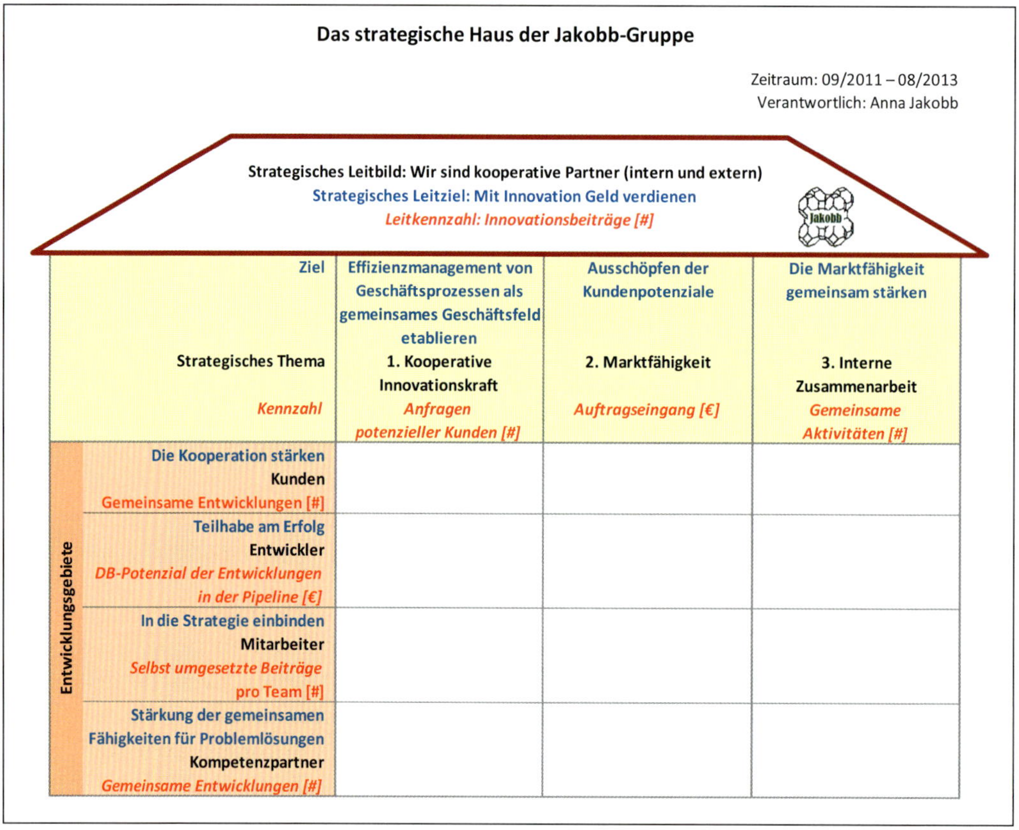

Das strategische Haus der Jakobb-Gruppe

Zeitraum: 09/2011 – 08/2013
Verantwortlich: Anna Jakobb

Strategisches Leitbild: Wir sind kooperative Partner (intern und extern)
Strategisches Leitziel: Mit Innovation Geld verdienen
Leitkennzahl: Innovationsbeiträge [#]

	Effizienzmanagement von Geschäftsprozessen als gemeinsames Geschäftsfeld etablieren	Ausschöpfen der Kundenpotenziale	Die Marktfähigkeit gemeinsam stärken
Ziel			
Strategisches Thema	1. Kooperative Innovationskraft	2. Marktfähigkeit	3. Interne Zusammenarbeit
Kennzahl	Anfragen potenzieller Kunden [#]	Auftragseingang [€]	Gemeinsame Aktivitäten [#]
Die Kooperation stärken **Kunden** Gemeinsame Entwicklungen [#]			
Teilhabe am Erfolg **Entwickler** DB-Potenzial der Entwicklungen in der Pipeline [€]			
In die Strategie einbinden **Mitarbeiter** Selbst umgesetzte Beiträge pro Team [#]			
Stärkung der gemeinsamen Fähigkeiten für Problemlösungen **Kompetenzpartner** Gemeinsame Entwicklungen [#]			

Entwicklungsgebiete

Abbildung 60: Das strategische Haus der Jakobb-Gruppe für den Zeitraum 09/2011-08/2013

Nun ging es ans TUN. Jetzt wurden konkrete Ideen für strategieorientierte Aktionen (ZAKs) gesucht. Anna Jakobb hatte die alten, damals zurückgestellten vier Projektideen mit deren ZAK-Karten mitgebracht und an die Pinnwand geheftet. In einer ausgedehnten Gruppenarbeit wurden aus der Kenntnis des aktuellen Standes des strategischen Hauses weitere ZAKs erarbeitet, diskutiert. und unter Einbeziehung der „alten" Projekte erneut geclustert. Im Ergebnis wurden folgende drei strategische Projekte empfohlen:

Projekt 1:   **Effiziente Arbeitsplatzgestaltung**
Ziel: Orientierung des M^3-Prozesses
Kennzahl: Freigesetzte Potenziale [€]
Verantwortlich: Jens Berger

Mit diesem Projekt sollte die entstandene Sogwirkung des M^3-Prozesses mit der Sammlung praktischer Erfahrung im Effizienzmanagement von Geschäftsprozessen verknüpft werden. Jens Berger war bereit, seine Arbeit weiterzuführen. Er war ohnehin so etwas wie der Taktgeber des M^3-Prozesses geworden.

Projekt 2:   **Kompetenzpartnerschaften**
Ziel: Entwicklung eines Pilotbeispiels
Kennzahl: # Treffen mit Partnern
Verantwortlich: Johannes Werning

Im Rahmen des Qualitätsmanagements hatte Johannes Werning in den letzten zwei Jahren begonnen, ein kleines Netzwerk zwischen der Jakobb-Gruppe und sowohl wichtigen Lieferanten als auch Kunden aufzubauen. Mit diesem Projekt sollte das vertieft und auf gemeinsame innovative Aktivitäten ausgerichtet werden. Wie weit das gehen würde, war zum Zeitpunkt des Workshops noch unklar. Johannes Werning sollte daher ausloten, was möglich ist.

Die Arbeit erwies sich schwieriger als gedacht. Es gab vor allem Widerstände im eigenen Haus. „Wenn wir unsere Lieferanten und Kunden an einen Tisch bringen, können wir ihnen ja gleich das Geschäft überlassen." Das waren ausgeprägte Ängste sowohl im Entwicklungsbereich als auch dem Bereich Einkauf/Logistik. In geduldiger Kleinarbeit kristallisierte Johannes Werning mit einigen Aspekten des Effizienzmanagements ein „Versuchsfeld" heraus, bei dem alle bereit waren, sich auf ein erstes Pilotprojekt einzulassen. Danach erst begann die Einbeziehung möglicher externer Partner. Auch hier zeigten sich anfänglich erhebliche Vorbehalte. Der Gedanke eines für alle Beteiligten nutzbaren Effizienzmanagements hatte jedoch eine merkliche Attraktivität. So kam es im Herbst 2012 zu einem ersten gemeinsamen Treffen, auf dem Konturen für ein Pilotbeispiel umrissen wurde. Die Arbeiten sind in Gang gekommen. Es wird sich zeigen, was sie bringen.

Projekt 3:   **Unternehmenskommunikation**
Ziel: Stärkung der Marke
Kennzahl: Konzept bis 05/2013
Verantwortlich: Marcus Jakobb

Dass dieses Projekt nicht schon mit der ersten BSC-Runde in Angriff genommen wurde, sieht Wolfgang Mahrendorff bis heute als einen Fehler an. „Fehler sind dazu da, um aus ihnen zu lernen", sagte er in diesem Zusammenhang. „Wenn wir nicht zu hohes Lehrgeld bezahlen, haben sie sich gelohnt. Wir müssen auf diesem Feld einfach professioneller werden. Mit der Unterstützung unserer externen Kommunikationsagentur allein ist das nicht zu schaffen." Marcus Jakobb schaltete sich in diese Diskussion ein: „Das Thema ist mir eine Herzensangelegenheit. Unsere Marke ‚Jakobb' lebt von den Leistungen aller ‚Jakobbianer'. Sie lebt aber auch davon, dass wir das nicht nur vertrieblich, sondern auch kommunikativ verkaufen. Wir brauchen eine starke Markenbotschaft und möglichst alle Mitarbeiter als engagierte Markenbotschafter. Da möchte ich Wolfgang Mahrendorff unterstützen." Wer wollte da widersprechen?

Damit hatten sie ihr strategisches Haus präzisiert und daraus die Schwerpunkte des strategischen TUNs für die nächsten 20 Monate konzipiert:

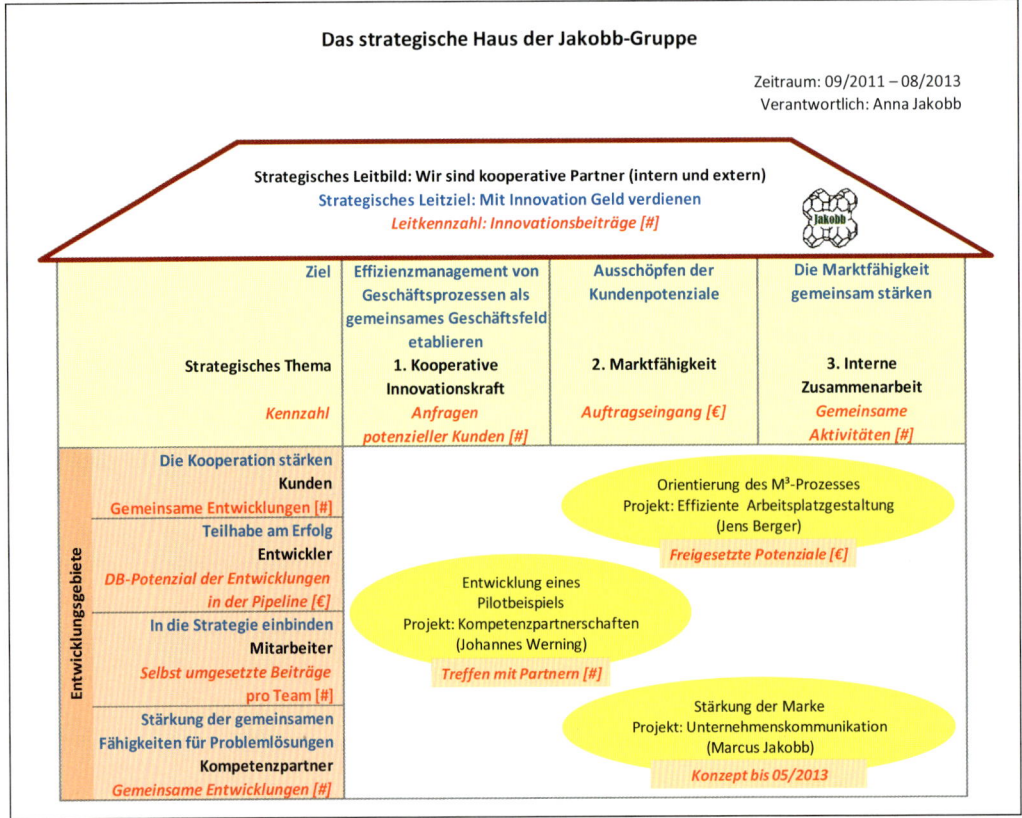

Abbildung 61: Das strategische Haus der Jakobb-Gruppe 2011-2013

Die Struktur der Berichts-Scorecard wurde beibehalten, einige Kenngrößen ausgetauscht.

4.7 Woran der Erfolg hängt

Mitte April 2014 – es war Gründonnerstag – trafen wir Anna Jakobb wieder in jenem Gartenlokal am Schlachtensee. Seit unserem ersten Treffen waren fast sechs Jahre vergangen. Wir fragten sie, wie sie den bisherigen Verlauf des Strategieprozesses der Jakobb-Gruppe sieht. Nach kurzem Überlegen meinte sie: „Da gibt es eine ganze Reihe hilfreicher, aber natürlich auch wenig förderlicher Faktoren. Sie liegen dicht beieinander. So aus dem Bauch heraus würde ich Folgendes nennen:

7 Faktoren, die zum Erfolg beitragen

1. **Nicht zu komplex denken**

   Am Anfang hatte ich die Illusion, mit der BSC möglichst alle wichtigen Probleme und Prozesse zu erfassen. Dann wären wir in der Lage, ihre Wechselwirkung abzubilden und zu steuern. Ich habe schnell gelernt, dass eher das Gegenteil zum Erfolg führt – das Herauslösen einiger weniger Aspekte. Dadurch werden die Aufgaben überschaubar, die anderenfalls in zu hoher Komplexität versinken. Allerdings gehört Mut dazu. Wir hätten die ‚falschen‘ Faktoren auswählen können. Das ist uns in der Tat auch passiert (z. B. unser Versuch mit den Sparten-BSC). Dann haben wir uns korrigiert und gelernt.

2. **Einfache Bilder finden**

   Der Charme an einfachen Bildern besteht darin, dass sie einfache Lösungen ermöglichen. Das ist nicht nur für die Kommunikation wichtig, sondern auch für das eigene Verständnis und die eigene Führungsfähigkeit. Der bekannte Romancier Antoine de Saint-Exupéry schrieb ‚Vollkommenheit entsteht offensichtlich nicht dann, wenn man nichts mehr hinzuzufügen hat, sondern wenn man nichts mehr wegnehmen kann[84]‘. Nach meinen Erfahrungen entsteht das Einfache auch dadurch, dass wir die Aufgaben nacheinander erledigen und nicht alles miteinander vermischen. Damit sind wir gut gefahren. Natürlich muss man dann entscheiden, womit man anfängt. Aber das sollte eine Führungskraft beherrschen.

3. **Die Aufmerksamkeit fokussieren – Was ist wirklich wichtig?**

   Dieser Faktor ist der vielleicht wichtigste. Er setzt Vertrauen voraus. Wenn sich Führungskräfte auf das Wesentliche konzentrieren – also die **wenigen** ausgewählten Aspekte und jene Aufgaben, die **jetzt** dran sind –, müssen sie darauf vertrauen, dass die anderen Dinge von den Anderen selbst organisiert oder eben nicht gemacht werden. Man muss dem Impuls widerstehen, alles ‚im Griff‘ haben zu

---

[84] De Saint-Exupéry, A. (2010): Wind, Sand und Sterne, Karl Rauch Verlag Düsseldorf, S. 56.

wollen. Sonst ist man zu langsam, um erfolgreich zu führen. Mario Andretti, der Formel-1-Weltmeister von 1978, hat das vor einiger Zeit auf den Punkt gebracht: ‚Wenn man das Gefühl hat, alles unter Kontrolle zu haben, fährt man nicht schnell genug‘.

4. Controlling einfach verständlich gestalten

Um die Aufmerksamkeit fokussieren zu können, brauchen wir die **gegenseitige** Vereinbarung weniger und messbarer Ziele. Und wir brauchen eine Erfolgskultur, die eher darauf achtet, wie die Ziele zu erreichen sind, als bei Abweichungen Schuldfragen zu klären.

Controlling ist aber auch Wachsamkeit. Es muss möglichst allen klar sein, dass sie Vertrauen nicht missbrauchen sollten – sei es bewusst oder aus Nachlässigkeit. Wenn ich mit wenigen Ziele führen will, muss ich mich darauf verlassen können, rechtzeitig gewarnt zu werden, wenn andere Dinge aus dem Ruder laufen.

5. Interessen austarieren

Wenn mich die Balanced Scorecard eines gelehrt hat, dann das Ausbalancieren der unterschiedlichen Interessen all jener Stakeholder, die für die Umsetzung einer Strategie relevant sind. Veränderungen können durch so viele Menschen paralysiert werden, weil der Teufel im Detail steckt. Und wenn wir anfangen, uns in die Details zu verheddern, gehen wir zum Teufel. Also brauchen wir eine gemeinsame Plattform, an der die verschiedenen Interessengruppen andocken können. Solange die Interessenbalance reicht, werden sie ihre eigenen Details selber regeln. Geht die Balance in die Brüche, beginnt die Paralyse von vorn. Das ist wohl eine ‚never ending story‘.

6. Teilhabe organisieren (z. B. über so etwas wie M³)

Hier scheiden sich die Geister. Wir haben gute Erfahrungen gemacht. Ohne M³ wären wir nicht so weit gekommen. Aber nicht alle Führungskräfte wollten unseren M³-Prozess mittragen. Einige sind gegangen, aber glücklicherweise wurden die meisten vom positiven Ergebnis überzeugt.

Ich denke, man darf es auch nicht übertreiben. Wir haben die Teilhabe auf jene Aufgaben orientiert, die für die Menschen vor Ort wichtig sind und die sie selber mit eigenen Mitteln realisieren können. Und wir haben darauf geachtet, dass bei der Anwendung ‚dialogischer Führung‘ das Wort ‚Führung‘ immer als Hauptwort verstanden wird. Dann klappt es. Zumindest bei uns.

7. Konsequent sein – im Umsetzen ebenso wie im Beenden

Der Kern von Konsequenz besteht in der Aufmerksamkeit. Die Menschen realisieren sehr genau, worauf Führungskräfte achten und ob sie wirklich dranbleiben. Wenn wir heute mal hier und morgen mal dort hinschauen, werden all die vielen Aspekte gleichgültig – dann wird es auch gleichgültig, ob eine Aufgabe erfüllt wird oder nicht.

Am besten, jede Führungskraft hat eine Handvoll Dinge, auf die sie **täglich** schaut. Das lässt sich dann auch durchsetzen. Einer unserer jungen Leute hat es mir in einem emotionalen Meeting sehr treffend gesagt: ‚Wenn ich einmal im Monat zu Ihnen komme und wegen irgendwelcher Zahlen den Marsch geblasen kriege, dann sage ich mir: Was schlimmstenfalls kann mir passieren? Heute gibt es den üblichen Krach und die übrigen 29 Tage habe ich meine Ruhe‘. Diese Lektion habe ich gelernt.

Und etwas anderes ist mir noch wichtig. Zur Konsequenz gehört es auch, rechtzeitig die Reißleine zu ziehen. Manche Dinge erweisen sich nach einer bestimmten Zeit nicht oder nicht mehr als zielführend. Das passiert. Dann muss man den Mut haben, aufzuhören, eine Aktion oder ein Programm zu beenden und – wenn es sein muss – sich von Menschen zu trennen. Das tut manchmal weh. Aber anderenfalls läuft man Gefahr, zu einer ‚lahmen Ente‘ zu werden und die eigene Führungsfähigkeit zu verlieren.

Es gibt aber auch ebenso viele Faktoren, an denen es scheitern kann:

7 Gründe für den Misserfolg

1. Unterschätzte Machtfragen

Wenn es – nach meiner Erfahrung – einen Hauptfaktor für das Scheitern gibt, dann ist es dieser. Dabei geht es nicht um das ‚Lametta auf den Schultern‘. Es geht um die vielen kleinen Abhängigkeiten. Da gibt es spezielle Know-how-Träger, die nicht ohne Weiteres ersetzbar sind. Da gibt es Meinungsführer, die einem in bestimmten Bereichen das Leben schwer machen können … Wenn hier das Feingefühl fehlt, können Dich solche Menschen ‚am ausgestreckten Arm verhungern lassen‘. Im Grunde geht es immer um asymmetrische Abhängigkeiten. Mit Rambo-Methoden ist da meist wenig auszurichten. Wolfgang Mahrendorff hat sich da eher um einen Ausgleich bemüht und zugleich nach Wegen gesucht, die Asymmetrie (faktische Macht der Spartenleiter) sukzessive abzubauen. Dadurch haben sich mittelfristig die Machtverhältnisse verschoben, weil ich auf direkten Wegen zu mehr Informationen gekommen bin und Einfluss auf die Entscheidungen nehmen konnte. Dann bekommt man neue Optionen.

2. Recht haben und Schuld zuweisen wollen

In strategischen Fragen gibt es kein ‚richtig‘ oder ‚falsch‘. Entweder man ist erfolgreich oder nicht. Das weiß man leider immer erst hinterher. Vorher muss man sich mit Annahmen begnügen. Und man muss den Mut besitzen, auf der Basis unvollständiger Informationen zu entscheiden. Wer alles wissen will, entscheidet nie. In so einem Kontext stehlen Diskussionen darüber, wer in dem einen oder anderen Fall ,recht hat', nur die Zeit. Sie kosten außerdem meistens viel Kraft, die uns bei der Strategieumsetzung fehlt.

Ähnliches gilt für die Klärung von Schuldfragen. Strategische Prozesse sind normalerweise so komplex, dass es nie eindeutige Ursachen und Wirkungen gibt. Wir haben uns daher bemüht, Schulddiskussionen erst gar nicht aufkommen zu lassen. Wenn etwas schiefgelaufen ist – wie z. B. einige Nebenwirkungen unserer ersten Kommunikationskampagne –, haben wir uns gefragt, was wir daraus lernen können und wie wir das zukünftig besser angehen.

3. Erfolge administrieren

Strategische Erfolge entstehen nicht aus Verwaltungsakten. Strategie ist keine Institution und kann auch nicht wie eine Institution geführt werden. Auch in dieser Hinsicht haben wir einiges Lehrgeld bezahlt. Als wir zur Vereinfachung – wie wir anfangs glaubten – den M³-Prozess formalisieren wollten, wäre er uns fast zusammengebrochen. Zum Glück hatte Jens Berger ein feines Gespür für atmosphärische Störungen. Er warnte uns rechtzeitig davon, die Fehler unseres ehemaligen Verbesserungswesens (der Name sagt schon viel) nicht zu wiederholen. Deshalb bin ich davon überzeugt, dass zu einer erfolgreichen Strategie eine genügende Portion Spontaneität, Kreativität und Selbstorganisation gehört – Systeme gehören eher nicht dazu.

4. Misstrauen

Wer seine Strategie auf Misstrauen baut, kann sie nur mit physischem oder psychischem Druck durchsetzen. Das gibt es und kann unter bestimmten Bedingungen auch erfolgreich sein – es widerspricht aber unseren ethischen Prinzipien. Mein Vater hätte das nie geduldet. Deshalb stand das in der Jakobb-Gruppe auch nicht zur Debatte. Außerdem bin ich davon überzeugt, dass innovative Strategien, wie wir sie verfolgen, grundsätzlich kein Misstrauen vertragen, weil Innovationen auf die Eigeninitiative der Menschen gegründet sind. Die gedeiht nun einmal nicht auf verseuchtem Boden.

Deshalb muss man sich entscheiden, welche Art von Strategie zu den eigenen Werten passt. Das läuft zum Schluss auf die Entscheidung hinaus, mit welcher Art von Menschen man zusammenleben und -arbeiten will.

5. Ängste ignorieren

Veränderungen rufen bei den meisten Menschen Ängste hervor. Was man hat, kennt man – selbst wenn es nicht gefällt. Was man bekommt, kennt man normalerweise nicht. Keiner kann mit Sicherheit sagen, dass es besser ist. Solche Ängste äußern sich nicht immer offen und direkt.

Wir haben versucht, mit derartigen Ängsten immer sensibel umzugehen. Das ist uns mit Zuhören, Eingehen auf Argumente durch behutsames Vorgehen – z. B.

mithilfe von Pilotprojekten – oder mit speziellen Fortbildungen auch weitgehend gelungen. Es hat nicht immer geklappt. Dann kam es zu Behinderungen oder inneren Emigrationen. Manchmal sind die Menschen auch gegangen.

6. Ungeduld und hektische Entscheidungen

Geduld ist die Tugend eines Strategen. Das haben wir auch erst lernen müssen. Mitunter wollten wir zu viel entscheiden und zu schnell vorangehen. Damit haben wir unsere Mitarbeiter meist überfordert. Manchmal wussten sie nicht mehr, was sie zuerst machen sollten. Was jetzt wirklich wichtig ist. Außerdem ist nicht jeder davor gefeit, durch operativen Druck in Hektik zu verfallen. Dann wird die Desorientierung noch größer. Glücklicherweise war Wolfgang Mahrendorff in unserer schwierigsten Zeit so eine Art ‚Fels in der Brandung‘. Er hat die Ruhe bewahrt, die wir brauchten, und einen klaren Kopf behalten.

7. Harmoniestreben

Wer Strategien umsetzen will, darf Konflikten nicht aus dem Weg gehen. Auch das habe ich schon von meinem Vater gelernt. ‚Harmonie entsteht aus Streit‘, hat er immer gesagt. ‚Aus konstruktivem Streit um alternative Lösungsmöglichkeiten. Und Harmonie ist immer nur ein kurzes Durchgangsstadium, wenn ein Ergebnis erreicht ist. Sonst wird man selbstzufrieden. Und Selbstzufriedenheit führt zum Tod‘. So extrem muss man es ja nicht gleich ausdrücken. Aber es trifft im Grunde genommen den Kern: Strategie erfordert Standpunkte – man kann sie nicht berechnen. Und wer seinen Standpunkt durchsetzen will, muss um ihn ringen.

Da lassen sich Konflikte nicht vermeiden. Worauf es mir ankommt: Dass es fair bleibt, dass es nicht unter die Gürtellinie geht, dass ich mir im Spiegel noch in die Augen sehen kann. Dann bleiben Konflikte konstruktiv und helfen, Lösungen zu finden. Ob sie ‚richtig‘ sind, haben wir durch ‚Versuch und Irrtum‘ ausprobiert. Wenn es klappt, haben wir es wieder versucht. Wenn es schiefgeht, haben wir uns erneut darüber auseinandergesetzt, welcher Weg nun der beste wäre. Ohne diesen Streit, wären wir nicht zu dem Punkt gekommen, an dem wir heute stehen."

Das war ein tolles Statement von Anna Jakobb. Ihre Erfahrungen und die daraus gewonnenen Einschätzungen haben uns zum wiederholten Mal vor Augen geführt, wie eng der Grat ist zwischen Erfolg und Scheitern. Und dass es auf die Balance ankommt: Einfach und konsequent sein. Oder einfacher: **einfach konsequent**.

5 Mit Kennzahlen konsequent führen

5.1 Ziele und Kennzahlen

Wir haben einführend (Kapitel 1) darauf verwiesen, dass die „Väter" der Balanced Scorecard – Robert Kaplan und David Norton – von Anfang an vor allem drei Aspekte hervorgehoben haben, die ihnen wichtig sind:

BSC bedeutet

- das Übersetzen der Strategie in Verständnis und TUN (translate strategy into action),
- die Partizipation der Menschen bei der Umsetzung der Strategie (strategy as everyone's everyday job) und
- das Führen mit messbaren Zielen (leading by measurable goals).

Wir haben aus unserer Erfahrung hinzugefügt: Um das leisten zu können, muss eine Balanced Scorecard zwei Eigenschaften besitzen: **einfach konsequent** bzw. **konsequent einfach**.

Daraus ergeben sich auch die Anforderungen an jene Kennzahlen, die im Rahmen einer Balanced Scorecard eingesetzt werden.

1. BSC-Kennzahlen müssen einen Sinn, einen Zweck, ein „Warum" vermitteln, wenn sie Menschen zum TUN anregen sollen. Die Betroffenen müssen erkennen können, dass es ihren eigenen Interessen entspricht, sich für die Umsetzung der Strategie einzusetzen und sie müssen bereit sein, sich an den Ergebnissen durch eben diese Kennzahl messen zu lassen. Anderenfalls werden sie Gründe finden, warum es nicht geht, oder Wege, die Messung oder deren Wirkung zumindest teilweise zu paralysieren.

2. BSC-Kennzahlen müssen auf ein Ziel ausgerichtet sein, dessen Einbettung in die Strategie erkennbar ist. Sonst geht die Verbindung zum „Warum" schnell verloren. Es reicht also nicht aus, irgendein Ziel vorzugeben. Die Ziele müssen gemeinsam erarbeitet werden, damit sie durch Kopf und Herz der Menschen gehen, die sie umsetzen sollen. Und sie müssen aus einer leicht verständlichen und intuitiv nachvollziehbaren Visualisierung der Strategie abgeleitet werden, weil jede Verinnerlichung über Bilder vermittelt wird.

3. BSC-Kennzahlen müssen einfach sein. Sie müssen von den Menschen verstanden werden können, die das Umsetzen einer Strategie in praktisches TUN bewerkstelligen sollen. Deswegen müssen sie nah an den alltäglichen Erfahrungen dieser Menschen sein. Komplizierte Berechnungsformeln und intransparente Daten-

quellen erzeugen eher Misstrauen und daraus resultierenden offenen oder latenten Widerstand.

4. BSC-Kennzahlen müssen mit klarer, eindeutiger Verantwortung verbunden sein. Es geht hier nicht um die „objektive" Berechnung oder Beschreibung eines Sachverhaltes oder eines Wertobjektes. Es geht um strategisches TUN. Das funktioniert nicht ohne Verantwortung für das TUN. Eine verantwortungs-bezogene Kennzahl fördert die erforderliche Verbindlichkeit. Deshalb gehört diese Anforderung nach unseren Erfahrungen auch zu den Kennzahlen, die am schwierigsten umsetzbar sind.

5. Kennzahlen müssen der Konkretisierung eines Zieles dienen. Sie sagen uns, woran wir erkennen wollen und ob wir Erfolg haben. Sie sind damit auch ein Indikator dafür, wie weit unsere konkreten Zielvorstellungen bereits entwickelt sind. Wenn wir ganz am Anfang eines strategischen Prozesses stehen, wissen wir oft nicht mehr, als dass wir ein Konzept brauchen. Dann kann die Kennzahl auch nicht viel mehr sein als ein Termin, bis wann das Konzept erarbeitet oder verabschiedet sein soll. Wenn der Prozess schon Konturen angenommen hat, wir aber noch nicht genau sagen können, wo er hinführt, sind oft Meilensteine oder Zwischenergebnisse geeignete Kennzahlen. Erst wenn wir konkret wissen, was wir erreichen wollen, kann auch die Kennzahl konkret das Potenzial bewerten, das wir als Ergebnis messen wollen.

6. BSC-Kennzahlen müssen die Aufmerksamkeit auf jene strategischen Fragen ausrichten, die **jetzt** umgesetzt werden sollen. Es gibt viele wichtige Aufgaben und viele Aspekte, die für die Darstellung eines Unternehmens wesentlich sind. Darum geht es aber bei einer Balanced Scorecard gerade nicht. Mit der BSC wollen wir das strategische TUN organisieren. Da wir nicht alles gleichzeitig erledigen können, da wir „ganz nebenbei" auch noch ein operatives Geschäft zu organisieren haben, um das für die Strategieumsetzung erforderliche Geld zu verdienen, da wir manche Dinge zuerst erledigen müssen, weil sie für andere die Voraussetzung bilden, brauchen wir eine Reihenfolge, die unseren Möglichkeiten und Erfordernissen angemessen ist. Darauf den „Scheinwerfer zu richten" – das ist die Aufgabe von BSC-Kennzahlen.

7. BSC-Kennzahlen müssen Konsequenz ermöglichen. Wenn eine BSC scheitert, dann zumeist an mangelnder Konsequenz der Führungskräfte infolge von Unverbindlichkeit. Die Voraussetzung für Erfolg sind deshalb – wie bereits erwähnt – Kennzahlen, die konkret und verantwortungsbezogen sind. Konsequenz erfordert noch ein drittes Kernelement: Dranbleiben. Dafür ist es hilfreich, wenn Kennzahlen zeitnah, möglichst täglich gemessen werden können. Dann können wir auch zeitnah agieren. Dann verstehen die Menschen aus der täglichen Erfahrung sehr schnell, dass dieser Aspekt von der Führung wirklich ernst genommen wird.

Demgegenüber führen Kenngrößen, deren Daten nur einmal pro Quartal oder pro Jahr oder in noch größeren Abständen verfügbar sind – z. B. aussagekräftige Studien zur Unternehmenskultur oder zur Reputation oder zur Zufriedenheit von Mitarbeitern und Kunden – eher zu einer laxen Haltung und erschweren konsequentes Handeln nach dem Motto: „Einmal pro Quartal gibt's eventuell ein Donnerwetter. Die übrigen 89 Tage habe ich meine Ruhe." Zumindest muss man sich dieser Wirkung bewusst sein, wenn solche nur in großen Abständen messbare Kennzahlen in einer BSC genutzt werden.

Mit den folgenden, aus den Geschichten dieses Buches entnommenen Kennzahlen wollen wir Ihnen zeigen, wie in der Praxis diesen Anforderungen entsprochen wird. Dabei gibt es selten „perfekte" Lösungen. Darauf kommt es auch gar nicht an. Wir wollen mit der BSC einen strategischen Prozess initiieren, der die Teilhabe aller involvierten Menschen ermöglicht. Da ist es meistens wichtiger anzufangen und aus den praktischen Erfahrungen Schritt für Schritt zu lernen. Mit der Zeit erkennen die Menschen, welche Lösungen für ihren Zweck in ihrem Unternehmen hilfreich sind und welche eher nicht. Dann stehen sie auch dahinter.

Im Gegensatz zu vielen einschlägigen Fachbüchern spielen bei uns Finanzkennzahlen nur eine geringe Rolle. Sie entsprechen in den meisten Fällen nicht den oben dargelegten Anforderungen an BSC-Kennzahlen. Das schließt nicht aus, dass Finanzkennzahlen für andere Zwecke gute Dienste leisten können. Aber oftmals eben nicht für eine Balanced Scorecard.

Eine Balanced Scorecard hat ihre spezifischen Aufgaben. Sie soll die Strategie in die Sprache und damit in das TUN der Menschen übersetzen. Die überwiegende Mehrzahl der Menschen sind keine ökonomischen Experten. Finanzkennzahlen setzen aber gerade eine solche Expertise voraus. Sie haben ihr sinnvolles Einsatzfeld in der Finanzwelt. Für eine Balanced Scorecard eignen sie sich nur dann, wenn sie in das Anforderungsgefüge passen.

BSC-Kennzahlen und Finanzkennzahlen können sich ergänzen. Als Ergebnis eines einfachen Verständnisses für strategische Fragestellungen und eines konsequenten strategischen Handelns steigt die Chance, die finanzielle Position eines Unternehmens zu stärken – und umgekehrt ermöglichen finanzielle Überschüsse erst, die konzipierte Strategie zu bezahlen. Diese Tatsache kann man im Rahmen einer Berichts-Scorecard nutzen. Aber auch hier bleibt die Forderung: **einfach konsequent**. Finanzwelt und BSC-Welt können sich gegenseitig unterstützen. Sie bleiben dennoch unterschiedliche Welten.

Darüber hinaus unterscheiden wir auch nicht zwischen Früh- und Spätindikatoren. In unserer Praxis haben wir diesen Unterschied ebenfalls nicht so gefunden, wie es manche theoretischen Schriften darlegen. Nach unseren Erfahrungen kann **jede**

Kennzahl sowohl Früh- als auch Spätindikator sein – oder auch gar kein BSC-Indikator. Das hängt vom Kontext ab. Der Gewinn kann ein Spätindikator sein, wenn das strategische Ziel in der Ertüchtigung des operativen Geschäfts besteht, weil wir nicht genügend Geld für eine weitergehende Strategie verdienen. Der Gewinn kann ein Frühindikator sein, wenn wir an ihm – im Rahmen der Berichts-Scorecard – erkennen wollen, in welchem Maße wir unsere strategischen Vorhaben in der Zukunft finanzieren können. Und der Gewinn kann weder das eine noch das andere sein, wenn wir ihn als BSC-Kennzahl nicht nutzen, weil wir in der derzeitigen Strategieumsetzung andere Schwerpunkte beleuchten wollen.

Diese Vorbemerkungen behalten Sie bitte im Hinterkopf, wenn Sie die folgenden 72 Beispiele für BSC-Kennzahlen lesen. Dann hoffen wir, Ihnen Unterstützung und Inspirationen für eigene Kreationen geben zu können.

5.2   In der Praxis genutzte BSC-Kennzahlen

Die hier aufgeführten Kennzahlen beziehen sich auf den obigen Text. Sie finden sie – mit den jeweiligen Geschichten verbunden – dort wieder. Wir verweisen diesbezüglich auf die jeweiligen Seitenzahlen.

Die Kennzahlen wurden in 9 Kategorien entsprechend dem EFQM-Exzellenz-Modell[85] eingeteilt:

Befähigerkriterien

1. Führung

2. Politik und Strategie

3. Mitarbeiter

4. Partnerschaften und Ressourcen

5. Prozesse

Ergebniskriterien

6. Mitarbeiterbezogene Ergebnisse

7. Kundenbezogene Ergebnisse

8. Gesellschaftsbezogene Ergebnisse

9. Schlüsselergebnisse

Jede dieser Kategorien ist lt. dem EFQM-Modell in mehrere Teilkriterien aufgeschlüsselt, wobei auch hier, wie bei jeder Strukturierung, zuweilen eine eindeutige Zuordnung nicht gegeben ist; hier einige inhaltliche Hinweise zu den Kriterien:

---

[85] EFQM = European Foundation for Quality Management

Befähigerkriterien

1. Führung
   Visionär führen
   Managementsystem gestalten
   Mit Stakeholdern kooperieren
   Kultur der Exzellenz pflegen
   Veränderungen meistern
2. Politik und Strategie
   Erwartungen der Stakeholder berücksichtigen
   Leistungen messen und Lernen
   Kontinuierliche Bewertung und Aktualisierung
   Kommunikation und konsequente Umsetzung
3. Mitarbeiter
   Mitarbeiterressourcen wahrnehmen und managen
   Intellektuelles Kapital fördern
   Mitarbeitende beteiligen und ermächtigen
   Offen kommunizieren
   Potenziale und Leistungen anerkennen
4. Partnerschaften und Ressourcen
   Externe Partnerschaften umsichtig managen
   Finanzen sorgfältig managen
   Gebäude und Materialien nachhaltig managen
   Technologie weitsichtig managen
   Informationen und Wissen reflektieren
5. Prozess
   Prozesse systematisch managen
   Wertschöpfung steigern
   Kundenerwartungen berücksichtigen
   Produkte und Leistungen vermarkten und Wertversprechen halten
   Kundenbeziehungen intensivieren

Ergebniskriterien

6. Mitarbeiterbezogene Ergebnisse
   Indikatoren: Personalfluktuation und Mitwirkung in Verbesserungsteams
   Wahrnehmung durch Zielgruppe: Karrieremöglichkeiten und Chancengleichheit

7. Kundenbezogene Ergebnisse

   Indikatoren: Reaktionszeit, Ausfallraten

   Wahrnehmung durch Zielgruppe: Erreichbarkeit und Qualität

8. Gesellschaftsbezogene Ergebnisse

   Indikatoren: Auszeichnungen, Sponsoring von sozialen oder ökologischen Projekten

   Wahrnehmung durch Zielgruppe: Image als Arbeitgeber und Transparenz

9. Schlüsselergebnisse

   Indikatoren: Durchlaufzeiten, Wert des intellektuellen Kapitals

   Wahrnehmung durch Zielgruppe: Rentabilität, Marktanteil [86]

Auch wenn die hier vorgestellten Kennzahlen häufig spezifisch für das jeweils in den Fallstudien vorgestellte Unternehmen sind, können sie doch Ideen geben, um für das eigene Unternehmen zielorientierte Kenngrößen zu entwickeln. Auch wollen wir aufzeigen, dass Kenngrößen dann am besten wirken, wenn sie das konkrete TUN messen und so den verantwortlichen Mitarbeitern Unterstützung geben bei dem Wunsch, „ihre" Ziele zu erreichen.

Kategorie 1: Führung

1. Kommunikation (der Führungsmannschaft)

Kategorie	1. Führung
Kennzahl	Teilnahmequote [%]
Definition (Formel)	Teilnehmende Führungskräfte [#]/alle Führungskräfte [#]
Datenbeschaffung	Datenquelle ist das jeweilige Protokoll der Treffen.
Interpretation der Kennzahl	Das Führungsteam sollte gegenüber Mitarbeitern, Kunden und Lieferanten immer mit gleicher Sprache sprechen. Dafür ist ein gleiches Verständnis für die Probleme und die gemeinsam gefundenen Problemlösungen notwendig.
	Dies kann am besten durch regelmäßige Treffen aller Führungskräfte erreicht werden, auf denen anstehende Themen hoffentlich aus den unterschiedlichsten Interessenlagen diskutiert und dann gemeinsam getragene Entscheiden getroffen werden. Hierdurch kann im Unternehmen, ausgehend von den Führungskräften, ein Wir-Gefühl aufgebaut werden, das dann in die jeweiligen Unternehmensbereiche weitergetragen wird.

---

[86] Aus: http://de.wikipedia.org/wiki/EFQM-Modell (22.06.2014).

	Problematisch wird die hinter dieser Kenngröße stehende Aktionsidee, wenn das Unternehmen mehr als vielleicht 30 Führungskräfte hat, da die Treffen dann zu Massenveranstaltungen werden, die nur unzureichend dem Ziel Kommunikationsverbesserung dienen. Dann ist eine Kaskadierung der Führung in Verbindung mit Elementen der Selbstorganisation eine zu prüfende Alternative.
Bezug zum Buch	Kapitel 2, S. 64

2. Unternehmerische Selbstständigkeit

Kategorie	1. Führung
Kennzahl	Anteil Unternehmensbereiche, die nach erfolgter Ausbildung „entscheidungsfähig" sind [%].
Definition (Formel)	# Unternehmensbereiche, Filialen mit >30 % ausgebildeten Mitarbeitern/alle Unternehmensbereiche, Filialen
Datenbeschaffung	Personalabteilung; Begriff „ausgebildet" definieren.
Interpretation der Kennzahl	Aufzeigen, in welchen Unternehmensbereichen, Filialen Bedarf an unternehmerischer Fortbildung besteht.
	Natürlich, Fortbildung macht aus Mitarbeitern noch keine Unternehmer. Aber ohne Fortbildung gibt es weniger Chancen, aus (meist) Verkäufern entscheidungsfähige, unternehmerisch denkende Mitarbeiter zu machen.
	Ein (internes) Ausbildungsprogramm soll interessierten Mitarbeitern (alle Führungskräfte sowie alle anderen, die teilnehmen wollen) das nötige Handwerkszeug dazu geben, im eigenen Verantwortungsbereich unternehmerisch wirken zu können. Der erfolgreiche Abschluss dieser Ausbildungsreihe wird gewürdigt – ist aber noch keine Gewähr für erfolgreiches unternehmerisches Verhalten ...
	Diese Kenngröße enthält viel Symbolik, zeigt aber die gewünschte Richtung an. Mit entsprechender Unterstützung seitens der Unternehmensleitung kann so eine entscheidungs- und verantwortungsorientierte Mitarbeiterschaft aufgebaut werden, die auf die spezifischen Bedürfnisse ihrer regionalen Kunden besser als jede zentrale Führung eingehen kann.
	Um Illusionen vorzubeugen: Neben Bildung ist auch das Interesse an unternehmerischer Verantwortung zu fördern. Aber man kann nicht alles in **eine** Kennzahl legen. So wie

	es im Leben besser ist, nicht alles gleichzeitig anzugehen, kann man Kennzahlen nutzen, um Schwerpunkte zu konkretisieren und eine Reihenfolge für das TUN zu organisieren.
Bezug zum Buch	Kapitel 2, S. 65 ...

3. Unternehmerisches Verhalten

Kategorie	1. Führung
Kennzahl	Anteil Unternehmensbereiche mit (dezentralen) Wochenbesprechungen/Teambesprechungen [%].
Definition (Formel)	Unternehmensbereiche mit regelmäßigen (dezentralen) Wochenbesprechungen [#]/Unternehmensbereiche gesamt [#]
Datenbeschaffung	Der Begriff Teambesprechungen muss einheitlich definiert werden, z. B.: - Dauer > 30 Minuten, - Teilnehmer > 75 % der Mitarbeiter eines Teams, - regelmäßig = >3 mal pro Monat. Die Daten können nur per Abfrage in den jeweiligen Unternehmensteilen beschafft werden.
Interpretation der Kennzahl	Theorie und Praxis sind häufig unterschiedlich: Zwar sieht jede Führungskraft den Sinn von regelmäßigen (wöchentlichen) Teambesprechungen, aber wie häufig fallen sie aus? Grundlage dafür, vorhandene Mitarbeiterpotenziale nutzen zu können, ist die regelmäßige Diskussion von erreichten oder nicht erreichten Zielen, das Diskutieren von Lösungen etc. zur Erreichung eines gemeinsamen Zielsystems, zur Umsetzung der gemeinsam erarbeiteten Ziele. So kann unternehmerisches Verhalten, so können selbstständige Entscheidungen erreicht werden.
Bezug zum Buch	Kapitel 2, S. 66 ...

4. Engagement

Kategorie	1. Führung
Kennzahl	Mitarbeiter, die am Ergebnis ihrer Filiale beteiligt sind [%]
Definition (Formel)	Ergebnisbeteiligte Mitarbeiter [#]/Mitarbeiter gesamt [#].
Datenbeschaffung	Personalabteilung

Interpretation der Kennzahl	Sofern man annimmt, dass eine finanzielle Beteiligung der Mitarbeiter am (Filial-)Ergebnis motivierend wirkt, kann so die grundsätzliche Bereitschaft zum Engagement gefördert und auch gemessen werden.
	Das Engagement der Mitarbeiter in einer Unternehmung, in einer Filiale ist für den wirtschaftlichen Erfolg unerlässlich. Hierzu kann es hilfreich sein, den Filialleiter oder (besser) das ganze Filialteam am Ergebnis ihrer Einheit zu beteiligen.
	Zu klären ist jedoch vorab, wie sich das Ergebnis errechnet (möglichst einfach, zeitnah und nachvollziehbar für alle Mitarbeiter) und was bei einem negativen Ergebnis geschehen soll.
	Ähnlich wirkt die ebenfalls genutzte Kenngröße „Meister und Filialleiter, die am Ergebnis ihrer Filiale beteiligt sind [%]".
	Diese Kenngröße könnte auch den Kategorien 6. Mitarbeiterbezogene Ergebnisse (Ziel wäre dann eine Einkommensverbesserung für die Mitarbeiter) und 9. Schlüsselergebnisse (Ziel ist dann eine grundsätzliche Ausrichtung des Unternehmens auf die Mitarbeiter) zugeordnet werden. Hier wird es aber eher als ein Führungsinstrument gesehen.
Bezug zum Buch	Kapitel 2, S. 75

5. Unternehmenskultur

Kategorie	1. Führung
Kennzahl	Mitarbeiteraustausch [# Tage]
Definition (Formel)	Tage, die Mitarbeiter in anderen Unternehmensbereichen hospitieren/mitarbeiten [#].
Datenbeschaffung	Die Personalabteilung muss diese Informationen per Hand erfassen, ggf. mithilfe der Leiter der jeweiligen Unternehmensbereiche/Filialen.
Interpretation der Kennzahl	Gemeinschaftsgefühl kann nur durch Erleben der Gemeinschaft erzeugt werden. Gerade bei starkem Unternehmenswachstum ist dies sinnvoll.
	Erleben kann durch verschiedenste Aktivitäten erzeugt werden (gemeinsame Ausflüge, gemeinsame Veranstaltungen, gemeinsam besuchte Workshops, gemeinsam ausgerichtete Kundenevents etc.); nach unserer Erfahrung ist jedoch das

	gemeinsame Arbeiten, die gemeinsam auf ein Ziel ausgerichtete Zusammenarbeit für diesen Zweck (Gemeinschaftsgefühl erzeugen) ein dominierender Faktor.
	Da es hier eher um eine kulturell ausgerichtete Aktivität geht, wurde diese Kenngröße unter 1. Führung eingereiht; geht es mehr um das Lernen, wäre die Zuordnung zu 3. Mitarbeiter sinnvoll.
Bezug zum Buch	Kapitel 2, S. 81

6. Kulturveränderung

Kategorie	1. Führung
Kennzahl	Tage der Mitarbeit in Lübecker Filialen [#]
Definition (Formel)	Tage, die Mitarbeiter in anderen Unternehmensbereichen, hier in der neu zu integrierenden Lübecker Unternehmenseinheit hospitieren/mitarbeiten [#].
Datenbeschaffung	Die Personalabteilung muss diese Informationen per Hand erfassen, ggf. mithilfe der Leiter des empfangenen Unternehmensbereichs.
Interpretation der Kennzahl	Die Kenngröße entspricht eigentlich der vorherigen, ist aber auf ein anderes Ziel orientiert:
	Weit mehr als die Hälfte der Unternehmenszusammenschlüsse oder Übernahmen scheitert; primär, weil die unterschiedlichen Unternehmenskulturen eine gedeihliche Zusammenarbeit erschweren oder sogar unmöglich machen. Folge sind verringertes Engagement, eine „Leck-mich"-Stimmung in der Belegschaft oder auch Kündigungen der Leistungsträger.
	Das Ziel, durch Zusammenschlüsse Synergien zu heben, kann nur gelingen, wenn insbesondere im übernommenen Unternehmensteil die Mitarbeiter für sich nicht nur Chancen durch den Zusammenschluss ausrechnen können, sondern auch erleben, dass die Mitarbeiter des übernehmenden Unternehmensteiles dieselben oder ähnliche Sorgen und Nöte haben.
	Geht es in diesem Beispiel nur um Mitarbeit der „alten Mitarbeiter" bei den neu erworbenen Lübecker Filialen, ist es noch besser, wenn auch die Lübecker Kollegen in den Filialen/Produktionsstätten in Schwerin etc. mitarbeiten würden (siehe Kenngröße 12).

	Wichtig: Durch entsprechende Unterstützungsmaßnahmen (Übernahme von Fahrkosten und Quartierskosten) können Vorbehalte verringert werden. Aber auch durch private Einladungen während der Hospitationszeit kann das Gemeinschaftsgefühl gestärkt werden.
Bezug zum Buch	Kapitel 2, S. 86

7. Lernen

Kategorie	1. Führung
Kennzahl	Eingeladene Teamleiter [#]
Definition (Formel)	Zur Vorstandssitzung eingeladene Teamleiter [#]
Datenbeschaffung	Protokoll der Vorstandssitzung
Interpretation der Kennzahl	Eine Form der Wertschätzung kann über diese Kenngröße gemessen werden: Die Teamleiter der monatsbesten Verkaufsfiliale berichten auf der Vorstandssitzung von ihren Erfolgen (fester Tagesordnungspunkt). Eigentlich müsste der Wert dieser Kennzahl der Anzahl der Vorstandssitzungen entsprechen. Jedoch: Häufig sind immer dieselben Teamleiter die „monatsbesten". Dann hätte man nicht viel gelernt! Ziel ist es ja, von den Teamleitern – neben der Wertschätzung für ihren Erfolg – Hinweise für Verbesserungen für alle Filialen/Unternehmensbereiche zu erhalten und diese auch in anderen Filialen einzuführen. Exkurs: In einigen Unternehmen wird deshalb das System des „Lernens von ..." eingeführt und auch im Prämiensystem verankert: Die „schlechteste" Filiale erhält als Coach den Teamleiter oder auch das Team der „besten" Filiale, die „zweitschlechteste" den „zweitbesten" etc. Diese Unterstützung durch die erfolgreichen Filialen ist häufig sehr hilfreich, weil dies auf „Augenhöhe" erfolgt; nicht durch Anweisung wird verbessert, sondern durch Lernen am besten Beispiel.
Bezug zum Buch	Kapitel 2, S. 100

8. Wertschätzung

Kategorie	1. Führung
Kennzahl	Teilnahmequote [%]

Definition (Formel)	An Vorstandssitzungen teilnehmende „beste" Azubis [#]/ Azubis insgesamt [#]
Datenbeschaffung	Protokoll der Vorstandssitzung
Interpretation der Kennzahl	Diese Kenngröße könnte in die verschiedensten Kategorien eingeordnet werden: 2. Strategie: wenn das Ziel Gewinnen von Azubis ist, 3. Mitarbeiter: wenn die eingeladenen Azubis auf den Vorstandssitzungen lernen sollen, wie ein Vorstand arbeitet, 5. Prozesse: wenn es um Anregungen für Verbesserungen durch wenig vorbelastete Azubis geht, 6. Mitarbeiterbezogene Ergebnisse: wenn die Azubis durch die Teilnehme an Vorstandssitzungen z. B. eine Weiterbeschäftigungsgarantie bekommen, 8. Gesellschaftsbezogene Ergebnisse: Ziel wäre die Ausweitung der gesellschaftliche Aufgabe, als Unternehmen für Ausbildung zu sorgen ... Aber auch 1. Führung ist richtig, da es hier um die Wertschätzung von Azubis wie Ausbildern in den Filialen geht. Und zur Wertschätzung gehört auch, dass mit den Azubis fachliche Fragen diskutiert werden, um von Ihnen Anregungen zu bekommen, wie das Unternehmen besser geführt werden kann.
Bezug zum Buch	Kapitel 2, S. 101

9. Kreativität

Kategorie	1. Führung
Kennzahl	„Denktage" [%]
Definition (Formel)	Tage, die Mitarbeitern des Bereiches F+E zur Verfügung gestellt werden, damit sie „spinnen" können [#].
Datenbeschaffung	Leitung des F+E-Bereiches
Interpretation der Kennzahl	Ideen für Innovationen entstehen nicht auf Befehl. Um ein kreatives Umfeld zu schaffen, müssen die Mitarbeiter des F+E-Bereiches nicht nur intensiven Kontakt zu Kunden und Anwendern, zu Mitarbeitern von Produktion und Vertrieb haben, sondern auch die Möglichkeit bekommen, Assoziationen zu entwickeln. Assoziationen, neue Ideen brauchen ein entsprechendes kreatives Umfeld, Ruhe und – Zeit! Im Dauerstress geht das nicht.

	Ein Kunde von uns aus dem Werbungs- und Marketingbereich hat seinen Kreativkräften pro Monat einen Tag verordnet, an dem (allein) irgendein Museum besucht werden muss, um Ideen zu generieren. Ein wie sich herausstellte sehr erfolgreicher Ansatz. Google räumt vielen seiner Entwickler ein festes Zeitkontingent ein, um neue Ideen für Anwendungen zu entwickeln, auszutesten. Das Resultat ist bekannt.
Bezug zum Buch	Kapitel 3, S. 119

10. Gemeinsame Stärkung der Marktfähigkeit

Kategorie	1. Führung
Kennzahl	Gemeinsame Aktivitäten [#]
Definition (Formel)	Spartenübergreifende Aktivitäten werden erfasst und gezählt.
Datenbeschaffung	Controllerservice
Interpretation der Kennzahl	In diesem Fall geht es um den Aufbau einer bisher nicht vorhandenen Gruppenleitung, um die interne Zusammenarbeit besser organisieren zu können. Das Ziel besteht darin, gemeinsame Wege und Aktionen zu gestalten, um die Marktfähigkeit der gesamten Gruppe zu stärken. Dabei kommt es am Anfang weniger darauf an, bereits greifbare Erfolge zu erzielen, die in Euro und Cent abgerechnet werden können. Zunächst soll die Zusammenarbeit überhaupt angeschoben werden. Dann ist eine einfache Kenngröße zweckmäßiger als eine – oft über komplexe Rechnungen – bewertete Leistungserfassung.
Bezug zum Buch	Kapitel 4, S. 180

11. Einbindung der Mitarbeiter in die Strategie

Kategorie	1. Führung
Kennzahl	Selbst umgesetzte Beiträge pro Team [#]
Definition (Formel)	Selbst umgesetzte Beiträge sind Ideen, die mit den eigenen Fähigkeiten und Ressourcen von dem jeweiligen Team vor Ort realisiert werden.

Datenbeschaffung	Personalabteilung, Controllerservice
Interpretation der Kennzahl	Mit dieser Kenngröße soll die Einbindung der Mitarbeiter in die Strategie erfasst und gesteuert werden. Jeder Teamleiter soll gemeinsam mit seinen Teammitgliedern nach Möglichkeiten suchen, um die Strategie zu unterstützen und mit den eigenen Kapazitäten adäquate Maßnahmen organisieren.
	Das setzt voraus, dass die Strategie so visualisiert und erklärt wird, dass sie von allen Teams verstanden wird.
	Die Kenngröße kann auch der Kategorie 3 – Mitarbeiter – zugeordnet werden.
Bezug zum Buch	Kapitel 4, S. 182

Kategorie 2: Politik und Strategie

12. Kundenabhängigkeit

Kategorie	2. Politik und Strategie
Kennzahl	Umsatzanteil Großkunden [%]
Definition (Formel)	Umsatz Großkunden [€]/Umsatz alle Kunden [€]
Datenbeschaffung	Debitorenbuchhaltung; vorab muss ein „Großkundenkennzeichen" gesetzt oder eine Großkundenumsatzgrenze festgelegt werden
Interpretation der Kennzahl	Strategisch gesehen ist es immer ratsam, sich auf mehrere Kunden, Kundentypen, Branchen hin zu orientieren, um Unabhängigkeit von bestimmten Kundengruppen zu erzielen.
	„Großkunden" kann sich auf einen bestimmten Kunden, auf eine Gruppe oder eine Kundenbranche (z. B. Hotels) beziehen. Die prozentuale Größenordnung sollte, vorab bestimmt, als Zielwert festgelegt werden.
	Großkunden garantieren eine gewisse Produktionsauslastung, bergen jedoch auch Gefahren, wenn ihr Umsatzanteil zu groß wird; dies führt dann zu verstärkter Abhängigkeit.
	Im Rahmen eines festgelegten Ziel-Rahmens sind mit diesen Kunden – am besten dezentral von jeder am Markt aktiven Unternehmenseinheit, denn Business ist lokal – Abnahmemengen und -preise auszuhandeln.

	Im Fall der Mecklenburger Bäckerei, die auch nach Holstein expandiert, ist es sinnvoll, neben dem klassischen Einzelhandelsverkauf auch Kapazitäten mit Produkten für Großkunden auszulasten. Großkunden sind in diesem Fall Hotels, Unternehmen etc., die über einen Abrufvertrag regelmäßig Backwaren beziehen. Auch wenn diese Großkunden Rabatte auf dem Normalpreis eingeräumt bekommen, sind doch Deckungsbeiträge zu erzielen, die zum Unternehmensergebnis beitragen.
	Ein früherer Indikator für den Umsatz strategischer Großkunden, der bereits in der Akquisitionsphase eine Messung ermöglicht, wäre „Anzahl besuchter Großkunden".
	Die Zuordnung zu den Kategorien
	2. Politik und Strategie (Zielstellung: Unabhängigkeit vom klassischen Handelsgeschäft),
	4. Partnerschaften und Ressourcen (Zielstellung: Partnerschaften mit regionalen Großabnehmern),
	5. Prozesse (Zielstellung: ausgewogene Vertriebsprozesse) und
	7. Kundenbezogene Ergebnisse (Zielstellung: Zufriedenheit der Großkunden)
	ist ebenso möglich, sie weist auf die unterschiedlichen Zielstellungen hin.
Bezug zum Buch	Kapitel 2, S. 64

13. Mitarbeiterengagement

Kategorie	2. Politik und Strategie
Kennzahl	Mitarbeiter Austausch [%]
Definition (Formel)	Mitarbeiter, die in anderen Unternehmensbereichen Filialen mitarbeiten [#]/alle Mitarbeiter [#].
Datenbeschaffung	Personalabteilung Achtung: der Begriff „Mitarbeiter" muss exakt definiert werden. Wie werden Teilzeitkräfte gezählt (pro Kopf oder anteilig nach Stundenzahl?), was ist mit freien Mitarbeitern oder Aushilfskräften?
Interpretation der Kennzahl	Diese Kennzahl war nach dem Zusammenschluss mit der Lübecker Bäckereikette Leitkennzahl der Führungs-

	Scorecard, also für diesen definierten Zeitraum wichtigstes zu erreichende Ziel.
	Strategisch geht es nicht nur darum, dass die Lübecker-Mitarbeiter neue Geschäftsabläufe etc. kennenlernen, sondern die neue Unternehmenskultur soll aufgenommen und geschätzt werden. Wenn die Lübecker Mitarbeiter in ihrem persönlichen Umfeld positiv über ihren neuen Arbeitgeber berichten, wird dies auch Mitarbeitern anderer Unternehmen im norddeutschen Raum zu Ohr kommen und sie motivieren, eine Übernahme durch die Schweriner Gruppe als eine gute Variante zu sehen/ihren Eigentümern zu vermitteln.
Bezug zum Buch	Kapitel 2, S. 81

14. Marktausweitung

Kategorie	2. Politik und Strategie
Kennzahl	Umsatzanteil Bistro [%]
Definition (Formel)	Umsatz Bistrogeschäft [€]/Umsatz gesamt [€]
Datenbeschaffung	Finanzbuchhaltung
Interpretation der Kennzahl	Während es bei Kennzahl 12 um die strategische Ausweitung der Kunden geht, ist hier das Produkt strategisches Ziel:
	Neben dem Geschäft mit Brot, Brötchen, Backwaren, Kuchen etc. soll in der Fallstudie in städtischen Filialen ein Bistro-Geschäft aufgebaut werden. Der Erfolg darauf basierender Aktivitäten lässt sich (spät) mit dem Umsatzanteil messen.
	Da diese Umsatzanteilsinformationen für alle Filialen, die ein Bistrogeschäft angefangen haben, getrennt vorliegen lässt sich aus den Umsatzanteilen schließen, wie erfolgreich die jeweiligen Filialen vorgegangen sind und daraus Rückschlüsse für den weiteren strategischen Ausbau ziehen.
Bezug zum Buch	Kapitel 2, S. 87

15. Seminarerfolg

Kategorie	2. Politik und Strategie
Kennzahl	Eingeführte Neuerungen [#]

Definition (Formel)	Eingeführte Neuerungen [#] pro Jahr, wobei festzulegen ist: a) Was ist eine Neuerung? b) Ab wann wird sie als solche gezählt (Idee, Patentanmeldung oder Patentierung, Prototyp fertig, Produktionsaufnahme, in den Markt einführen, Markterfolg etc.)?
Datenbeschaffung	Personalabteilung
Interpretation der Kennzahl	Innovationen müssen ja nicht immer auf Inventionen beruhen; die meisten Innovationen sind eher kleine Verbesserungen, die aber zusammen eine Menge ausmachen können. Hier geht es um die Folgen von Seminarbesuchen der Mitarbeiter. Mindestens 50 % des Erfolges beruht unserer Einschätzung nach auf den Gesprächen mit Kollegen anderer Unternehmensteile bzw. Unternehmen, aus dem Austausch. Und wie häufig erfährt man dort Verbesserungsideen, die man eigentlich – zurück im Unternehmen – einführen sollte. Daher wird bei der Johansson-Gruppe von jedem Mitarbeiter nach einem Seminarbesuch erwartet, dass er zwei Ideen mitbringt, für deren Umsetzung er verantwortlich gemacht wird. Übrigens haben die Vorgesetzten das persönliche Ziel „Ausnutzung des Fortbildungsbudgets durch die Mitarbeiter", denn nicht wenige Kollegen hatten anfangs Bedenken, zu einem Seminar zu fahren und dann auch noch Verbesserungsideen mitbringen zu müssen... Dafür wird aber auch jedem Mitarbeiter überlassen, zu welchem Seminar er sich entscheidet – er muss nur angeben, was er sich von diesem Seminar verspricht.
Bezug zum Buch	Kapitel 2, S. 89

16. Wachstum

Kategorie	2. Politik und Strategie
Kennzahl	Mitarbeiterwachstum [#]
Definition (Formel)	Klingt einfach, ist aber recht schwierig zu messen: Was ist **ein** Mitarbeiter? Im Handel werden viele Teilzeit- und Aushilfsmitarbeiter eingesetzt. Deren Einsatz auf eine vergleichbare Größe zu

	„normen" ist nicht ganz einfach und wird in jedem Unternehmen anders gehandhabt. Am sinnvollsten erscheint, die Anzahl der geleisteten Stunden der Teilzeit- und Aushilfsmitarbeiter zu addieren und durch die Normzahl der Monatsstunden zu dividieren (meist 173, ist aber branchen- und tarifvertragsabhängig).
Datenbeschaffung	Personalabteilung
Interpretation der Kennzahl	Viele Unternehmen zielen auf Umsatzwachstum etc. ab. Die Johansson-Gruppe will auch wachsen, ihr ist jedoch die Motivation der Mitarbeiter wichtig: Umsatzwachstum klingt nach noch mehr Arbeit, mehr Druck, mehr Stress. Mitarbeiterwachstum klingt viel positiver und erlaubt jedem, seine Zukunft im Unternehmen auszubauen, vielleicht auch als Führungskraft oder Teamleiter. Geht es um qualitatives Wachstum wäre vielleicht eine Kenngröße „Leistung [€]/Mitarbeiter [#]" oder besser „DB I [€]/Personalkosten (€)" sinnvoller; aber ist dies für die beteiligten Menschen einfach zu verstehen?
Bezug zum Buch	Kapitel 2, S. 95

17. Coopetition (Kooperationswettbewerb)

Kategorie	2. Politik und Strategie
Kennzahl	Umsatz mit Wettbewerbern [€]
Definition (Formel)	Umsatz mit Kunden, die gleichzeitig Wettbewerber sind [€]
Datenbeschaffung	Debitorenbuchhaltung
Interpretation der Kennzahl	Wenn es darum geht, die Produktionskapazitäten besser auszulasten, ist es eine Option, auch an Wettbewerber, in diesem Fall andere Bäckereien in der Region, zu liefern. Die Form der Kooperation, engl. Coopetition[87] kann frei ausgehandelt werden. Wenn also Backwaren an Verkaufsfilialen anderer Handelsunternehmen oder auch Bäckereien geliefert werden, kann dies

---

[87] http://de.wikipedia.org/wiki/Coopetition

	a) unter eigenem Namen mit definierten Preisen,
	b) als White Label88 bzw. OEM- oder Handelsmarke des Kunden
	geschehen.
	Wichtig ist hierbei natürlich, einen Deckungsbeitrag zu erzielen, mit dem die Strukturkosten gedeckt werden können.
	Im Fall der Johansson-Gruppe hat man sich entschieden, vorerst nur Bäcker zu beliefern, in deren Umgebung sich keine Johansson-Filiale befindet.
Bezug zum Buch	Kapitel 2, S. 100

18. Ausbau F+E-Bereich

Kategorie	2. Politik und Strategie
Kennzahl	Neu eingestellte F+E-Mitarbeiter [#]
Definition (Formel)	Mitarbeiter mit bestimmten Qualifikationen, die in den letzten x Monaten eingestellt worden sind [#].
Datenbeschaffung	Festzulegen ist erstens, wer ein Forschungs- und Entwicklungsmitarbeiter ist: jeder, der im Bereich F+E arbeitet (also auch die Sekretärin) oder nur forschende/entwickelnde Mitarbeiter mit entsprechender Qualifikation.
	Zweitens ist „neu" zu definieren: im Laufe des Jahres, in den letzten 12 Monaten oder?
	Und drittens, wie geht man mit ausgeschiedenen F+E-Mitarbeitern um: werden diese von der Zahl der neue eingestellten subtrahiert?
	Sicher wäre eine Kenngröße „Mitarbeiter im F+E-Bereich" [#] zielführender!

---

[88] http://de.wikipedia.org/wiki/White_label

Interpretation der Kennzahl	Der Ausbau der eigenen Entwicklungskapazitäten führt zu Innovationen, Unabhängigkeit und kann die Reputation auf den Märkten verbessern. Natürlich sollten Effektivität und Effizienz der Innovationstätigkeit beachtet, Aufwand und Ertrag durch ein entsprechendes Innovationscontrolling[89] im Gleichgewicht gehalten werden.
Bezug zum Buch	Kapitel 3, S. 119

19. Gesellschafterbeteiligung

Kategorie	2. Politik und Strategie
Kennzahl	Workshoptage mit Gesellschafterbeteiligung [#]
Definition (Formel)	Tage, an denen mit den Gesellschaftern neue Entwicklungen diskutiert bzw. vorgestellt werden [#]
Datenbeschaffung	F+E-Sekretariat
Interpretation der Kennzahl	Gesellschafter investieren Geld in ein Unternehmen und erwarten entweder Rückflüsse finanzieller Art oder Reputation.
	Wenn es gelingt, die Gesellschafter in die Entwicklung einzubeziehen bzw. über F+E-Ergebnisse zeitnah zu informieren, ist die Wahrscheinlichkeit einer Zustimmung für Investitionen größer. Wenn die Gesellschafter sogar Marktkenntnis haben (sollte zumindest in den meisten Familienunternehmen so sein!), können deren Erfahrungen für die Entwicklungsarbeit genutzt werden.
Bezug zum Buch	Kapitel 2, S. 122

20. Interesse wecken

Kategorie	2. Politik und Strategie
Kennzahl	Gemeinsame Kamingespräche [#]
Definition (Formel)	Tage, an denen mit den Interessenten- und Gesellschaftern neue Entwicklungen diskutiert bzw. vorgestellt werden [#].
Datenbeschaffung	Geschäftsführungssekretariat

---

[89] http://www.controlling-wiki.com/de/index.php/Innovationscontrolling

Interpretation der Kennzahl	Ging es bei der vorherigen Kenngröße um die Einbindung der Gesellschafter in Entwicklungsprojekte, stehen hier Interessenten im Mittelpunkt: Die Gesellschafter werden quasi als Zugpferd eingebunden, um möglichen Kunden zu zeigen, dass sie die neuen Entwicklungen unterstützen und auch die Kunden/Interessenten wertschätzen.
	Ob es um Kamingespräche im eher informellen Rahmen oder um Interessenbekundungen oder Verkaufsgespräche auf höchster Ebene geht, das Zusammensein mit Gesellschaftern, die ihr Kapital in das Unternehmen investiert haben, ehrt die möglichen Kunden und veranlasst diese häufig, Mitarbeiter auf höchster Ebene, ihren CEO/Vorstand etc. zu diesen Treffen zu entsenden.
Bezug zum Buch	Kapitel 3, S. 122

21. Ausschöpfung Kundenpotenzial

Kategorie	2. Politik und Strategie
Kennzahl	Auftragseingang [€]
Definition (Formel)	Finanzielles Volumen der in einem bestimmten Zeitraum (täglich, wöchentlich, monatlich etc.) eingegangenen Aufträge [€].
Datenbeschaffung	Vertrieb, Controllerservice, Buchhaltung
Interpretation der Kennzahl	In diesem konkreten Fall geht es um die Ausschöpfung der Kundenpotenziale; d. h. mit der Planung werden die möglichen Auftragsvolumina der Kunden (A-Kunden einzeln, B-Kunden in sinnvoller Gruppierung, C-Kunden als Summe) erfasst, der tatsächlichen Auftragseingang ermöglicht dann einen Vergleich zum eingeschätzten Potenzial. Das kann in beide Richtungen hilfreich sein:
	a) für die Suche weiterer Möglichkeiten, Kunden gezielt anzusprechen,
	b) für die Präzisierung der Potenzialeinschätzungen.
Bezug zum Buch	Kapitel 4, S. 180

22. Ermittlung von Kundenanteilen

Kategorie	2. Politik und Strategie
Kennzahl	Sparten, die mit ihren wichtigsten drei Mitarbeitern vertreten sind [%]
Definition (Formel)	Teilnahmelisten prüfen; definieren, wer als die „drei wichtigsten Mitarbeiter" für diese Konferenz gilt.
Datenbeschaffung	Vertrieb
Interpretation der Kennzahl	Das Unternehmen will das erste Mal eine gemeinsame Vertriebskonferenz aller Sparten der Gruppe organisieren. Dabei sollen Erfahrungen zur Ermittlung von Kundenanteilen ausgetauscht werden. In diesem Kontext wird es für den Erfolg der Konferenz als wichtig angesehen, dass jede Sparte mit den 3 wichtigsten Mitarbeitern vertreten ist.
Bezug zum Buch	Kapitel 4, S. 186

Kategorie 3: Mitarbeiter

23. Mitarbeiterbindung

Kategorie	3. Mitarbeiter
Kennzahl	Einbinden von Mitarbeitern durch langfristige Ergebnisbeteiligung [%]
Definition (Formel)	Langfristig am Ergebnis beteiligte Mitarbeiter [#]/alle Mitarbeiter [#]
Datenbeschaffung	Personalabteilung
Interpretation der Kennzahl	Wenn die Zielstellung dieser Kenngröße lediglich eine Einkommensverbesserung für die Mitarbeiter wäre, müsste die Kennzahl unter der Kategorie 6 „mitarbeiterbezogene Ergebnisse" aufgeführt werden. Hier geht es um das Ziel, Mitarbeiter und deren Know-how an das Unternehmen zu binden. Annahme: Wer ergebnisbeteiligt ist, wird das Unternehmen eher nicht verlassen und sich besonders stark für sein Unternehmen engagieren. Besonders zielführend ist es, die Leistungsprämien gestaffelt auszuzahlen: 1/3 sofort, 1/3 im Folgejahr und das letzte Drittel nach 2 Jahren (o. Ä.), wobei die Auszahlung nicht

	erfolgt, wenn der Mitarbeiter gekündigt hat oder ausgeschieden ist. Häufig verwendet man bei dieser Zielstellung die Kenngröße „Kündigungen", genauer von Mitarbeitern eingereichte Kündigungen. Aber eigentlich sollte man die eingereichten Kündigungen aller (festzulegenden) Leistungsträger zählen. Nur: Dann ist es meist zu spät! Frühindikatoren ermöglichen eine frühzeitige Steuerung.
Bezug zum Buch	Kapitel 2, S. 60

24. Schulungstage

Kategorie	3. Mitarbeiter
Kennzahl	Schulungstage [#]
Definition (Formel)	Anzahl Schulungstage (intern wie extern) – mit mehr als 5 Stunden Abwesenheit vom Arbeitsplatz
Datenbeschaffung	Personalabteilung
Interpretation der Kennzahl	Ohne Fortbildung geht heute nichts mehr, auch in einem Handwerksbetrieb: neue Technologien, Führungsfähigkeiten, Präsentationstechniken etc. sind notwendig, um erfolgreich am Markt bestehen zu können. Schulungstage können hierfür bei entsprechender Konditionierung ein gutes Maß sein. Nicht jede Schulung ist sinnvoll und zielführend. Für jeden Mitarbeiter sollte zumindest jährlich in einem Mitarbeitergespräch gemeinsam mit der jeweiligen Führungskraft besprochen werden, für welche Thematik Schulungsbedarf besteht. Diese Anforderungen werden gesammelt und daraus Schulungspläne erstellt. Jedoch: Eine bloße Teilnahme allein ist nicht ausreichend; zumindest sollten aus jeder Schulung ein oder zwei Ideen mitgenommen werden, die man im Unternehmen umsetzen möchte – und diese sollten in der eigenen Abteilung diskutiert, besprochen und ggf. eingeführt werden.
Bezug zum Buch	Kapitel 2, S. 61 ...

25. Mitarbeiterengagement

Kategorie	3. Mitarbeiter
Kennzahl	Teilnahmequote [%]
Definition (Formel)	Mitarbeiter, die an xxx (in diesem Fall: wöchentliche Teambesprechung) teilgenommen haben [#]/alle Mitarbeiter [#].
Datenbeschaffung	Meldung aus den Unternehmensteilen über die zentrale Personalabteilung
Interpretation der Kennzahl	Engagement, die Bereitschaft, sich engagiert für sein Team, für seine Unternehmenseinheit einzusetzen kann auf vielfältige Weise gemessen werden – man muss nur auf konkret vereinbarte Tätigkeiten schauen! Sicherlich ist die wöchentliche Teambesprechung Voraussetzung für gemeinsames zielorientiertes Handeln. Wenn hier von der Teamleitung zu stark angeordnet wird, geht das Interesse an der Teilnahme sicherlich zurück; es gibt immer Gründe, nicht teilnehmen zu können, zu müssen! Gehen die Quoten zurück oder liegen diese permanent nicht im erwarteten Zielkorridor, so sollte die Unternehmensleitung einen Teamcoach zum betroffenen Team entsenden, um die Situation zu begutachten und ggf. Hilfestellung geben zu können. Meist erkennt man Schwächen im Führungsverhalten, die dann durch Schulungsmaßnahmen etc. verringert oder sogar abgestellt werden können.
Bezug zum Buch	Kapitel 2, S. 64

26. Kennenlernen der Prozesskette

Kategorie	3. Mitarbeiter
Kennzahl	Beteiligte Azubis bzw. Mitarbeiter an …
Definition (Formel)	Auszubildende bzw. Mitarbeiter, die für einen zu definierenden Zeitraum bei Lieferanten oder Kunden mitarbeiten [#].
Datenbeschaffung	Personalabteilung
Interpretation der Kennzahl	In den beschriebenen Beispielen ist es das Ziel, dass möglichst viele/alle Azubis und/oder Verkäufer für wenigstens eine Woche quasi als Praktikant bei wichtigen Lieferanten/

	Kunden mitarbeiten, um aus anderen Unternehmen andere Strukturen aufzunehmen und ggf. Verbesserungsideen im eigenen Betrieb einzuführen. Nutzen Sie diese Chance!
	Die Mitarbeiter lernen so häufig neue Sichten kennen und können – sofern sinnvoll – neue Verfahren für eine verbesserte Prozesskette im eigenen Unternehmen einführen.
	Auch in dem beschriebenen Beispiel kann es sinnvoll sein, mal einige Zeit bei Großabnehmern mitzuarbeiten und den dortigen Kollegen Hinweise auf andere Backwaren zu geben, um deren Kundenzufriedenheit zu verbessern.
	Während der Krise 2008/2009 hat ein Kundenunternehmen einen Teil seiner Produktionsmitarbeiter sogar kostenlos bei Kunden mitarbeiten lassen. Die haben dort nicht nur die spezifischen Kundenanforderungen kennengelernt, die dann später zu verbesserten, kundenorientierteren Prozessen im eigenen Unternehmen führten, sondern auch die Kunden-Kollegen als Menschen erlebt. Später wurden auftretende Probleme von „Werker zu Werker" gelöst, schnell, kostengünstig und unkompliziert.
Bezug zum Buch	Kapitel 2, S. 64

27. Kennenlernen der (internen) Produktionsvielfalt

Kategorie	3. Mitarbeiter
Kennzahl	Beteiligte Azubis/Mitarbeiter[#]
Definition (Formel)	An Aktivitäten beteiligte Auszubildende/Mitarbeiter [#]
Datenbeschaffung	Personalabteilung
Interpretation der Kennzahl	Konkret geht es hier um das Kennenlernen der unterschiedlichen Prozesse, Arbeitsverfahren etc., die in anderen Unternehmensteilen der Johansson-Bäckereigruppe angewandt werden.
	Lernen kann man vielfältig, jedoch hat das Mitarbeiten bei und mit anderen Kollegen zumeist einen viel größeren Einfluss auf das Gelingen von Veränderungsprozessen. Es ist immer möglich, die Kollegen um Unterstützung, Hilfe, um deren Einschätzung zu fragen, kann diese auch aktiv einbinden. Zudem fördert es den Zusammenhalt.
Bezug zum Buch	Kapitel 2, S. 64

28. Betriebswirtschaftliche Kenntnisse

Kategorie	3. Mitarbeiter
Kennzahl	Teilnehmer an betriebswirtschaftlichen Schulungen [#]
Definition (Formel)	Teilnehmer an betriebswirtschaftlichen Schulungen [#] Es ist festzulegen, was als „betriebswirtschaftliche Schulung" angesehen werden soll.
Datenbeschaffung	Personalabteilung
Interpretation der Kennzahl	In vielen Unternehmen ist das Verständnis für betriebswirtschaftliche Zusammenhänge schwach ausgeprägt, sollte aber zumindest bei allen Führungskräften vorhanden sein. Häufig werden intern entsprechende Kurse angeboten, zuweilen auch in Zusammenarbeit mit Kammern, Verbänden etc.
Bezug zum Buch	Kapitel 2, S. 66

29. Rotation

Kategorie	3. Mitarbeiter
Kennzahl	Mitarbeiterflexibilität [%]
Definition (Formel)	Mitarbeiter, die zeitweise in den letzten 24 Monaten an anderer Stelle mitarbeiten [#]/alle Mitarbeiter [#]
Datenbeschaffung	Personalabteilung
Interpretation der Kennzahl	Es geht hierbei um zwei Seiten der gleichen Medaille. Rotationen der Mitarbeiter führen zu: a) Flexibilität (Aushilfe in anderen Bereichen), b) Umsetzung von in anderen Unternehmensbereichen gemachten Erfahrungen im eigenen Unternehmensteil. Führungskräfte sollten dafür sorgen, dass ihre Mitarbeiter nicht immer nur dasselbe machen, sondern durch das Mitwirken in anderen Unternehmensteilen neue Erfahrungen sammeln können – und dann bei Bedarf ggf. auch dort aushelfen können.
Bezug zum Buch	Kapitel 2, S. 66

30. Sprachkenntnisse

Kategorie	3. Mitarbeiter
Kennzahl	Sprachkursteilnehmer [#]
Definition (Formel)	Teilnehmer an Sprachkursen [#]
Datenbeschaffung	Personalabteilung
Interpretation der Kennzahl	Wahrscheinlich haben die meisten Unternehmen in Europa Kontakt zu nicht deutsch sprechenden Kunden wie Lieferanten. Und hier geht es nicht nur um Geschäftsleitung und Vertrieb; nein, auch der Pförtner, die Sekretärin – oder in Fall der Bäckereigruppe Johansson die Verkäuferinnen – werden von Kunden-Mitarbeitern angesprochen. Daher sind Sprachkenntnisse unabdingbar.
	Interne Sprachkurse motivieren mehr zum Sprachen Lernen als externe Angebote, weil bei internen Veranstaltungen mehr auf die Spezifik des Kundenkontaktes eingegangen werden kann. Wer ausländische Filialen oder Niederlassungen hat, kann die Sprachausbildung auch dort organisieren – dann kann man gleich praktisch üben.
Bezug zum Buch	Kapitel 2, S. 129

31. Mitarbeiter einbeziehen

Kategorie	3. Mitarbeiter
Kennzahl	# Pilot-Initiativen zu M^3 (= Menschen machen's möglich)
Definition (Formel)	Wenn definiert ist, was als M^3-Pilotinitiativen gelten soll, werden diese gezählt (Protokolle).
Datenbeschaffung	Personalabteilung
Interpretation der Kennzahl	M^3 ist ein Format für Teamtreffen, auf denen die Mitarbeiter ihre konkreten Beiträge zur Strategieumsetzung besprechen können. Mit der Kenngröße soll gesteuert werden, dass mithilfe einiger Pilot-Initiativen ausprobiert wird, wie solche M^3-Treffen in dem Unternehmen konkret strukturiert und vorbereitet werden sollen.
Bezug zum Buch	Kapitel 4, S. 188

Kategorie 4: Partnerschaften und Ressourcen

32. Lieferantenabhängigkeit

Kategorie	4. Partnerschaften und Ressourcen
Kennzahl	Lieferanteil des Lieferanten [%]
Definition (Formel)	Einkaufsvolumen beim Lieferanten [€]/Einkaufsvolumen insgesamt [€]
Datenbeschaffung	Finanzbuchhaltung (Kreditoren)
Interpretation der Kennzahl	Die Kennzahl zeigt die gewollte oder nicht gewollte Abhängigkeit vom jeweiligen Lieferanten auf. Prinzipiell sind Abhängigkeiten im Geschäftsleben nicht zu vermeiden. Es darf nur nicht zu einseitig werden. Deshalb gilt es einzuschätzen, inwieweit ein (erzwungener) Wechsel mit übermäßigem Aufwand verbunden ist.
	Auch wenn es sinnvoll sein kann, sich auf wenige Lieferanten zu beschränken, sollte das Beschaffungsvolumen auf wenigstens zwei Partner aufgeteilt werden um, strategisch gesehen, die Abhängigkeiten entsprechend zu teilen.
	Diese Kenngröße könnte also ebenso gut der EFQM-Kategorie 2. Politik und Strategie zugeordnet werden.
Bezug zum Buch	Kapitel 2, S. 60

33. Lieferanteil von Abrufaufträgen

Kategorie	4. Partnerschaften und Ressourcen
Kennzahl	Lieferanteil der Lieferanten mit Abrufaufträgen [%]
Definition (Formel)	Umsatz mit Lieferanten, mit denen Abrufaufträge verhandelt sind [€]/Gesamtumsatz mit Lieferanten
Datenbeschaffung	Kreditorenbuchhaltung
Interpretation der Kennzahl	Für die Flexibilität der internen Abläufe ist es hilfreich, wenn Rohstoffe, Waren oder Dienstleistungen über zentrale Abrufaufträge bezogen werden können, um die Lieferungen an den Bedarf anzupassen und nicht für jeden Fall neue Verhandlungen führen zu müssen.
Bezug zum Buch	Kapitel 2, S. 64

34. Einbindung Kunden

Kategorie	4. Partnerschaften und Ressourcen
Kennzahl	Kundenschnuppertage [#]
Definition (Formel)	Kunden-Mitarbeiter, die sich an zu definierenden Aktivitäten beteiligen [#]
Datenbeschaffung	aus dem gesamten Unternehmen
Interpretation der Kennzahl	Im beschriebenen Beispiel geht es um die Mitarbeiter von Großkunden (hier Hotels, Unternehmenskantinen), die durch ein eintägiges „Schnuppern" ihren Lieferanten für Backwaren kennenlernen sollen. Dadurch wird ganz praktisch die Leistungsfähigkeit als Lieferant unter Beweis gestellt und – ganz wichtig – ein persönlicher, partnerschaftlicher Kontakt zwischen Abnehmer und Lieferant hergestellt. Häufig kann man auch erleben, dass durch das „Hineinschnuppern" konkrete Anregungen und Wünsche der Kunden erfasst werden, was zu mehr Verständnis miteinander führt. Ferner kann durch derartige Aktionen intern Bewusstsein für die spezifischen Wünsche der Kunden, vielleicht sogar für neue Produktentwicklungen gefördert werden. Reputation und Kundentreue sind wichtige Faktoren für den Geschäftserfolg; unter einem solchen Aspekt würden solche Aktionen dann ein eher strategisches Ziel verfolgen. Das Zile kann dann auch mit wenig Aufwand mittels dieser Kenngröße gemessen werden.
Bezug zum Buch	Kapitel 2, S. 64

35. Kundentreffen

Kategorie	4. Partnerschaften und Ressourcen
Kennzahl	Kundentreffen [#]
Definition (Formel)	Persönliche Gespräche mit Kunden (beim Kunden oder im eigenen Unternehmen, keine Telefonate, keine Messen etc.), mit denen ein Umsatz > 12 T€ p.a. gemacht wird [#]
Datenbeschaffung	Dezentral in den jeweiligen Unternehmensteilen.

Interpretation der Kennzahl	Dies ist Messgröße für die Intensität der Beziehungsqualität zu den (wichtigsten) Kunden.
	Der Aufbau enger Beziehungen zu den wichtigsten Kunden gehört zu den wichtigsten Aufgaben der Führungskräfte eines Unternehmens.
	Diese Kenngröße sollte für alle Führungskräfte, nicht nur für die, die im Vertrieb arbeiten, genutzt werden. Auch die Produktionsverantwortlichen sollten den Erfahrungsaustausch mit den wichtigsten Kunden suchen. Und schadet es, wenn auch z. B. Produktions- oder Verkaufsmitarbeiter die Chance bekommen, die wichtigsten Kunden persönlich kennenzulernen? Dies führt häufig zu persönlichem Engagement.
Bezug zum Buch	Kapitel 2, S. 66 ...

36. Aktionsergebnis

Kategorie	4. Partnerschaften und Ressourcen
Kennzahl	Zusatzumsatz aus Großkunden-Kaffeeaktion [€]
Definition (Formel)	Aktionsbezogener Umsatz [€]
Datenbeschaffung	Debitorenbuchhaltung, wobei bestimmte Umsätze wohl vom Vertrieb extra gekennzeichnet und dann auf spezifische Unterkonten verbucht werden müssen – also ein nicht unerheblicher Aufwand.
Interpretation der Kennzahl	Aus welchen Gründen auch immer, Sonderverkaufsaktionen gibt es in fast jedem Unternehmen. Hier ging es darum, über bestimmte Aktionen Großkunden an das Unternehmen zu binden. Dadurch erhält diese Kenngröße eine strategische Ausrichtung.
	Für diese Aktionen sollte nicht nur der Aufwand, sondern auch der Ertrag verbucht werden, um den Aktionserfolg messen und dann auch interpretieren zu können.
Bezug zum Buch	Kapitel 2, S. 88

37. Coopetition/Kooperation

Kategorie	4. Partnerschaften und Ressourcen
Kennzahl	Kooperationspartner [#]
Definition (Formel)	Kooperationspartner [#]
Datenbeschaffung	Beschaffung/Einkauf
Interpretation der Kennzahl	Gibt es nicht immer Möglichkeiten, gemeinsam mit Wettbewerbern Win-win-Situationen zu schaffen? Wettbewerber sind auch für das eigene Unternehmen eminent wichtig, sorgen diese doch dafür, dass man nicht gegebene Situationen für ewig geltend hält, dass man sich immer wieder anstrengt. Auch viele Kunden legen Wert auf das Vorhandensein von wenigstens zwei Lieferanten. Jedoch ist es sinnvoll, dass Kooperationen mit Wettbewerbern mit der Geschäftsleitung und dem Vertrieb abgesprochen werden und nicht hinderlich für die eigenen Vertriebsanstrengungen sind.
Bezug zum Buch	Kapitel 2, S. 97

38. Innovationspartnerschaft

Kategorie	4. Partnerschaften und Ressourcen
Kennzahl	Einsatztage der Wissenschaftler/Studenten der TU-B in Backstuben der Johansson-Gruppe [#]
Definition (Formel)	Einsatztage [#]
Datenbeschaffung	Spezielle Datenbeschaffung in den Unternehmensbereichen, in denen Partner tätig werden. Sofern diese Partner bezahlt werden, können die Daten von der Kreditorenbuchhaltung bzw. vom Personalwesen ermittelt werden.
Interpretation der Kennzahl	Externe Mitarbeiter, seien es Wissenschaftler, Berater oder Studenten, haben den großen Vorteil, dass Sie das Unternehmen mit all seinen Prozessen von außen und damit unbelastet und unvoreingenommen betrachten und Verbesserungshinweise geben können. Gerade in mittelständisch geprägten Unternehmen herrscht die Ansicht vor, dass Externe zu teuer wären, und zudem

	die Mitarbeiter von der Arbeit abhalten. Mit dieser Einstellung werden Innovationen und grundsätzlich veränderte Arbeitsprozesse erschwert! Gerade beim Einsatz von Studenten oder Mitarbeitern von Universitäten sind die Kosten normalerweise recht gering – und es werden häufig innovative Lösungen angedacht.
	Häufig ergeben sich durch diese Kontakte zu Studenten oder jungen Wissenschaftlern die Möglichkeit, diese gut kennenzulernen und dann im Unternehmen einzustellen. Die Kenngröße sollte dann jedoch in die EFQM-Kategorie Mitarbeiter eingereiht werden.
Bezug zum Buch	Kapitel 2, S. 100

39. Kooperation mit Kunden

Kategorie	4. Partnerschaften und Ressourcen
Kennzahl	Gemeinsame Entwicklungen [#]
Definition (Formel)	Es werden die gemeinsam mit Kunden durchgeführten Entwicklungsprojekte erfasst.
Datenbeschaffung	Entwicklung, Controllerservice
Interpretation der Kennzahl	Mit dieser Kenngröße soll der Ausbau der Kooperation mit wichtigen Kunden gesteuert werden. Die strategische Kundenbindung wird durch erfolgreiche gemeinsame Entwicklungen maßgeblich gefördert. Das setzt ein hohes Maß an gegenseitigem Vertrauen und erlebter Zuverlässigkeit voraus. Gleichzeitig eröffnen solche Kooperationen auch weitere Steuerungsmöglichkeiten – z. B. für die Effizienz von Produktlebenszyklen unter Einbeziehung der Geschäftsprozesse des Kunden (Total Cost of Ownership[90]) oder eine Zielkostenplanung (Target Costing[91]), die einbezieht, welche Bedeutung bestimmte Produkt-Eigenschaften für den Kunden haben.
	Die Kenngröße kann auch der Kategorie 7 – kundenbezogene Ergebnisse – zugeordnet werden.
Bezug zum Buch	Kapitel 4, S. 181

---

[90] Siehe http://www.controlling-wiki.com/de/index.php/Total_Cost_of_Ownership
[91] Siehe http://www.controlling-wiki.com/de/index.php/Target_Costing

40. Kooperation mit Partnern

Kategorie	4. Partnerschaften und Ressourcen
Kennzahl	Gemeinsame Entwicklungen [#]
Definition (Formel)	Es werden die gemeinsam mit Kunden durchgeführten Entwicklungsprojekte erfasst
Datenbeschaffung	Entwicklung, Controllerservice
Interpretation der Kennzahl	Dies ist ein Beispiel für die Nutzung einer namensgleichen Kenngröße für einen anderen Zweck. Geht es bei der vorigen Kenngröße um die Entwicklungszusammenarbeit mit Kunden steht hier die Kooperation mit Kompetenzpartnern im Fokus. Ansonsten gilt das zur Lebenszyklussteuerung und Zielkostenplanung Gesagte analog.
Bezug zum Buch	Kapitel 4, S. 181

41. Effizienzworkshop mit Lieferanten

Kategorie	4. Partnerschaften und Ressourcen
Kennzahl	Workshop durchgeführt (ja/nein)
Definition (Formel)	Bestätigung der Durchführung
Datenbeschaffung	Einkauf
Interpretation der Kennzahl	Die Kenngröße ist rein aktionsbezogen. Mit zwei strategischen Lieferanten soll einen Workshop durchführt werden, um Möglichkeiten einer kurzfristig umsetzbaren gemeinsamen Effizienzsteigerung auszuloten.
	Hier war zum Zeitpunkt der Festlegung noch nicht klar, welches Ergebnis erwartet werden kann; deshalb das „Ausloten". In solchen Fällen ist es zweckmäßig, erst einmal im Auge zu haben, dass es zu dem Workshop kommt, damit man dort gemeinsam festlegen kann, welches Ergebnis angestrebt werden soll und wie.
Bezug zum Buch	Kapitel 4, S. 186

42. Identifikation strategischer Partner

Kategorie	4. Partnerschaften und Ressourcen
Kennzahl	Akzeptierte Kriterien [#]
Definition (Formel)	Protokoll mit Unterschriften
Datenbeschaffung	Einkauf
Interpretation der Kennzahl	Die gemeinsame Erarbeitung von Anforderungs-Kriterien für strategische Partnerschaften verläuft für eine Unternehmensgruppe, die aus selbstständig am Markt operierenden Sparten besteht, nicht immer ohne Konflikte. Deshalb ist es ein wichtiges Ergebnis, wenn ein Protokoll mit den Unterschriften aller Verantwortlichen zustande kommt. Das kann dann als gemeinsame Grundlage für eine spartenübergreifende Zusammenarbeit genutzt werden.
Bezug zum Buch	Kapitel 4, S. 188

Kategorie 5: Prozesse

43. Meilenstein

Kategorie	5. Prozesse
Kennzahl	Meilenstein: entschieden
Definition (Formel)	Wenn man nicht genau weiß, wie eine Zielerreichung gemessen werden soll, wird gern „Meilenstein" genommen. Faktisch ist dies jedoch nur eine Verschiebung der Definitions-Arbeit, denn für jeden der avisierten Meilensteine ist – eindeutig und nachvollziehbar - festzulegen, wie das Ziel, der Meilenstein „erreicht" gemessen werden soll!
Datenbeschaffung	Der verantwortliche Mitarbeiter selbst muss die Einschätzung geben.
Interpretation der Kennzahl	Im beschriebenen Beispiel sollte eine neue Fertigung aufgebaut werden: Es wurden zwei Meilensteine festgelegt: „in 2004 entschieden" und „in 2005 eingeweiht". Definiert werden muss jedoch, was heißt „entschieden"? Vertragsunterzeichnung, erfolgte Ausschreibung, interne Entscheidung ...?

	Gleiches gilt für „eingeweiht": Bauabnahme, Einzug, Produktionsbeginn, öffentliche Einweihungsfeier o. Ä.?
Bezug zum Buch	Kapitel 2, S. 61

44. Informationsbeschaffung

Kategorie	5. Prozesse
Kennzahl	Gespräche mit Techniklieferanten [#]
Definition (Formel)	Vorab muss das Wort „Gespräch" für alle Beteiligten einheitlich geklärt werden: ist jedes Gespräch, also auch ein kurzer Telefonkontakt, vielleicht sogar mit einer Sekretärin ein Gespräch?
Datenbeschaffung	Auch muss festgelegt werden, wer die Daten erfasst. Am besten, ein Unternehmen verfügt über ein CRM-System[92] und alle haben nicht nur Zugriff, sondern haben auch erfahren, dass es hilfreich ist, wenn alle Aktivitäten dort dokumentiert sind ...
Interpretation der Kennzahl	Immer wieder hören wir den Einwand: „Man weiß doch gar nicht, ob in diesem Gespräch wichtige Dinge besprochen werden." Dies ist richtig, aber auch informelle oder sogar persönliche Gesprächsinhalte dienen dem Eingehen neuer Partnerschaften mit Lieferanten oder der Kundenbindung. Jede Beziehung braucht ihre „Chemie" – die will aufgebaut werden. Und ohne einleitende Aktivitäten wie z. B. derartige Gespräche wird man nie zu guten Lieferanten wie Kunden- oder Interessentenbeziehungen kommen und so auch nicht „das Gras wachsen hören"!
Bezug zum Buch	Kapitel 2, S. 66

---

[92] Customer-Relationship-Management, kurz CRM (dt. Kundenbeziehungsmanagement). Eine speziell auf das Kunden- wie Partnerbeziehungsmanagement zugeschnittene Software wird CRM-System genannt. Das ist eine Datenbankanwendung, die eine strukturierte und gegebenenfalls automatisierte Erfassung sämtlicher Partnerkontakte und -daten ermöglicht. Diese Daten unterstützen durch ihre permanente und umfassende Verfügbarkeit die Arbeit von Vertriebsmitarbeitern in vielen Hinsichten.

In größeren Unternehmen werden die Daten des CRM-Systems häufig in einem Data-Warehouse für eine weitergehende manuelle oder automatische Auswertung mittels Data-Mining oder OLAP zur Verfügung gestellt.

Aus: http://de.wikipedia.org/wiki/Customer-Relationship-Management

45. Prozesskenntnis

Kategorie	5. Prozesse
Kennzahl	Geschulte Mitarbeiter [#]
Definition (Formel)	Die Definition von „geschult" muss erarbeitet/festgelegt werden.
Datenbeschaffung	Personalabteilung
Interpretation der Kennzahl	Auch das ist eine Kenngröße, die man je nach Zweck verschiedenen Kategorien zuordnen kann.
	Wenn das Übliche „teilgenommen an" verwendet wird, ist dies leicht, aber bedeutet eine Teilnahme an Schulungsmaßnahmen auch wirklich die Fähigkeit, das Erlernte anwenden zu können?
	Als Variante könnten Wissenstests genutzt werden, jedoch auch hier gilt: Wissen allein ist nicht ausreichend, um anwenden zu können. Erst die Übung, das Anwenden von gelernten Prozessen ist das relevante strategische Potenzial.
	Jedoch: als Frühindikator ist „Teilnahme an Schulungen" sinnvoll und zudem einfach zu messen. Die Vorgesetzten haben aber immer darauf zu achten, dass eine Fortbildung auch zu konkreten Ergebnissen führt!
Bezug zum Buch	Kapitel 2, S. 89

46. Verbesserungsmanagement

Kategorie	5. Prozesse
Kennzahl	Aufgegriffene Ideen von Mitarbeitern [#]
Definition (Formel)	Hoffentlich wird mit „aufgegriffen" „umgesetzt" gemeint. Denn darum geht es! Er legt fest, dass eine Idee, ein Verbesserungsvorschlag auch wirklich umgesetzt wurde. Klassisch ist es die Personalabteilung, die den Verbesserungsprozess mit einer Prämienzahlung abschließt – hoffentlich zeitnah.
Datenbeschaffung	Personalabteilung
Interpretation der Kennzahl	Es sind genug Bücher über den Erfolg von Verbesserungsvorschlagwesen geschrieben worden – nur warum funktionieren diese so selten?

	Wahrscheinlich, weil die Kommunikation über die erreichten Ergebnisse, die Würdigung der Einreicher, kurz die Wertschätzung der Menschen im Unternehmen, die sich Gedanken über die Zukunft machen, nicht erfolgt!
	Zu oft wird ein eher bürokratisches „VV-Wesen" organisiert; schon der Name ist abschreckend. Wenn dann noch mit „Bescheiden" gearbeitet wird, ist die Nähe zur Verwaltung sehr groß. Aber Spontaneität und Kreativität ersticken, wenn wir anfangen, sie zu verwalten.
Bezug zum Buch	Kapitel 2, S. 89

47. Aktive Mitarbeit an Verbesserungsprozessen

Kategorie	5. Prozesse
Kennzahl	Teilnahme Mitarbeiter an KVP[93]-Zirkeln [#]; besser: in KVP-Zirkeln engagierte Mitarbeiter [%]
Definition (Formel)	Mitarbeiter, die aktiv in KVP-Zirkeln mitarbeiten [#].
Datenbeschaffung	Personalabteilung
Interpretation der Kennzahl	Voraussetzung für einen erfolgreichen KVP-Prozess ist, dass die KVP-Teams selbst zur direkten Umsetzung ihrer Ideen ermächtigt sind und dazu die notwendigen Ressourcen zur Verfügung gestellt bekommen. Und es sollten möglichst alle Mitarbeiter an diesem Prozess beteiligt werden (daher sind die % zielorientierter).
	Gerade in technisch orientierten Unternehmen haben wir sehr gute Erfahrung mit KVP gemacht; die Schulung der Mitarbeiter/der KVP-Moderatoren ist notwendige Voraussetzung für den Erfolg.
Bezug zum Buch	Kapitel 2, S. 120

---

[93] Kontinuierlicher Verbesserungsprozess (KVP) [engl.: Continuous Improvement Process (CIP)] ist eine Denkweise, die mit stetigen Verbesserungen in kleinen Schritten die Wettbewerbsfähigkeit der Unternehmen stärken will. KVP bezieht sich auf die Produkt-, die Prozess- und die Servicequalität. KVP wird im Rahmen von Teamarbeit durch fortwährende kleine Verbesserungsschritte (im Gegensatz zu Innovationen in Form großer, einschneidender Neuerungen) umgesetzt. KVP ist ein Grundprinzip des Qualitätsmanagements und unverzichtbarer Bestandteil der ISO 9001 und ist mit dem japanischen Kaizen vergleichbar.
aus: http://de.wikipedia.org/wiki/Kontinuierlicher_Verbesserungsprozess

48. konsequentes Qualitätsmanagement

Kategorie	5. Prozesse
Kennzahl	Prävention in vorgelagerten Bereichen [#]
Definition (Formel)	Fehler, die vor dem letzten Prozessschritt gemacht worden sind [#].
Datenbeschaffung	Meisterbüros in der Produktion
Interpretation der Kennzahl	Ein Leben ohne Fehler (= gemachte, hoffentlich nicht zu teure Lern-Erfahrungen) ist nicht möglich. Aber wir sollten darauf achten, dass das Lehrgeld nicht zu hoch wird. Aus Fehlern soll man lernen, deshalb muss der Verursacher der Fehler möglichst unverzüglich die Chance erhalten, selbst den Fehler zu beheben. Schlimm sind Fehler, die spät festgestellt werden und dadurch hohe Kosten (Nacharbeit oder durch den Ausschuss erforderliche weitere kostenträchtige Prozessschritte) verursachen, die in einem späteren Prozessschritt nachgebessert werden. Was soll dabei gelernt werden? Konsequentes Fehlermanagement setzt hier an: Jeweils am Anfang eines Prozessschrittes wird geprüft und fehlerhafte Ware (Vorprodukte etc.) zur Fehlernachbearbeitung an die übergebende Stelle zurückgegeben.
Bezug zum Buch	Kapitel 2, S. 128

49. Identifikation von Fehl- und Blindleistungen

Kategorie	5. Prozesse
Kennzahl	# arbeitsfähiger Teams
Definition (Formel)	Jedes Team, das in der Lage ist, selbstständig strukturierte Arbeitsplatzanalysen durchzuführen, wird gezählt. Dabei ist zu klären, unter welchen Voraussetzungen ein Team als „arbeitsfähig" gilt – z. B. mit oder ohne einen Coach/Moderator.
Datenbeschaffung	Personalabteilung (sofern sie auch für die Organisationsentwicklung zuständig ist)
Interpretation der Kennzahl	Diese Kennzahl trägt dazu bei, die Effizienzreserven eines Unternehmens aufzudecken. Sie setzt eine systematische

	und strukturierte Analyse der Arbeitsvorgänge und Prozesse voraus.
	Dazu sollen im beschriebenen Fall kleine Gruppen gebildet werden, die in jeder Sparte die Arbeitsabläufe der 10 wichtigsten Prozesse durchgehen.
	Dabei werden folgende Kategorien erfasst:
	• Nutzleistungen; sie sind vom Kunden bezahlte Leistungen (z. B. Konstruktion, Montage, Marketing, Einkauf, Service - soweit sie im Preis durchsetzbar sind),
	• Stützleistungen; sie unterstützen die Nutzleistungen, werden jedoch nicht vom Kunden bezahlt (z. B. Rüsten, Transporte, Prüfen, unbezahlter Service),
	• Blindleistungen; sie erhöhen die Kosten ohne Nutzen für den Kunden (z. B. Doppelarbeit, ungeplante Änderungen, nicht geforderte Spezifikationen, Bürokratie),
	• Fehlleistungen; sie erhöhen die Kosten und führen zur Minderung der bezahlbaren Leistung (z. B. Ausschuss, Nacharbeit, Fehlfolgen beim Kunden, Störungen).
	In der Praxis wird diese Kombination auch als „Effizienztreppe" bezeichnet. Das Ziel besteht darin, durch eine bessere Arbeitsplatzorganisation effizientere Prozesse zu gestalten (innerhalb und zwischen den Unternehmensteilen), dadurch den Anteil der Nutzleistungen zu erhöhen und diese dann zusätzlich zu verkaufen.
Bezug zum Buch	Kapitel 4, S. 186

50. Finanzierung der Zukunft

Kategorie	5. Prozesse
Kennzahl	Leistungskraft je Sparte[94]
Definition (Formel)	Eigenleistung (Rohertrag)/Personalkosten
Datenbeschaffung	Buchhaltung
Interpretation der Kennzahl	Der Rohertrag (Rohgewinn oder Bruttoertrag [engl. Gross Profit], im Handel auch „Handelsspanne" genannt) bezeichnet die Differenz zwischen Umsatz und Waren- bzw. Materialeinsatz sowie Fremdbezug von Leistungen eines Unternehmens.

---

[94] Wird in der Praxis auch als Man Power Index (MPI) bezeichnet.

	Die Personalkosten bestehen aus den Kosten für Gehälter und Löhnen (auch: Lohnkosten) sowie den Kosten für soziale Aufwendungen und den Personalnebenkosten (z. B. Entgeltfortzahlungen oder Fortbildungsmaßnahmen).
	Der MPI, Rohertrag/Personalkosten, besitzt eine hohe Aussagekraft bezüglich der Effektivität des Personaleinsatzes, der Qualifizierung der Mitarbeiter und der technischen Ausstattung im Unternehmen. Nicht die absolute oder relative Höhe der Personalkosten ist im Vergleich mit anderen Produktionsstätten relevant, sondern die Produktivität im Verhältnis zu den Löhnen und Gehältern. Daher bietet der MPI, Rohertrag zu Personalkosten, eine gute branchenübergreifende Vergleichsbasis.[95]
	In dem konkreten Fall dient die Kenngröße dazu, die defizitären Bereiche des Unternehmens darauf zu orientieren, mit dem operativen Geschäft wieder Geld zu verdienen.
Bezug zum Buch	Kapitel 4, S. 191

51. kooperative Innovationskraft umsetzen

Kategorie	5. Prozesse
Kennzahl	Anfragen potenzieller Kunden [#]
Definition (Formel)	Wenn definiert wurde, was „potenzielle Kunden" sind, werden ihre Anfragen im CRM-System (oder auf Listen) vermerkt und gezählt.
Datenbeschaffung	CRM-System, Vertrieb
Interpretation der Kennzahl	Im konkreten Fall ging es darum, das Effizienzmanagement von Geschäftsprozessen als gemeinsames Geschäftsfeld der Unternehmensgruppe zu etablieren. Wenn ein Konzept vorliegt, muss geprüft werden, ob es Chancen hat, sich in der Praxis zu bewähren. Dafür dient die Anzahl der Anfragen als ein Frühindikator.
	Die Kenngröße kann auch der Kategorie 7 – kundenbezogene Ergebnisse – zugeordnet werden.
Bezug zum Buch	Kapitel 4, S. 208

---

[95] Vgl. http://www.controlling-wiki.com/de/index.php/Man_Power_Index_(MPI).

Kategorie 6: Mitarbeiterbezogene Ergebnisse

52. Schlechtes Management

Kategorie	6. Mitarbeiterbezogene Ergebnisse
Kennzahl	Entlassungen [#]
Definition (Formel)	Entlassungen und Kündigungen [#]
Datenbeschaffung	Personalabteilung
Interpretation der Kennzahl	Fast alle Mitarbeiter haben während der Betriebszugehörigkeit vielfältiges praxisorientiertes Wissen und Erfahrungen aufgebaut, das durch deren Fortgang verloren geht.
	Es geht hierbei um die Mitarbeiter, denen „betriebsbedingt" gekündigt wird, denen nicht im Veränderungsprozess neue Beschäftigungsmöglichkeiten angeboten werden konnten. Es geht auch um die Mitarbeiter, die von sich aus gekündigt haben, weil sie nicht von Führungskräften wertgeschätzt wurden, weil die Tätigkeiten nicht ihren Erwartungen und Wünschen entsprachen.
	Um es klar zu sagen: personenbedingte und verhaltensbedingte Kündigungen sind immer wieder notwendig; betriebsbedingte Kündigungen sind ein Zeichen für schlechtes Management.
Bezug zum Buch	Kapitel 2, S. 60

53. Leistung pro Mitarbeiter

Kategorie	6. Mitarbeiterbezogene Ergebnisse
Kennzahl	Umsatz/Mitarbeiter [€]
Definition (Formel)	Umsatz [€]/Mitarbeiter [#]
	Nein, leider nicht so einfach: Mit oder ohne Erlösschmälerung? Mit oder ohne gewährten Skonti? ...
	Die Problematik beim Zählen der Mitarbeiter ist in Kenngröße 13 Mitarbeiterengagement beschrieben.
Datenbeschaffung	Buchhaltung und Personalabteilung

Interpretation der Kennzahl	Eine klassische Kenngröße. Einfach und fast jedem verständlich. Besser wäre jedoch der Man-Power-Index: (MPI) = Rohertrag/Personalkosten (vgl. Kennzahl 51)
Bezug zum Buch	Kapitel 2, S. 75

54. Betriebliche Weiterbildung

Kategorie	6. Mitarbeiterbezogene Ergebnisse
Kennzahl	Fortbildungstage [#]
Definition (Formel)	Fortbildungstage [#] Keine Fortbildungstage sind lt. § 1 Abs. 4 Berufsbildungsgesetz (BBiG) Umschulungen und Einarbeitungsmaßnahmen [96].
Datenbeschaffung	Personalabteilung
Interpretation der Kennzahl	Einfach zu erfassen, einfach zu verstehen, einfach zielorientiert: wirklich klassische Kenngröße im Personalbereich, die als Frühindikator aufzeigt, dass Wissen im Unternehmen aktiv erweitert wird.
Bezug zum Buch	Kapitel 2, S. 87

55. Familienfreundliche Angebote

Kategorie	6. Mitarbeiterbezogene Ergebnisse
Kennzahl	Nutzung familienfreundlicher Angebote [%]
Definition (Formel)	Mitarbeiter, die familienfreundliche Angebote nutzen [#]/ Mitarbeiter gesamt [#] Es ist zu definieren, was „familienfreundlich" bedeutet
Datenbeschaffung	Personalabteilung
Interpretation der Kennzahl	Das Familienbewusstsein spielt eine wichtige Rolle bei der Arbeitgeberwahl, heute schon und in Zukunft noch viel mehr. Der Wettbewerbsvorteil von Unternehmen mit entsprechendem Angebot ist durch repräsentative Vergleiche

---

[96] Vgl. :

http://www.hensche.de/Rechtsanwalt_Arbeitsrecht_Handbuch_Fortbildungskosten.html#tocite m1

	und aus der praktischen Erfahrung von Unternehmern belegt. Das diesbezügliche Engagement muss glaubwürdig sein und es muss bekannt gemacht werden, damit die Vereinbarkeit von Beruf und Familie im Unternehmen gelebt wird.
	Hierdurch kann qualifizierteres Personal gewonnen und dann auch gehalten werden.
Bezug zum Buch	Kapitel 2, S. 95

Kategorie 7: Kundenbezogene Ergebnisse

56. Produktfrische

Kategorie	7. Kundenbezogene Ergebnisse
Kennzahl	Verkaufte Brötchen [#] pro Backvorgang
Definition (Formel)	Anzahl verkaufte Brötchen pro Tag/ Anzahl Backvorgänge pro Tag
Datenbeschaffung	a) Registrierkasse, b) Zählung im Backautomaten
Interpretation der Kennzahl	Kunden wollen frische, knackige „rösche" Brötchen kaufen/verzehren. Deshalb ist es im Kundeninteresse, dass die Brötchen nach dem Backvorgang nicht lange liegen. Problem für den Bäcker: Einschätzen, wie groß der Bedarf in der nächsten Stunden sein wird, um die „richtige" Menge an Brötchen zu backen.
	Dabei ist der Spagat zwischen möglichst großen Backmengen und schnellem Abverkauf, um nicht verkaufsfähige Bestände am Abend zu vermeiden, zu gewährleisten.
	Diese Kenngröße ist überall dort sinnvoll, wo Produktion und Verbrauch dicht beieinander liegen sollten – es müssen nicht immer Brötchen sein, sondern für alle handwerklich hergestellten Lebensmittel eignet sich diese Kenngröße.
Bezug zum Buch	Kapitel 2, S. 60

57. Anzahl Kunden

Kategorie	7. Kundenbezogene Ergebnisse
Kennzahl	Bistro-Kunden pro Tag [#]

Definition (Formel)	Kunden, die im Bistro einkaufen [#].
Datenbeschaffung	Tägliche Meldung aus allen Bistros; die Erfassung kann kostengünstig über die Anzahl der Kassenvorgänge erfolgen.
Interpretation der Kennzahl	Neben dem Bistro-Umsatz (siehe Kenngröße 14) ist die Anzahl der Kunden für einen neuen Geschäftszweig eine wichtige Kenngröße, die Potenziale frühzeitig aufzeigt. Kunden haben bereits Leistungen des Unternehmens gekauft und geben durch ihr Kaufverhalten Signale für eine zielgerichtete Weiterentwicklung des neuen Unternehmensbereiches.
Bezug zum Buch	Kapitel 2, S. 90

58. Interessentenkontakte

Kategorie	7. Kundenbezogene Ergebnisse
Kennzahl	Interessentenbesuche [#]
Definition (Formel)	Besuche von potenziellen Kunden [#]
Datenbeschaffung	Manuell geführte Zählliste auf Messen, im Unternehmen etc.
Interpretation der Kennzahl	Insbesondere auf Messen ist die Anzahl der Interessentenkontakte ein wichtiges Signal, ob man mit seinem Angebot für potenzielle Kunden richtig liegt.
	Neben der Zahl der reinen Kontakte ist die Zahl der (angemeldeten) Besuche ein „härterer" Hinweis auf die Qualität des Messeangebots. Noch näher an einem möglichen Auftrag ist man mit der Anzahl von Besuchen im Unternehmen.
	Die zielgerichtete Bearbeitung der frühest messbaren Kontakte erhöht die Wahrscheinlichkeit, Aufträge und damit Umsatz zu generieren. Die Qualität der Vertriebsarbeit kann mit z. B. folgender Kenngrößen-Kette gemessen werden:
	• Interessen-Erstkontakte/Neukunden [%]
	• Angemeldete Interessenten/Neukunden [%]
	• Besuche im Unternehmen/Neukunden [%]
	• Angebote/Neukunden [%]
Bezug zum Buch	Kapitel 3, S. 119

59. Entwicklungsprojekte

Kategorie	7. Kundenbezogene Ergebnisse
Kennzahl	Entwicklungsprojekte [#]
Definition (Formel)	Projekte, in denen neue Produkte, Leistungen und/oder Verfahren entwickelt werden [#].
Datenbeschaffung	Entwicklungsbereich, aber auch in allen anderen Unternehmensbereichen sind gerade Verfahrensentwicklungen denkbar und sinnvoll. Unternehmensweit ist festzulegen, wie sich Entwicklungsprojekte von anderen Projekten abgrenzen.
Interpretation der Kennzahl	Inventionen sind wichtig, nur leider erreichen viele nicht den Kunden, sind nicht marktfähig. Im Gegensatz dazu sind mit Innovationen Inventionen, aber auch Erneuerungen gemeint, die sich am Markt bewähren, die von – auch internen – Kunden nachgefragt werden. Die Innovation muss entdeckt/erfunden, eingeführt, genutzt, angewandt und institutionalisiert werden – und sie muss unter dem Strich Geld verdienen. Ohne Innovationen kann kein Unternehmen nachhaltig existieren; sie sind Grundlage der Unternehmensentwicklung und ermöglichen üblicherweise aufgrund einer zeitlich befristeten Monopolstellung eine Pionierrente. Vorteilhaft ist es, wenn Unternehmen gemeinsam mit Kunden Entwicklungen bearbeiten; es entsteht so eine intensive Kundenbindung, aber auch eine gewisse Abhängigkeit, zumindest wenn Ausschließlichkeit der Belieferung vereinbart worden ist.
Bezug zum Buch	Kapitel 3, S. 128

60. Spezifikationen anpassen

Kategorie	7. Kundenbezogene Ergebnisse
Kennzahl	Geprüfte Spezifikationen [#]
Definition (Formel)	Für die 10 Top-Produkte laut Buchungsunterlagen wird in den Spezifikationslisten der Anwendernutzen vermerkt; die Anzahl der bearbeiteten Spezifikationslisten wird gezählt.

Datenbeschaffung	Entwicklung
Interpretation der Kennzahl	In diesem Fall sollte gemeinsam mit ausgewählten Kunden in kleinen Gruppen durchgesprochen werden, in welchem Maße die spezifizierten Merkmale der 10 Top-Produkte in der Anwendung praktischen Nutzen bringen. Dabei können auch Problemfelder identifiziert werden, die bisher nicht oder nicht genügend berücksichtigt sind. Ganz nach dem Motto: „Die Probleme des Kunden sind meine potenziellen Aufträge."
Bezug zum Buch	Kapitel 4, S. 185

Kategorie 8: Gesellschaftsbezogene Ergebnisse

61. Praktika

Kategorie	8. Gesellschaftsbezogene Ergebnisse
Kennzahl	Kurzzeitig beschäftigte Schüler/Studenten[#]
Definition (Formel)	Schüler/Studenten, die zu Praktika im Unternehmen beschäftigt werden [#].
Datenbeschaffung	Personalabteilung
Interpretation der Kennzahl	In Praktika bekommen Schüler und Studenten einen Einblick in das Arbeitsleben, in Unternehmensprozesse. Aber auch Unternehmen lernen potenzielle Kunden oder sogar zukünftige Mitarbeiter kennen und erhalten Hinweise über mögliche Verbesserungen von Abläufen und Produkten. Es ist also eine Win-win-Situation – die leider in vielen Unternehmen nicht gesehen wird, da man dort ausschließlich den Betreuungsaufwand für die Praktikanten erfasst.
Bezug zum Buch	Kapitel 2, S. 100

62. Ausbildungsinitiative

Kategorie	8. Gesellschaftsbezogene Ergebnisse
Kennzahl	Integrierte Azubis von Wettbewerbern [#]
Definition (Formel)	Auszubildende von Wettbewerbern, die bei Aktivitäten im Unternehmen mit eingebunden werden [#].

Datenbeschaffung	Personalabteilung
Interpretation der Kennzahl	Wieder ein Beispiel für Coopetition/Kooperation: insbesondere größere Unternehmen veranstalten für Auszubildende Veranstaltungen, Ausflüge oder sogar Reisen, um Einblick in das spätere Berufsleben zu geben. Wenn Auszubildende von Wettbewerbern integriert werden, lernen diese Kollegen und Führungskräfte unseres Unternehmen kennen – und hoffentlich schätzen. Sollte ein Arbeitsplatzwechsel anstehen, ist unser Unternehmen (hoffentlich) eine gute Alternative!
Bezug zum Buch	Kapitel 2, S. 101

63. Kindertresen

Kategorie	8. Gesellschaftsbezogene Ergebnisse
Kennzahl	Kindertresen [#]
Definition (Formel)	Kindertresen [#] Ein tiefgelegte Bedienmöglichkeit für Kinder.
Datenbeschaffung	Filialleiter
Interpretation der Kennzahl	Kundenbeziehungen entstehen schon in frühester Kindheit. Und Kinder verführen ihre Eltern gern, in Geschäften einzukaufen, die etwas für die bieten, die ihnen Aufmerksamkeit schenken.
Bezug zum Buch	Kapitel 2, S. 101

64. KiTa-Plätze-Angebot

Kategorie	8. Gesellschaftsbezogene Ergebnisse
Kennzahl	Mögliche zu besetzende KiTa-Plätze [#]
Definition (Formel)	KiTa-Plätze, für die eine Verfügungsberechtigung besteht [#]
Datenbeschaffung	Personalabteilung
Interpretation der Kennzahl	Insbesondere für Kleinbetriebe lohnt es nicht, eine eigene Unternehmenskindertagesstätte aufzubauen und zu unterhalten. Als Ausweg gibt es jedoch den Weg, mit der lokalen

	Gemeinde oder mit anderen ortsansässigen Unternehmen zusammen KiTa-Verträge auszuhandeln. Im Ergebnis besteht ein Verfügungsrecht über eine bestimmte Anzahl von Kindern von Firmenmitarbeitern. Aktuell nicht besetzte Plätze können vom KiTa-Träger anderweitig vergeben werden.
Bezug zum Buch	Kapitel 2, S. 101

65. Entscheidungsträgergespräche

Kategorie	8. Gesellschaftsbezogene Ergebnisse
Kennzahl	Gespräche mit Entscheidungsträgern [#]
Definition (Formel)	Gespräche mit Entscheidungsträgern [#]
Datenbeschaffung	Relevante Sekretariate
Interpretation der Kennzahl	Ob bei Kunden, bei Lieferanten oder in der (regionalen) Politik: Gespräche mit Entscheidungsträgern ermöglichen es, mögliche Problemstellungen frühzeitig zu erkennen und aus dem Weg zu räumen. In dem beschriebenen Fall geht es um Marketing: Unternehmensattraktivität für Kunden wie (potenzielle) Mitarbeiter im Zusammenhang mit einem Wettbewerb „das familienfreundlichste Unternehmen im Bundesland": Je früher die entsprechenden Stellen eingebunden, angesprochen und auch ins Unternehmen eingeladen werden, umso besser ist die Ausgangslage für die Bewerbung.
Bezug zum Buch	Kapitel 2, S. 102

Kategorie 9: Schlüsselergebnisse

66. Integration

Kategorie	9. Schlüsselergebnisse
Kennzahl	Umsatzanteil interne Lieferungen [%]
Definition (Formel)	Umsatz intern [€]/Umsatz intern [€] + Umsatz extern [€]
Datenbeschaffung	Voraussetzung sind interne Kundenbeziehungen, die auch über die Buchhaltung erfasst werden.

Interpretation der Kennzahl	Der Umsatzanteil interne Lieferungen wird als Maß für die interne Zusammenarbeit, für die Integration aller Betriebsteile in den Unternehmensverbund gewertet. Damit wird eine Spezialisierung gefördert, die klassischerweise Kosteneffizienz bewirkt.
	Aber natürlich: der Transportaufwand, die Umweltbelastung durch die Belieferung, das erlebbare Frischegefühl für den Kunden, all dies sollte in die Bewertung eingehen.
Bezug zum Buch	Kapitel 2, S. 81

67. Neukunden

Kategorie	9. Schlüsselergebnisse
Kennzahl	Akquirierte Neukunden [#]
Definition (Formel)	Kunden, die innerhalb von x Monaten gewonnen wurden
Datenbeschaffung	Debitorenbuchhaltung.
	Es ist vorab festzulegen,
	• ab welcher Umsatzgröße ein Kunde als „Neukunde" gezählt wird,
	• in welchem Zeitraum der Kunde als Neukunde bewertet wird.
Interpretation der Kennzahl	Es gibt zwei Möglichkeiten, Umsatzzuwächse zu erzielen:
	1. Erhöhung des Kaufanteils bei bestehenden Kunden
	- Kunde kauft mehr bei uns, weniger beim Wettbewerb,
	- Kunde kauft mehr, weil sich sein Umsatz ausweitet,
	2. Neukunden werden gewonnen.
	Die erste Variante wird leicht übersehen, ist aber weniger kostenträchtig als das Gewinnen neuer Kunden. Deshalb sollte die alleinige Nutzung der Kenngröße „Neukunden" überdacht werden.
Bezug zum Buch	Kapitel 2, S. 87

68. Wirtschaftlichkeit

Kategorie	9. Schlüsselergebnisse
Kennzahl	Umsatz pro Tag [€]

Definition (Formel)	Umsatz [€]
	Der Clou liegt in der täglichen Steuerung.
	Überall wo es Kassensysteme, Scanner oder andere Möglichkeiten der zeitnahen Umsatzerfassung gibt, kann diese Kennzahl eingesetzt werden.
Datenbeschaffung	Tagesbericht der Verkaufsfilialen
Interpretation der Kennzahl	Insbesondere Handelsunternehmen nutzen diese Kenngröße. Sie ermöglicht die Fokussierung der täglichen Aufmerksamkeit von Führungskräften und kann damit den Boden bereiten für wirksame Konsequenz. Bei täglicher Aufmerksamkeit wissen die Menschen: „Da muss ich mich sputen; das wird als wichtig angesehen." Bei monatlicher Aufmerksamkeit kann dagegen schnell die Haltung entstehen: „An einem Tag muss ich halt ein ‚Donnerwetter über mich ergehen lassen'; aber 29 Tage habe ich Ruhe." Je länger die Abstände der Berichterstattung werden (quartalsweise, halbjährlich, jährlich), umso größer wird dieser Effekt. Außerdem sind täglich erfasste Steuerungsgrößen weniger manipulationsanfällig als monatliche oder noch längerfristige Berichtsgrößen.
	Deshalb sind täglich erfasste Kenngrößen besonders für Führungsaufgaben und Steuerungszwecke geeignet. Viele Modifikationen werden in der Praxis eingesetzt; z. B.: „täglicher Umsatz pro Bestandskunde", „täglicher Bier-Absatz", „täglicher Ausstoß von qualitätsgerechtem Flachglas", „täglicher Auftragseingang" – es gibt unzählige Möglichkeiten, die Aufmerksamkeit auf wesentliche Leistungsgrößen zu lenken.
Bezug zum Buch	Kapitel 2, S. 95

69. Innovationsprozess

Kategorie	9. Schlüsselergebnisse
Kennzahl	Entwicklungsideen [#]
Definition (Formel)	Entwicklungsideen [#]
Datenbeschaffung	Hoffentlich aus allen Unternehmensbereichen!
	Zu definieren ist, was eine Entwicklungsidee ist; keine leichte Sache.

Interpretation der Kennzahl	Entwicklungsideen, Inventionen kann man nicht verordnen, aber deren Finden unterstützen. Es ist zuerst eine Kulturfrage, ob überhaupt Ideen im Unternehmen gefragt bzw. erwünscht sind. Dann auch eine Frage der Zeit für innovatives „Spinnen", für die Beschäftigung mit erst einmal nutzlosen Dingen.
	Leider, von der Idee zum Produkt ist langer Atem notwendig – und ein Controlling, das die Entwicklungsarbeit nicht behindert, sondern fördert[97].
Bezug zum Buch	Kapitel 3, S. 123

70. Beteiligung am Innovationsprozess

Kategorie	9. Schlüsselergebnisse
Kennzahl	Innovationsbeiträge [#]
Definition (Formel)	Alle Initiativen für technisch-technologische oder produktbezogene Verbesserungen werden in einer Liste erfasst und gezählt.
Datenbeschaffung	Jedes Team führt eine Liste, die an den Controllerservice gemeldet und über Abteilungen, Bereiche und Sparten zusammengefasst werden.
Interpretation der Kennzahl	Diese Kenngröße dient vor allem dem Ziel, möglichst viele Menschen am Innovationsprozess zu beteiligen. Hier wird bewusst darauf verzichtet, die Anzahl der Beiträge mit irgendwelchen Ergebnisbewertungen zu verbinden. Der Zweck liegt nicht in der Einschätzung der Wirkung auf das Unternehmensergebnis, sondern in der Steuerung des „Mitmachens". Deshalb sollte sie so einfach verständlich und erfassbar wie möglich sein.
Bezug zum Buch	Kapitel 4, S. 179

71. Effizienz der bezahlten Arbeitszeit

Kategorie	9. Schlüsselergebnisse
Kennzahl	Anteil der Nutzleistungen an der bezahlten Arbeitszeit [%]

---

[97] Mehr zum Thema Innovationscontrolling unter:
http://www.controlling-wiki.com/de/index.php/Innovationscontrolling

Definition (Formel)	Vom Kunden bezahlte Leistungen (z. B. Konstruktion, Montage, Marketing, Einkauf, Service, soweit sie im Preis durchsetzbar sind)/Personalkosten insgesamt.
Datenbeschaffung	Strukturierte Arbeitsplatzanalyse, deren Ergebnisse über den Controllerservice zusammengefasst werden.
Interpretation der Kennzahl	Diese Kennzahl trägt dazu bei, die Effizienzreserven eines Unternehmens aufzudecken. Sie setzt analog zur Kennzahl 48 (Identifikation von Fehl- und Blindleistungen) eine systematische und strukturierte Analyse der Arbeitsvorgänge voraus. Das Ziel besteht auch hier darin, durch eine bessere Arbeitsplatzorganisation effizientere Prozesse zu gestalten (innerhalb und zwischen den Unternehmensteilen), dadurch den Anteil der Nutzleistungen zu erhöhen und diese dann zusätzlich zu verkaufen. In diesem Kontext wird der Anteil an Nutzleistungen zu einem Schlüsselergebnis.
Bezug zum Buch	Kapitel 4, S. 164, 179

72. Auftragsvorlauf

Kategorie	9. Schlüsselergebnisse
Kennzahl	Auftragsbestandsquote [%]
Definition (Formel)	Auftragsbestand [€]/Umsatz [€]
Datenbeschaffung	Vertrieb, Rechnungswesen
Interpretation der Kennzahl	Die Kenngröße kann auf dem Planumsatz einer Periode oder auf einer rollierenden Vorschau z. B. über 12 Monate basieren. Die rollierende Vorschau wiederum kann eingebunden sein in die mittelfristige 3-Jahresplanung des Unternehmens. Die Auftragsbestandsquote dient zum einen der Steuerung der Vertriebsaktivitäten und zum anderen der Kapazitäts-Steuerung.
Bezug zum Buch	Kapitel 4, S. 197

5.3   One page only – weniger ist mehr

Es ist immer wieder erstaunlich, mit wie vielen Informationen in Hintergrund Manager Entscheidungen treffen können. Oder wird dann doch nur der Bauch zu Hilfe genommen?

Denn: Mehr als üblicherweise 7 (sieben!) +/- 2 Informationen[98] können wir Menschen nicht zeitgleich im Blick haben. Andere Quellen berichten, dass sogar dies für unser Kurzzeit- oder Arbeitsgedächtnis zu viel sei[99]. Und was wir nicht im Blick haben, bleibt außen vor, wird nicht in die Entscheidungsfindung einbezogen!

Auf jeden Fall sind die Informationsmengen, die heute monatlich oder sogar wöchentlich dem Management vorgelegt werden (müssen) überflüssig; diese Informationsmenge zu beschaffen kostet immense Summen, die Verarbeitung verschlingt einen Haufen Geld – und genutzt wird davon so gut wie nichts.

Natürlich, bei Bedarf muss der Controllerservice Zahlen/Informationen zu allen möglich Themen vorlegen können, aber im Normalfall sollte sich das periodische Berichten beschränken auf die Themenbereiche, für die der **jeweilige** Manager zuständig ist.

In vielen Gesprächen, Workshops und Seminaren haben wir die Erfahrung gewonnen, dass Manager bei einer Reduktion der Informationsmenge die Befürchtung haben, etwas zu übersehen, über unbefriedigende Entwicklungen nicht informiert zu werden, Kontrolle zu verlieren. Das mag sein, wenn die gelieferten umfangreichen Daten aufbereitet, d. h. auf wenige Kernaussagen reduziert werden. Dann muss der Manager dem Controllerservice vertrauen, der ihm die aggregierten Informationen zur Verfügung stellt. Und er muss ihm vertrauen, dass er hinsichtlich der anderen Aspekte rechtzeitig informiert wird, falls etwas aus dem Ruder läuft. Kein Manager ist in der Lage, die Vielzahl der verfügbaren Daten zu überschauen. Aber er kann mit dem Controllerservice herausarbeiten, welche die für ihn wichtigsten Informationen sind.

Daher: Informationen für das Management müssen knapp ausfallen – auf die Person bezogen und auf deren jeweilige Verantwortung ausgerichtet: One page only reicht für den Normalfall. Mehr nur bei Bedarf.

Wie könnte ein One-page-only-Bericht aussehen, ein Bericht, der nur eine Seite umfasst und trotzdem alle wesentlichen Informationen für den Manager bereitstellt?

---

[98] Vgl. http://de.wikipedia.org/wiki/Millersche_Zahl
[99] Vgl. http://powerpointrhetorik.de/Seiten/Grenzen.html

Der „Controllingpapst" Dr. Deyhle[100] hat hierzu mit der sogenannten 4-Felder-Matrix den Weg gewiesen. Sie zwingt zur Beschränkung auf wenige Kennzahlen, fordert aber weitergehende Informationen und Entscheidungsvorschläge. Hierzu eine Berichts-Scorecard unseres Beispielunternehmens „Bäckereigruppe Johansson":

Berichts-Scorecard						Bäckereigruppe Johansson						
per:	01.04					Gesamtverantwortlich: Johansson						
1. aktuelle Zahlen						**2. Erwartung**						
Produkte/Ergebnis	verantw.	Plan per 01.04	Ist per 01.04	Abweichungen zum Plan		Jahres-plan	Erwartung dieses Quartal	Erwartung restliche Zeit	Erwartung Ist Jahresende	Abweichungen zum Plan	
					in %						in %
1. Umsatz gesamt (T€)	Johansson	700	678	− 22	− 3	8.500	2.050	6.800	8.850	350	4
1.1 Umsatz Backwaren (Eigenprod.)		380	340	− 40	− 11	4.900	1.065	3.800	4.865	− 35	− 1
1.2 Umsatz Kuchen (Eigenprod.)		70	82	12	17	900	250	650	900	0	0
1.3 Umsatz Torten (Eigenprod.)		50	73	23	46	700	200	650	850	150	18
1.4 sonstige Lebensmittel		40	42	2	5	200	125	200	325	125	38
1.5 Zeitungen erm. MwSt.		35	45	10	29	400	110	400	510	110	22
1.6 diverses volle MwSt.		45	28	− 17	− 38	600	100	400	500	− 100	− 20
1.5 Imbis, Café		80	68	− 12	− 15	800	200	800	1.000	200	20
2. Ergebnis gesamt (T€)	Johansson	33	35	2	6	500	125	390	515	15	4
2.1 Ergebnis direkter Verkauf		25	28	3	12	400	100	300	400	0	0
2.2 Ergebnis Großkunden		8	7	− 1	− 13	100	25	90	115	15	13
2.3 Ergebnis Produktion (nicht addieren)		8	4	− 4	− 50	100	20	60	80	− 20	− 25
3. Fortbildungen (#Tage)	Merker	30	18	− 12	− 40	250	100	150	250	0	0
4. Team-Besprechungen (%)	Dörp	10	5	− 5	− 50	90	15	75	90	0	0
5. Aufträge gesamt (#)	Merker	50	42	−8	−16	600	120	480	600	0	0
6. Frische (#)Brötchen	Fortman	200	212	12	6	180	175	175	177	− 3	−2
7. Neue Großkunden (#)	Merker	7	4	− 3	− 43	50	25	35	60	10	17
7.1 für Backwaren (Eigenprod.)	Merker	7	4	− 3	− 43	40	35	15	50	10	20
7.2 für Kuchen (Eigenprod.)	Fortmann	5	2	− 3	− 60	30	30	5	35	5	14
7.3 für Torten (Eigenprod.)	Fortmann	3	1	− 2	− 67	15	12	8	20	5	25

3. Probleme für die Zielerreichung	**4. eingeleitete Maßnahmen**	**zuständig**
1. Gerade wegen des dürftigen Starts der Backwaren müssen wir uns voll auf den touristischen Sommer ausrichten. Nicht erklärlich das starke Wachstum bei den Torten - falsch geplant? Oder den Winter-Geschmack der Kunden getroffen? Sollten wir den Verkauf sonstiger Produkte einstellen und uns auf unser Stammgeschäft konzentrieren? 2. Der Großkundenumsatz muss durch Intensivierung des Vertriebs angekurbelt werden. Das Thema Produktion ist bekannt – wir müssen uns da grundsätzlich Gedanken machen! Aber die Abweichung ist absolut recht gering … 3. Die ruhige Zeit des Januars konnte leider nicht für Fortbildungen genutzt werden --> Februar und März sollten besser werden! 4. Wir starten erst mit Teambesprechungen; es wird sicher besser! 6. Toll die von Herrn Fortmann initiierte interne Frischekampagne mit guten Ergebnissen. Im Sommer werden wir das nutzen können. 7. Vertrieb muss ausgebaut werden!	1. Kundenumfrage zu Torten machen. 3. Betriebswirtschaftliche Fortbildungsrunde aufbauen und bei Mitarbeitern verkaufen. 4. Weitere Besprechungsrunden intieren. 6. Neue Öfen für Schwerin und Wismar bis 30.04.14. 7. Mitarbeitern zur Großkundenbetreuung einstellen bis 01.04.2004.	Merker Dörp Fortmann Merker
	5. Entscheidungbedarf	**zuständig**
	1. Werbeaktion Küste 30 T€	Johansson
	2.1 Suche nach Standort für neue Produktion	Fortmann

Abbildung 62: 4-Felder-Matrix

[100] http://www.controlling-wiki.com/de/index.php/Deyhle,_Dr._Dr._h.c._Albrecht

In Kapitel 2 wurde diese Grafik bereits beschrieben: „Wie in jedem Controllingbericht geht es nicht nur um die Ergebnisse des laufenden Monats bzw. Quartals (1), sondern auch um das Aufzeigen der Erwartung für das Jahresende (2). Das wichtigste sind aber die Analyse der Istsituation (3) und daraus abgeleitet die vorgenommenen oder geplanten Aktivitäten (4). Und es gibt immer auch angedachte Maßnahmen, für die die Entscheidungen anderer notwendig sind (5)."

Wichtiger als Kennzahlen ist die klare Beschreibung der anstehenden Probleme und der bereits getroffenen Entscheidungen sowie des Entscheidungsbedarfs anderer. Diese Reduzierung auf eine Seite gelingt natürlich nur, wenn jeder Manager nur die Kenngrößen erhält und kommentieren soll/muss, für die er Verantwortung trägt. Keine Kennzahl ohne Verantwortlichkeit, dies ist die Devise.

Aber noch eine andere Funktion hat die One-page-only-Berichts-Scorecard: Sie ist nicht nur intern der einzige Standard-Bericht, der den jeweils verantwortlichen Mitarbeitern aufzeigt, was ihre Ziele sind und wo sie stehen. Sie kann auch als Bericht an Dritte genutzt werden, z. B. für Banken, für die Eigentümer etc. Diese sehen nicht nur Zahlen, sondern können auch erkennen, dass Probleme nicht Probleme bleiben, dass gehandelt wird und wer im Unternehmen dafür verantwortlich ist. In diesem Sinne werden Kennzahlen zu einem Diskussionsangebot, zu einem Angebot für den Dialog. Hierdurch wird eine große Vertrauensbasis aufgebaut – was unterstützend dazu beiträgt, erkannte Probleme wirklich anzugehen.

Ein Letztes: Wenn es neue Verantwortlichkeiten oder neue Ziele gibt, sollte sich dies auch in den Kenngrößen widerspiegeln. Diese sind nicht in Stein gemeißelt, sondern werden entsprechend angepasst. Vergleichen Sie die One-page-only-Gesamt-Scorecard der Jahre 2004 und 2014 für die in Kapitel 2 beschriebene Bäckereigruppe; da hat sich viel geändert.

Berichts-Scorecard						Bäckereigruppe Johansson					
per:	03.14					Gesamtverantwortlich: Dörp					
1. aktuelle Zahlen						**2. Erwartung**					
Produkte/Ergebnis	verantw.	Plan per 03.14	Ist per 03.14	Abweichungen zum Plan	in %	Jahres-plan	Erwartung dieses Quartal	Erwartung restliche Zeit	Erwartung Ist Jahresende	Abweichungen zum Plan	in %
1. Frische (# Rundstücke)	Possehl	200	212	−12	−6	180	192	175	177	3	2
2. Mitarbeiter (#)	Merker	279	279	0	0	290	279	290	290	0	0
3. Umsatz/Mitarbeiter (€/h)	Johansson	60	56	−4	−6	60	55	61	59	−1	−2
Beste Filiale im Monat	Wismar, Markt		82								
Zweitbeste Filiale im Monat	Travemünde, Vorderreihe		76								
Beste Filiale bislang (aufgelaufen)	Stralsund, Böttcherstr.		74								
4. Umsatz gesamt (T€)	Eicke	2.250	2.194	−56	−2	27.000	6.400	20.250	26.900	−100	0
Umsatz Backwaren (Eigenprod.)		1.200	1.179	−21	−2	14.400	3.500	10.800	14.500	100	1
Umsatz Kuchen (Eigenprod.)		350	316	−34	−10	4.200	830	3.150	3.980	−220	−6
Umsatz Torten (Eigenprod.)		270	254	−16	−6	3.240	715	2.430	3.145	−95	−3
Sonstige Umsätze erm.MwSt.		240	259	19	8	2.880	780	2.160	2.940	60	2
Sonstige Umsätze volle MwSt.		190	186	−4	−2	2.280	575	1.710	2.335	55	2
5. Familienangebote (#)	Merker	30	18	−12	−40	250	100	140	240	−10	−4
6. Mitarbeiter, Rotation (# Tage)	Dörp	30	32	2	7	600	84	5505	634	34	5
7. Kinder als Kunden (T # Leckerli))	Merker	1,3	1,1	−0,2	−15	30	4,3	25,0	29,3	−0,7	−2

3. Probleme für die Zielerreichung

1. Der Einbau neuer Öfen verzögerte sich aus Bauaufsichtsgründen und wird erst Anfang April abgeschlossen sein.
3. Die vereinbarten Schulungen zum Thema Flexibilitätsverbesserung laufen noch; Herrn Johansson wird die Ehrung der monatsbesten Filialen auch in den Flilialen vornehmen und entsprechend kommunizieren ...
4. Eine Mitarbeiterumfrage zeigte, dass dringend neue Kuchensorten angeboten werden müssen. Frau Eicke hat Ideenwettbewerb gestartet.
5. Das Thema Familienangebote muss erst noch detailliert untersucht werden; erste erfolgreiche Angebote sollen nicht davon abhalten, das Thema breiter anzugehen.
7. Die Konstruktion flexibler Kindertheken ist mit der Tischlerei abgesprochen worden und diese werden nun Zug um Zug in den wichtigsten Filialen eingebaut.

4. eingeleitete Maßnahmen — zuständig

1. Neue Öfen für 4 Filialen bestellt – Installation bis: 01.06.14, weitere Öfen in 10 Filialen bis 30.09.14 — Possehl / Possehl
3. Flexibilisierungsmaßnahmen schulen — Merker
   Beste auszeichnen und dies kommunizieren — Johansson
5. Ideenwettbewerb für neue Kuchensorten bis 30.04.14 — Possehl
7. Aufbau von Kindertheken bis 01.04.2014 — Merker

5. Entscheidungsbedarf — zuständig

1. Invest. für neue Öfen incl. Umbauten 50 T€ — Johansson
7. Suche neue Standorte im Raum Kiel — Possehl

Abbildung 63: One-page-only-Bericht 10 Jahre später

Fazit:

1. Keine Kenngröße ohne eindeutige Verantwortung.
2. Da kein Manager für mehr als fünf bis sieben Themenbereiche verantwortlich sein sollte, empfehlen wir, sich auf ebenso viele Kenngrößen beschränken.

3. Bei abzusehenden Zielabweichungen: Begründen, ob das Ziel noch erreicht werden kann oder ob die Zielstellung korrigiert werden muss.

4. Beschreibung der eingeleiteten Maßnahmen.

5. Entscheidungsbedarf für größere Maßnahmen ist beim jeweiligen Vorgesetzten anzumelden.

6. Die One-page-only-Berichte müssen gemeinsam vom jeweilig verantwortlichen Manager und dem Controllerservice erstellt und versandt werden, damit man sich dann im Managerkreis über Inhalte austauschen und ggf. Entscheidungen treffen kann.

7. …und dann ist zu entscheiden.

So **einfach** ist das – das **konsequente** TUN!

Literaturverzeichnis

Controlling Leitlinie, Controller Akademie, Gauting 2012

DIN SPEC 1086 „Qualitätsstandards im Controlling" (2009), www.beuth.de (Stichwort: DIN SPEC 1086)

Dalluege, C.-A. (2011): Wirtschaft im Wandel – Strategieentwicklung als konkrete Aufgabe; in: Controller Magazin November/Dezember

De Saint-Exupéry, A. (2010): Wind, Sand und Sterne, Karl Rauch Verlag

EFQM Excellence Modell, ISBN 978-90-5236-671-5

Friedag, H. R./Schmidt, W. (2003): Balanced Scorecard at work, strategisch – taktisch – operativ, Haufe

Friedag, H.R./Schmidt, W. (2004): Balanced Scorecard, Haufe

Friedag, H. R./Schmidt, W. (2010): Controlling der Strategieumsetzung: Die Beachtung im operativen Alltag sichern; in Der Controlling-Berater, Band 8, Haufe

Gälweiler, A. (2005): Strategische Unternehmensführung, Campus

Gänßlen, S. (2010): Strategisches Controlling: Best-Practice-Konzept der Hansgrohe AG; in Der Controlling-Berater, Band 8, Haufe

Johanning, A./Schön, D./Thünken, J. (2010): Strategische Planung mit der Balanced Scorecard im SAP Visual Composer; in Controller Magazin September/Oktober

Kamiske, G.F. (2010): Effizienz und Qualität: Systematisch zum Erfolg, Symposion

Kaplan, R. S./Norton, D. P. (1992): The Balanced Scorecard – Measures that drives Performance, Harvard Business Review, January-February

Kaplan, R. S./Norton, D. P. (1996): The Balanced Scorecard. Translating Strategy into Action, Harvard Business School Press

Kaplan, R. S./Norton, D. P. (1996): Using the Balanced Scorecard as a Strategic Management System, Harvard Business Review, January-February

Kaplan, R. S./Norton, D. P. (2000): The Strategy-Focused Organization: How Balanced Scorecard Companies Thrive in the New Business Environment; Harvard Business School Press.

Mörgeli, S./Schwab, A. (2011): BSC im Schweizerischen Tropen- und Public Heath-Institut, Entwicklung und Implementierung einer Balanced Scorecard; in Controller Magazin Mai/Juni

Osterwalder, A./Pigneur, Y. (2010): Business Model Generation, Wiley

Schleuter, W./von Stosch, J. (2009): Die sieben Irrtümer des Change Managements und wie Sie sie vermeiden, Campus.

Simon, W. (2005): GABALs großer Methodenkoffer Managementtechniken, Jokers edition

Stähler, P. (2001): Geschäftsmodelle in der digitalen Ökonomie, Josef Eul Verlag

Weber, J./Schäffer, U. (2011): Einführung in das Controlling, Schäffer-Poeschel

Weiter Informationen finden Sie im Internet:

www.scorecard.de/Literatur

http://www.controllerverein.com/Controller_Statements.187.html.

http://www.controlling-wiki.com/de/index.php/Deyhle,_Dr._Dr._h.c._Albrecht

http://www.controlling-wiki.com/de/index.php/Innovationscontrolling

http://www.controlling-wiki.com/de/index.php/Leistungs-Index

http://www.controlling-wiki.com/de/index.php/Man_Power_Index_(MPI)

http://www.controlling-wiki.com/de/index.php/Potenzialanalyse

http://www.controlling-wiki.com/de/index.php/Target_Costing

http://www.controlling-wiki.com/de/index.php/Total_Cost_of_Ownership

http://www.greatplacetowork.de

http://www.hensche.de/Rechtsanwalt_Arbeitsrecht_Handbuch_Fortbildungskosten.html#tocitem1

https://ilep.de/

http://www.kommdesign.de/texte/gedaechtnisspanne.htm

http://www.mittelstandswiki.de/2013/09/management-tools-trends-deutsche-unternehmen-sind-besonders-optimistisch/, gefunden am 19.01.2014.

http://powerpointrhetorik.de/Seiten/Grenzen.html

http://www.wasser-wissen.de/abwasserlexikon/z/zeolith.htm

http://de.wikipedia.org/wiki/Coopetition

http://de.wikipedia.org/wiki/Critical-Chain-Projektmanagement

http://de.wikipedia.org/wiki/Customer-Relationship-Management

http://de.wikipedia.org/wiki/EFQM-Modell

http://de.wikipedia.org/wiki/Kontinuierlicher_Verbesserungsprozess

http://de.wikipedia.org/wiki/Millersche_Zahl

http://de.wikipedia.org/wiki/White_label

http://de.wikipedia.org/wiki/Wirtschaftszahlen_zum_Automobil#Nach_L.C3.A4ndern

Abbildungsverzeichnis

Abbildung 1: Das Konzept von A. Gälweiler   16

Abbildung 2: Aspekte einer Geschäftsidee   20

Abbildung 3: Messbare Ziele ableiten   21

Abbildung 4: Aus der Geschäftsidee eine Strategie formen   27

Abbildung 5: Aspekte der Marktfähigkeit   28

Abbildung 6: Geschäftsmodell   29

Abbildung 7: Orientierung   30

Abbildung 8: Balanced Scorecard und mittelfristige Planung   35

Abbildung 9: Beispiel für ein strategisches Haus   37

Abbildung 10: Beispiel für eine Berichts-Scorecard   38

Abbildung 11: Beispiel für eine Strategy Map   40

Abbildung 12: Auszug aus einer BSC-Tabelle   41

Abbildung 13: Die Balanced Scorecard als Teil der Strategieumsetzung   45

Abbildung 14: Konsequenzmanagement   47

Abbildung 15: Wirtschaftliche Situation 2001   54

Abbildung 16: Das Zukunftshaus der Bäckerei Johansson   63

Abbildung 17: Strategische Projekte in 2003/2004   68

Abbildung 18: Berichts-Scorecard Bäckereigruppe Johansson 2004   73

Abbildung 19: Haus der Zukunft 2005   77

Abbildung 20: Wismar-Scorecard   80

Abbildung 21: Zielkoordinaten der Lübeck-Scorecard   88

Abbildung 22: Die „wir brauchen euch"-Scorecard für Lübeck   91

Abbildung 23: Zielkoordinaten 2020   98

Abbildung 24: Strategische Projekte 2014 - 2015   103

Abbildung 25: Berichts-Scorecard 2014   105

Abbildung 26: Entwicklung der Bäckereigruppe   106

Abbildung 27: Geschäftsidee   112

Abbildung 28: Nutzfahrzeugproduktion 2007 in Tsd. Einheiten   113

Abbildung 29: Geschäftsmodell Remir GmbH   114

Abbildung 30: Orientierung   116

Abbildung 31: Konkretisierung   117

Abbildung 32: Das Dach des strategischen Hauses der Remir GmbH   119

Abbildung 33: Remir – die Wohnungen sind definiert   121

Abbildung 34: Strategisches Haus Remir mit Projekten   124

Abbildung 35: Leistungsindex Remir GmbH   125

Abbildung 36: Remir-BSC 2014 - 2015   130

Abbildung 37: Leistungsstruktur   132

Abbildung 38: Unternehmensentwicklung 2007 - 2018   133

Abbildung 39: Organigramm Remir GmbH   134

Abbildung 40: Grundkonzepte der Excellence   136

Abbildung 41: Das Kriterienmodell   137

Abbildung 42: Die RADAR-Logik   138

Abbildung 43: Kontinuierliche Verbesserung   140

Abbildung 44: Einordnung der Selbstbewertung in den Strategieprozess   140

Abbildung 45: Eckzahlen der Jakobb-Gruppe 2005   147

Abbildung 46: Entwicklung von Umsatz und Gewinn (EBIT) der Jakobb-Gruppe 2003-2008   150

Abbildung 47: Entwicklung von eigener Leistung und Leistungskraft der Jakobb-Gruppe 2003-2008   153

Abbildung 48: Zusammenspiel von strategischem und operativem Geschäft   159

Abbildung 49: Modul 1 – Strategiekonzept und Strategieentwicklung   161

Abbildung 50: Modul 2 – Strategisches Haus, Berichts-Scorecard und mittelfristige Planung   162

Abbildung 51: Modul 3 – Previews, Projektmanagement und Verbreitung im Unternehmen   163

Abbildung 52: Ziele und Veränderungswille fundieren eine BSC   164

Abbildung 53: Geschäftsidee der Jakobb-Gruppe   168

Abbildung 54: Effizienz der Arbeitsleistungen   174

Abbildung 55: Das strategische Haus der Jakobb-Gruppe   184

Abbildung 56: Die strategischen Projekte der Jakobb-Gruppe   193

Abbildung 57: Die Berichts-Scorecard der Jakobb-Gruppe (Grundgerüst)   197

Abbildung 58: Der M^3-Prozess: „Menschen machen's möglich"   201

Abbildung 59: Das erste Skizze eines gemeinsamen Geschäftsmodells der Jakobb-Gruppe   207

Abbildung 60: Das strategische Haus der Jakobb-Gruppe für den Zeitraum 09/2011-08/2013   208

Abbildung 61: Das strategische Haus der Jakobb-Gruppe 2011-2013   210

Abbildung 62: 4-Felder-Matrix   269

Abbildung 63: One-page-only-Bericht 10 Jahre später   271

Stichwortverzeichnis

4-Felder-Matrix 269

Arbeitsklima 156
Arbeitsplatzsicherheit 23
Ausbildungsinitiative 261

Balanced Scorecard
  im deutschsprachigen Raum 15
  mittelfristige Planung 35
  strategisches Führungsinstrument
    18
Befähigerkriterien 220
Benchmark 25
Berichts-Scorecard 38, 42, 69, 196
  Beispiel 38, 73, 105
betriebliche Weiterbildung 257
BSC-Aktualisierung 74
BSC-Kennzahlen 216, 221 ff.
BSC-Projektbearbeitung 68
BSC-Umsetzungsworkshop 62

Dienstleistungen 156

EFQM-Exzellenz-Modell 219
Einzigartigkeit 113
Erfolgsfaktoren 211
Erfolgspartizipation 156
Ergebniskriterien 220
Ertragspotenziale 29
Excellence-Ansatz 135
externe Bewertung 139

Familienunternehmen 156
Flexibilität 156
Führung 221

Führungskultur 171, 172
Führungsprinzip 48

Gälweiler Konzept 16
Gälweiler, Alois 16
Geschäftsidee 19, 111, 165, 168
Geschäftsmodell 26, 29, 112, 169
Gesellschafter 133
Gesellschafterbeteiligung 235
Globalisierung 133
Grundkonzepte der Excellence 136
Gruppenleitung 198

Handlungsprinzip 48
Haus der Zukunft 77

Innovation 156
Innovationsfähigkeit 207
Innovationskraft 255
Innovationspartnerschaft 246
Innovationsprozess 265
Integration 263
Internationalisierung 158
interne Zusammenarbeit 180
Investition 23

Kaplan, Robert S. 12
Kennzahlen 21, 216, 221 ff.
Kernkompetenz 113
Kernprozesse 155
Kommunikation 193, 221
Kommunikationssteuerung 157
Kompetenzpartner 182
Konkretisierung 117
Konsequenzmanagement 47

Kooperation 246

Kooperation mit Kunden 247

Kooperationswettbewerb 233

Kreativität 227

Krise 203

Kriterienmodell 137

Kultur 84

Kulturveränderung 225

Kunden 131, 181

Kundenabhängigkeit 229

Kundenbedürfnisse 113

Kundenbeziehung 155

Kundennähe 155

Kundenpotenzial 236

Lagebericht 149

Leistungsindex 125

Leistungskraft 152

Leistungsstruktur 132

Leitbild 36, 176

Leitkennzahl 36, 176

Leitziel 36, 176

Lieferanten 133

Lieferantenabhängigkeit 243

Liefertreue 172

M3-Prozess 200

Man Power Index 25

Management 256

Marke 158, 172

Marktausweitung 231

Marktbreite 156

Marktfähigkeit 180, 228

Meilenstein 249

Misserfolgsfaktoren 213

Mission 20, 58

Mitarbeiter 132, 182, 237

Mitarbeiterbindung 237

Mitarbeiterengagement 230, 239

Motivation 156

MPI 25

Neukunden 264

Norton, David P. 13

One-page-only-Bericht 271

operatives Geschäft 158, 172

Organigramm 134

Orientierung 116

partizipative Unternehmenskultur 43

Partnerschaften und Ressourcen 243

Politik und Strategie 229

Porter, Michael 183

Praktikum 261

Produktionsablauf 172

Produktivitätsentwicklung 23

Projektarbeit 124, 195

Projektmanagement 163

Prozesse 249

Qualifikation 156

Qualitätsmanagement 252

RADAR-Logik 138

Reflexionsinstrument 142

Return on Capital Employed 22

ROCE 22

Rotation 241

Selbstbewertung 139

Selbstständigkeit 59

soziale Verantwortung 156

Stakeholder 12, 180

Strategie Weiterentwicklung 128
Strategieentwicklung 161
Strategieerarbeitungsworkshop 57
Strategiekonzept 161
Strategielandkarten 40
Strategieumsetzung 103
strategische Haus 36
strategische Leitkennzahl 61
strategische Partner 248
strategische Projekte 103, 123
strategische Themen 179
strategisches Geschäft 158
strategisches Haus
    Beispiel 37, 124
Strategy Maps 40

Teilhaberschaft 166
Transparenz 172

Umsatz- und Margen-Potenzial 26

Unternehmensentwicklung 133
Unternehmenskultur 157
unternehmenspolitische Orien-
    tierungen 29
UPO 29

Verantwortung 172
Verbesserungsmanagement 251
Verlässlichkeit 166
Vertrauensprinzip 48
Vision 18, 58

Wachstum 233
Wachstumsstrategie 95
Werte 20
Wertschätzung 226
Wirtschaftlichkeit 264

Ziel-Aktion-Kennzahlen 184
Zielkoordinaten 98